イーサリアム・NFT・DAOによる
ブロックチェーンWebアプリ開発

愛敬真生／小泉信也／染谷直希 著

本書情報および正誤表のWebページ

正誤表を掲載した場合、以下の本書情報ページに表示されます。

https://book.impress.co.jp/books/1123101022

本書における注意点

- 本書は著者が独自に調査した結果を出版したものです。
- 本書は万全を期して作成しましたが、万一ご不審な点や誤り、記載漏れなどお気づきの点がありましたら、本書情報ページの「お問い合わせフォーム」にてご連絡ください。
- 本書に掲載されているプログラムコード、図面、写真画像などは著作物であり、これらの作品のうち著作者が明記されているものの著作権は、各々の著作者に帰属します。
- 本書に記載されているプログラムはviページの表に記載した環境において、開発および動作検証を実施しました。
- 暗号資産の取り扱いには十分注意をお願いします。特にウォレットの秘密鍵やニーモニックコードをむやみに他人に知らせることは絶対に避けてください。また、ウォレットやWebブラウザのアンインストールやOSの入れ替えなどで、秘密鍵が消えないよう、きちんとバックアップを取っておくことを忘れないでください。
- 本書で紹介したサービスや事例、トークンについては、これらへの投資や購入を勧めるものではありません。最終的な投資決定はご自身の判断でお願いいたします。

はじめに

本書の目的

本書はWeb3（ウェブスリー）、特にNFT（エヌエフティ）とDAO（ダオ）の開発にフォーカスした入門書です。

Web3は理解が難しいと言われていますが、その理由は、必要とされる技術領域が多岐にわたっているからです。たとえば、ブロックチェーンを理解しただけでは、Web3アプリケーションは作れません。従来のWebシステム全般の知識、ブロックチェーンとの接続方法、ウォレットの扱い方、Web3で登場したビジネスの在り方や標準化動向など、周辺の知識・スキルが包括的に必要になります。

そのため、NFTやDAOを活用したWeb3のアプリケーションをゼロからでも構築できるように、開発目線で必要な知識を取捨選択したのが本書です。

本書では、Web3の概要から各要素技術の説明、イーサリアムを利用したサンプルアプリケーションの開発、具体的なテーマとしてNFTマーケットプレイス、そしてDAOの開発にまで進んでいきます。また、Appendixとして、ブロックチェーンネットワークの作り方やノードプロバイダー※1との接続方法まで、この1冊でWeb3アプリケーション開発に必要な知識を包括的に学べるようにしています。

なぜWeb3が必要なのか？

Web3はブロックチェーンを基盤技術としており、ブロックチェーン上で動作するスマートコントラクトとWeb系の技術全般を組み合わせたサービス群です。

発端は2009年に誕生したビットコインとその根幹技術でもあるブロックチェーンからはじまり、2015年に登場した世界初の分散型アプリケーションプラットフォームであるイーサリアムに先立つ2014年に、現在に通ずるWeb3という概念が提唱されました。

Web3は個人にフォーカスを当て、企業がメインであったそれまでのWeb

※1 「2.3 ブロックチェーンとWebアプリケーションの接続」参照。

システムの考え方を抜本的に見直そうというムーブメントでもあります。この波は2009年を起点として、爆発的に広がり、2017年以降に若干沈静化しましたが、2021年にまた盛り上がりを見せ、現在にいたっています。

昨今、日本においてエンジニアが不足していると言われていますが、最先端の一角をなすWeb3においても同様です。次世代インターネットとも言われているWeb3に興味があるエンジニアの数はまだ少なく、海外と比較しても圧倒的に不足している状況です。

日本は以前、ブロックチェーン先進国と呼ばれ、世界で最初に暗号資産（当時は仮想通貨）に関する法律が2017年に制定されました。多くの企業がブロックチェーンを用いたPoC（概念実証）を実施し、暗号資産交換業者（旧仮想通貨交換業者）も複数登場し、マスコミを騒がせたことは記憶に新しいと思います。その後、仮想通貨の盗難被害が多発し、ブロックチェーンや仮想通貨は沈静化していきます。

しかし、日本でブロックチェーンが沈静化している間に、海外では次のフェーズがはじまっていたのです。特に2021年はまさにNFTの年でした。NFTマーケットプレイスで、さまざまなNFTが高額で売れはじめたのです。それからブロックチェーンが再注目され、Web3という用語と共に世界に広まりました。NFTだけでなく、DeFi（ディーファイ）やDAO、SSIなど、Web3の文脈でさまざまな種類のサービスが登場しました。かたや日本では、数年前に制定され、先進的な取り組みであったはずの法律や規制に足を取られ、新しいビジネスを作り出すこともできずにいます。

「かつてこの国はweb3の中心になりかけていた」

これは、自由民主党デジタル社会推進本部web3プロジェクトチームが2023年4月に出したレポートの中の一節[※2]です。

日本はエンジニア不足・変化に追従できないさまざまな仕組みによって、ブロックチェーンでさえも後進国になろうとしています。

※2　https://www.taira-m.jp/web3ホワイトペーパー（案）_230406.pdf

▼日本時間　2023/7/2 AM2:01のイーロン・マスクのポスト[※3]（旧ツイート）

上記を覚えている方も多いと思います。X（旧Twitter）のCEOであるイーロン・マスクがこの時間に投稿したツイートは全世界に衝撃を与えました。

Twitterの参照制限を設け、無制限に利用することができなくなったのです。有償プランで多少緩和されますが、それでもいままでと同じ使い方はできず、Twitterを使ってビジネスを展開していたユーザーは仕事の仕方を変更したり、使用するSNSを変更したりと、さまざまな影響がありました。これは、経営者の気まぐれではなく、その前年末に登場して空前の大ヒットとなったChatGPTに発する生成系AIブームによって、Twitterのツイートを大量に取得する企業が続出したため、サーバー負荷を軽減するためにとった強硬策だと言われています。ある程度仕方がないことではあるものの、これによってユーザーが被った損害は少なくはありませんでした。

これは、Web2.0の問題点を端的に表した内容と言えます。大企業が提供するサービスをもとにビジネスを行う場合、その企業に依存することになり、サービス、ビジネス自体の先行きがわからなくなってしまいます。

このように大企業や経営者の一存で、多くの人の生活が脅かされてしまう可能性を懸念し、登場したのが、Web3の根本的な理念です。

動画配信サービスやSNSでインフルエンサーが増え、企業に比する影響力を持つ個人が増えてきている昨今、企業から個人にビジネスの中心が移っていく可能性も今後どんどん高くなっていくでしょう。

その原動力となるWeb3の技術を学び、これからのサービスを作り出すエンジニアを増やす一助となるために本書を執筆しました。日本におけるWeb3のビジネスが発展し、再びブロックチェーン先進国の称号を得られるようになることを願って。

著者を代表して　愛敬 真生

※3　https://x.com/elonmusk/status/1675187969420828672?s=20

■動作確認環境

本書で解説したサンプルコードは、以下の環境で動作確認を実施しています。下記以外の環境においては動作しない場合があることをご了承ください。

区分	ソフトウェア	バージョン
OS	MacOS	Ventura 13.6.2
	Windows	11 Pro 22H2 22621.2861
Webブラウザ	Google Chrome	120.0.6099.130
ブロックチェーン	Go-Ethereum	1.13.3-stable-0d45d72d
仮想環境	Docker Engine	24.0.7
	Docker Compose	2.23.3-desktop.2
開発ツール	Visual Studio Code	1.85.1 0ee08df0cf4527e40e dc9aa28f4b5bd38
	Japanese Language Pack （VSCode拡張機能）	1.85.2023121309
	Solidity （VSCode拡張機能）	0.7.3
	ESLint （VSCode拡張機能）	2.4.2
	Git（Mac）	2.39.3
	Git for Windows	2.42.0.2
	NVM	0.39.4
	NVM for Windows	1.1.11
フレームワーク／ライブラリなど	Node.js	18.15.0
	Next.js	13.4.13
	Mantine	7.0.0
	Hardhat	2.18.2
	OpenZeppelin	4.9.3
	Seaport	1.5
	Metamask	11.7.0

■デモデータの入手方法と設定手順

本書で作成したサンプルコードは、以下から入手可能です。各章のコードはGitのブランチに分けていますので、該当するソースコードをチェックアウトしてご確認ください。

https://github.com/Garage3Hack/Book_Web3DevBootstrapForEngineer

以下、操作手順を解説します。

a.1 サンプルコードの取得

任意の場所でリストAのコマンドを実行してください。カレントディレクトリ直下にルートプロジェクトが作られます。

リストA サンプルコード（ルートプロジェクト）の入手

```
% git clone https://github.com/Garage3Hack/Book_Web3DevBootstrapForEngineer.git↵
```

最初の状態は、サンプルコード解説がはじまる第3章の前半部分（MyTokenの開発）までが含まれたブランチ（chapter4）になっています。このブランチで解説するコマンドはREADME.mdにすべて記載されていますので、適宜こちらをコピーしてお使いください。

a.2 各章のサンプルコードの取得

各章のブランチの取得方法は、リストBのコマンドを入力して最新のブランチ状態を取得します。

リストB 最新のブランチ状態の取得

```
% git fetch↵
```

次に、リストCのコマンドにより、リモート（サーバーに存在する）ブランチの一覧を表示します。

リストC リモートブランチ一覧の表示

```
% git branch -a↵

  remotes/origin/HEAD -> origin/01_chapter3
  remotes/origin/02_chapter3-erc-20
  (…以下略…)
```

ここから該当の章のブランチを選んで取得します。パラメータで指定する1つ目のブランチ名は、上記一覧のremotes/origin/を外したものになります（正確にはローカルに保存する際のブランチ名ですが、基本同名にしましょう）。2つ目のブランチ名は、remotes/を外したものです（こちらがサーバー側のブランチ名＝リストCで取得したブランチ名です）。

リストD 任意のブランチの取得

```
% git checkout -b 取得したいブランチ名 origin/取得したいブランチ名↵
```

これで任意のブランチを取得できます。

a.3 ブランチの切り替え方法

各章のブランチの切り替えは以下の通りです。まずは、リストEのコマンドを入力して、ローカルに存在するブランチ一覧を表示してみましょう。

リストE ローカルブランチ一覧の表示

```
% git branch↵
```

先頭に*が付いているものが、現在のブランチです。切り替えはリストFのコマンドで行います。

リストF ブランチの切り替え

```
% git checkout 切り替えたいブランチ名↵
```

a.4 編集した各ブランチを元に戻す方法

取得したブランチは、サーバーに書き戻さなければ自由に変更可能です（リストG）。なお、編集結果をリセットして元の状態に戻したい場合には、リストGのコマンドを入力してください（編集結果がすべて消えてしまうので気をつけてください）。

リストG 編集したブランチを元の状態に戻す

```
% git reset --hard HEAD↵
```

他にもさまざまなコマンドがありますので、詳細はGitの紹介サイトや解説書を参照してください。

Contents

Appendix

第1章

Web3による社会変革

Web3はわかりにくい、実体のないバズワードだ、という話を聞きますが、実際はどうなのでしょうか? Web3の基盤技術であるブロックチェーンはその誕生の背景から、個人の自由、プライバシー、個人の権利を最大限に尊重し、政府や中央権力の干渉を最小限にするリバタリアン的な思想が開発に根ざしています。それだけでなく、関係者間の思惑によって、さまざまな概念が足され現在進行形で形を変えているため、外から見ると非常に混沌としており、全体を捉えにくくしているのだと思います。
本章ではWeb3の歴史を振り返りつつ、新しく登場したサービス、事例などを紹介していきます。

1.1 Web3とはなにか？

Web3（ウェブスリー）の定義は人によって異なり、漠然としたものになっているとも言われています。というのも、Web3が誕生してから今日までにさまざまな人々が自分の都合のよいように解釈したり、概念を追加したりしたために、全体像がぼやけていて取っ付きにくいものになっているからです。

ただ、比較的共通しているのは「ブロックチェーンを利用した次世代のインターネットを目指すムーブメント」であるということです。

ムーブメントとは、特定の時代や文化背景で生まれた、ある思想や目的にもとづく社会的・文化的な変革の試みを指します。すなわち、インターネットが普及するにつれ顕在化してきた課題や問題をブロックチェーンで解決し、次世代型のWebを生み出す試みそのものと言えるでしょう。そこでは、さまざまな人々の思想や思惑、ブロックチェーンをベースとした新しい技術やアーキテクチャが次々に考え出され、それまでの概念をアップデートしながら進化しているため、漠然とした捉えどころのないものになっているのではないでしょうか。

Web3を理解するために本章では、Web3の起源から具体的なサービスまでを説明し、全体像を捉えてもらおうと思います。

1.1.1 Webの歴史

Webはどのような歴史をたどってきたのでしょうか？

大枠としては、図1.1のような段階を経て、Web3にいたっています。途中から二股に分かれていますが、こちらは後述します。それぞれの段階を説明していきましょう（図1.2）。

図1.1　Webの変遷

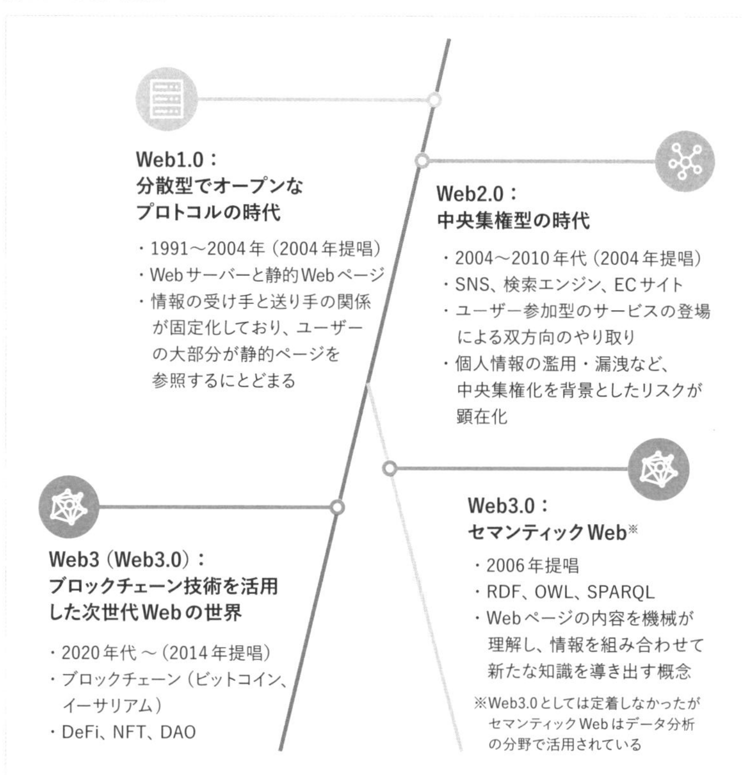

Web1.0：
分散型でオープンな
プロトコルの時代
・1991〜2004年（2004年提唱）
・Webサーバーと静的Webページ
・情報の受け手と送り手の関係が固定化しており、ユーザーの大部分が静的ページを参照するにとどまる
Web2.0：
中央集権型の時代
・2004〜2010年代（2004年提唱）
・SNS、検索エンジン、ECサイト
・ユーザー参加型のサービスの登場による双方向のやり取り
・個人情報の濫用・漏洩など、中央集権化を背景としたリスクが顕在化
Web3.0：
セマンティックWeb※
・2006年提唱
・RDF、OWL、SPARQL
・Webページの内容を機械が理解し、情報を組み合わせて新たな知識を導き出す概念
※Web3.0としては定着しなかったがセマンティックWebはデータ分析の分野で活用されている
Web3（Web3.0）：
ブロックチェーン技術を活用した次世代Webの世界
・2020年代〜（2014年提唱）
・ブロックチェーン（ビットコイン、イーサリアム）
・DeFi、NFT、DAO

Web1.0 〜ホームページによる情報発信が可能に〜

最初のWeb（正確にはWorld Wide Web）は1989年に欧州原子核研究機構（CERN）のティム・バーナーズ=リーによって発明されました。一般的にインターネットと呼ばれる世界を網のように覆う通信網がここで誕生しました。TCP/IPやHTTPといった通信プロトコルやハイパーリンクが可能なマークアップ言語HTMLの登場によって、遠隔地のコンピュータ同士で接続が可能となり、Webサーバーで公開されたコンテンツ（ホームページ）が世界のどこからでも参照することができるようになりました。このインターネット黎明期はWeb1.0と呼ばれています。誕生当初からそう言われていたわけではありませんが、Web2.0が提唱された際に、それ以前と区別するために、呼ばれはじめたと言われています。

インターネット誕生以前は情報の公開・発信は一部のメディアに限られていましたが、Web1.0の登場により、Webサーバーを立てることで、誰でも情報を公開することが可能となりました。しかし、当時Webサーバーを独自に構築したり、ホームページを公開することができるのは知識を持った一部の人に限られ、多くの人は公開されたコンテンツをただ参照（Read）するだけの状態でした。

Web2.0 ～「中央対多」の情報のやり取りが可能に～

Web2.0は2004年にティム・オライリーによって提唱された概念です※1。「旧来は情報の送り手と受け手が固定され送り手から受け手への一方的な流れであった状態が、送り手と受け手が流動化し誰でもがWebを通して情報を発信できるように変化したWeb」と定義され、Webを介して自らが情報を書き込むこと（Write）が可能な、双方向でやり取りされる時代です。

Ajax（エイジャックス）（Asynchronous JavaScript And XML）によって、PC並みに快適な操作性を実現したことや、インターネットに接続できるモバイル端末の普及により利用者の敷居がぐっと下がり、無料で使えるSNSや動画配信サービス、コラボレーションツールなどが次々に登場したことで、インターネット利用が一気に普及しました。

これらは正の側面なのですが、負の側面もあります。

このようなサービスの特徴は、みんなが利用することでコミュニケーションが活性化し、より高い価値を生み出すネットワーク効果であることから、一部のサービスに利用者が集中し、巨大なデータを所有する企業が登場していきます。すると、今度はその情報を扱うコンプライアンスの問題が顕在化します。本来は利用者自身が生成したデータであるにもかかわらず、運営側がその利用者に無断で売買したり、独自の判断によって利用が停止され、アクセス不能になるという事例が頻繁に発生してしまいました。また、利用者側でも情報操作やフォロワーを増やすことを目的に、フェイクニュースや炎上商法などを意図的に流す人が出てきました。それによって、真偽のわからない情報がインターネット上にあふれることになり、どのニュースが本当に正しいものなのか、複数のニュースソースを確認して自分で判断するしかない状況になってしまったのです。

※1　用語自体の初出は1999年、ダーシー・ディヌッチの著作だとされています。
https://en.wikipedia.org/wiki/Web_2.0

Web3.0 ～「多対多」の自由な情報のやり取りが可能に～

Web3.0の用語は大きく分けると2つの流れがあります。これが定義をわかりにくくしている原因の1つでもありますが、最初の概念はWorld Wide Webを発明したティム・バーナーズ＝リーによって2006年に提唱されました。これは、現在のWeb3（Web3.0）の概念とはまったく異なり、Web上に存在する情報にタグ付けを行うことで詳細な意味を付与する「セマンティックWeb」が基になっている概念です。単語同士の関係を定義しておくことで、たとえば「りんご→果物→みかん」といった連想が機械的に可能となり、検索精度や利便性の向上を目指すものです。この概念は現在でもデータベースの検索技術として活用されていますが、広く普及されたとは言えない状況でした。

一方、いまのWeb3のルーツは2014年にギャビン・ウッドによって提唱されます。当初はこちらもWeb3.0と言っていたのですが、その後前述のWeb3.0と識別するためにWeb3と呼ばれることが多くなりました。近年ではどちらの用語も後者の意味で捉えられることが多くなってきています。ただ、技術的な意味で使う場合にはWeb3とする傾向があるようです。ですので、本書ではこれ以降Web3で統一しています。

Web3は、Web2.0で問題となった「利用者情報を企業が独占してしまうこと」と「情報の真偽がわからないこと」を解決しようとする試みです。情報を本来の所有権に戻し（Own）、Web2.0のときのように企業を介さず個人と個人が直接つながることで、より安全に使えるプラットフォームを構築することです。

図1.2　Web1.0 ～ Web3（Web3.0）の特徴

	Web1.0	Web2.0	Web3（Web3.0）
イメージ	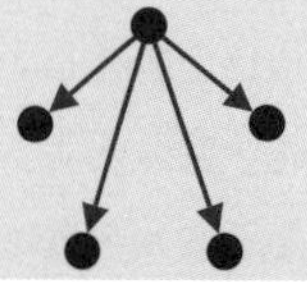	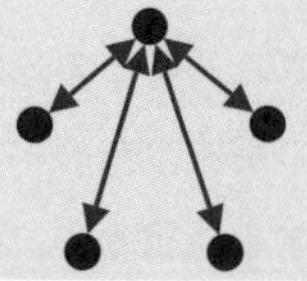	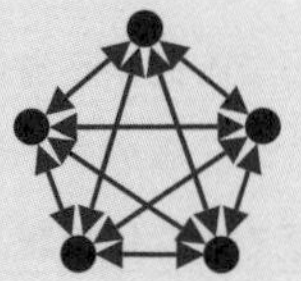
概要	企業や一部の有識者による情報配信。多くは参照するのみ。一方向の情報伝達	一部の大企業が提供するサービスと利用者の双方向なやり取りの実現	個人が自らの情報を保有・管理し、相互接続した分散ネットワーク上でのやり取り
特徴	read	read、write	read、write、own
時期	1991 ～ 2004年	2004 ～ 2021年	2022年～

1.1.2 Web3の変化

前項ではWeb1.0からWeb3にいたる歴史について説明しましたが、本項ではWeb3のルーツから現在にいたるまでの変化について解説していきます。

前述した通り、Web3の概念はギャビン・ウッドによって提唱されました。Web3業界において主要なブロックチェーンであるイーサリアムの共同創業者の1人であり、Polkadot※2などを開発しているWeb3 Foundationの創始者でもあります。

ギャビン・ウッドは2014年に「ĐApps: What Web 3.0 Looks Like」という記事をWebに投稿しました（図1.3）。

図1.3 ĐApps: What Web 3.0 Looks Like（https://gavwood.com/dappsweb3.html）

Note: originally posted Wednesday, 17 April 2014 on gavofyork's blog Insights into a Modern World.

ĐApps: What Web 3.0 Looks Like

As we move into the future, we find increasing need for a zero-trust interaction system. Even pre-Snowden, we had realised that entrusting our information to arbitrary entities on the internet was fraught with danger. However, post-Snowden the argument plainly falls in the hand of those who believe that large organisations and governments routinely attempt to stretch and overstep their authority. Thus we realise that entrusting our information to organisations in general is a fundamentally broken model. The chance of an organisation not meddling with our data is merely the effort required minus their expected gains. Given they tend to have an income model that requires they know as much about people as possible the realist will realise that the potential for convert misuse is difficult to overestimate.

The protocols and technologies on the Web, and even at large the Internet, served as a great technology preview. The workhorses of SMTP, FTP, HTTP(S), PHP, HTML, Javascript each helped contribute to the sort of rich cloud-based applications we see today such as Google's Drive, Facebook and Twitter, not to mention the countless other applications ranging through games, shopping, banking and dating. However, going into the future, much of these protocols and technologies will have to be re-engineered according to our new understandings of the interaction between society and technology.

Web 3.0, or as might be termed the "post-Snowden" web, is a reimagination of the sorts of things that we already use the Web for, but with a fundamentally different model for the interactions between parties. Information that we assume to be public, we publish. Information that we assume to be agreed, we place on a consensus-ledger. Information that we assume to be private, we keep secret and never reveal. Communication always takes place over encrypted channels and only with pseudonymous identities as endpoints; never with anything traceable (such as IP addresses). In short, we engineer the system to mathematically enforce our prior assumptions, since no government or organisation can reasonably be trusted.

There are four components to the post-Snowden Web: static content publication, dynamic messages, trustless transactions and an integrated user-interface.

The first, we already have much of: a decentralised, encrypted information publication system. All this does is take a short intrinsic address of some information (a hash, if we're being technical) and return, after some time, the information itself. New information can be submitted to it. Once downloaded, we can be guaranteed it's the right information since the address is intrinsic to it. This static publication system accounts for much of HTTP(S)'s job and all that of FTP. There are already many implementations of this technology, but the easiest to cite is that of Bit Torrent. Every time you click on a magnet link of Bit Torrent, all you're really doing is telling your client to download the data whose intrinsic address (hash) is equal to it.

In Web 3.0, this portion of the technology is used to publish and download any (potentially large) static portion of information that we are happy to share. We are able, just as with Bit Torrent, to incentivise others to maintain and share this information, however combined with other portions of Web 3.0, we can make this more efficient and precise. Because an incentivisation framework is intrinsic to the protocol, we become (at this level, anyway) DDoS-proof by design. How's that for a bonus?

ちょっと難しい内容ですが、その前年の2013年に発生したエドワード・スノーデン事件を引き合いに、大規模な組織や政府に情報を一任することへのリスクに触れ、前述したWeb2.0の問題のようにこれらに情報が集中することで市民が不当に監視されることの危険性について警告しています。

この記事の中では、その解決のために、分散化・暗号化することで容易に改竄（かいざん）できない情報を共有する仕組みや、匿名で第三者から盗聴できないメッセージ伝達の仕組みが必要だとし、これを実現するプラットフォームとしてブロックチェーン（イーサリアム）の重要性を謳（うた）っています（図1.4）。

※2 https://polkadot.network/

図1.4　Web3の論旨

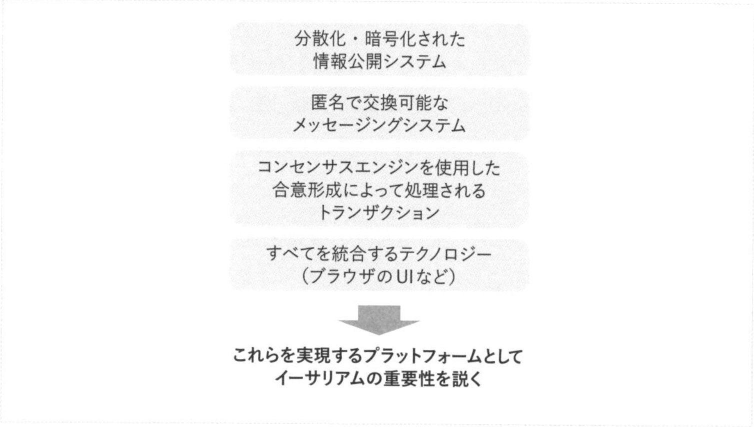

分散化・暗号化された
情報公開システム

匿名で交換可能な
メッセージングシステム

コンセンサスエンジンを使用した
合意形成によって処理される
トランザクション

すべてを統合するテクノロジー
（ブラウザのUIなど）

**これらを実現するプラットフォームとして
イーサリアムの重要性を説く**

この翌年の2015年にはイーサリアムのv1.0.0がリリースされていますが、このイーサリアムにWebブラウザなどからアクセスするためのライブラリとして広く認知されているWeb3.jsもまた、2015年に登場しています。Web3の提唱者とイーサリアムの開発者が同じ人物というのもありますが、“Web3（Web3.0ではなく）”というキーワードはイーサリアム誕生時から密接に関係していたことがわかります。

さて、イーサリアムはスマートコントラクトという機能を持っています。この詳細は後述しますが、通貨用途以外にもカスタマイズできる機能です。これによってブロックチェーンをさまざまな業態で活用することが可能となり、2015年から2017年まではブロックチェーンを活用したPoC（概念実証）がブームになりました。しかし、2018年には暗号資産の大規模な盗難事件やブーム後のPoC疲れによって鎮静化してしまい、暗号資産の価格も低迷し、冬の時代と呼ばれます。

その後、Web3に再び光が当たるのが2021年です。この年、イーサリアム登場以前から登場した、ブロックチェーンを利用したデジタルコンテンツであるNFT（Non-Fungible Token）の価格が高騰し、世界中の投資家の注目を浴びます。

NFT自体は2014年からブロックチェーンで資産を表現する方法として検討されていましたが、その当時はビットコインの限られた領域に追加情報を付加することでなんとか実現していました。イーサリアムの登場とERC-

721などの標準化[※3]、マーケットプレイスの発展、コロナ禍によるデジタルシフトなど、さまざまな条件が整ったことで人気が集まります。

この年に出版された『ザ・メタバース 世界を創り変えしもの』(日本での出版は2022年)には、Web3の概念が実現できなければメタバースの成功はないとあり、Web3(NFTやDAOを含む)とメタバースの深い関係性に言及しています。この書籍はメタバースの第一人者として知られるマシュー・ボールが2018年に書いた自身のブログ記事『The Metaverse: What It Is, Where to Find it, and Who Will Build It』[※4]を基に書き下ろしたもので、Facebook(現Meta)のマーク・ザッカーバーグなど、多くのテック起業家に影響を与えているとされています。これ以降、メタバースでの経済活動を実現するために、Web3が重要な役割を担うことになります(図1.5)。

図1.5　Web3とメタバース

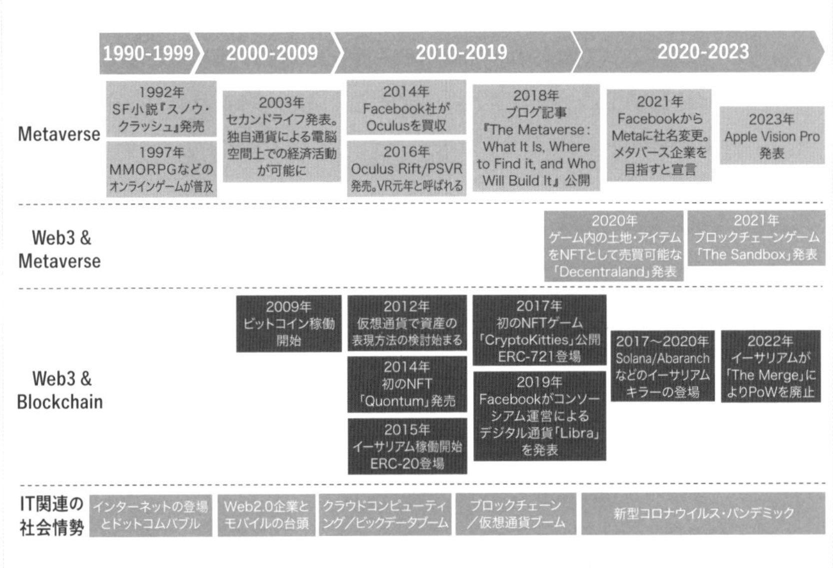

また、Web3の領域に多額の出資をしているベンチャー・キャピタル「アン

※3　ERC-721の規格において、その規格名であるNFT(Non-Fungible Token)という名称は規格化を進めたウイリアム・エントリケンと関係者の投票によって決定しています。参加者の投票によって民主的に決まるというのもWeb3の特徴です。
https://github.com/fulldecent/EIPs/pull/2

※4　2018年に書いた記事を拡張して2020年に公開されたもの。
https://www.matthewball.vc/all/themetaverse

ドリーセン・ホロウィッツ（a16z）」が出している「The web3 Landscape」※5では、Web2.0の主要企業であるGAFAMなどの中央集権型プラットフォームと、分散プラットフォームとしてのWeb3について言及し、次世代のインターネットとしての可能性を語っています。

このように、さまざまな人の思想や概念を取り込み変化してきたWeb3は、結果的にわかりにくい漠然としたバズワードとして扱われがちですが、時代の最先端を進む流れはえてしてそのような側面を持っています。Web2.0も、SNSや動画配信によるユーザー参加型のサービスが登場するまでは、同じように、捉えどころのないバズワードと言われていました。

そして、Web3の概念が登場すると、中央集権化や個人情報漏えいなどの文脈でWeb2.0が語られるようになります。このように、「Web ～」はインターネットの時代の流れを示すスナップショットのようなものであり、変わること自体が自然であると捉えたほうがよいのかもしれません。

とはいえ、Web3は具体的なサービスも、それを実現するサービスも、すでに存在しています。次節では、先ほどあげたNFT、DAO、DeFi、DID、SSIなどの主要なWeb3サービスについて説明していきましょう。

1.2　Web3のサービス

Web3のサービスは、さまざまな分野で広がっており、DeFi（分散型金融）、NFT（非代替性トークン）、DAO（分散型自律組織）、DID／SSI（分散型アイデンティティ／自己主権型アイデンティティ）などが代表的な例になります。

これらにWeb2.0におけるサービスを当てはめると、SNSや動画配信サービスが該当するでしょう。Web3のサービスは、分散化の特徴を生かしたWeb2.0にはない、新しいビジネスモデルを持つサービスと言えます（図1.6）。

※5　アンドリーセン・ホロウィッツは最初のブラウザである「NCSA Mosaic」を開発したマーク・アンドリーセンと、ベンジャミン・アブラハム・ホロウィッツが設立したベンチャーキャピタル（投資会社）。
https://a16z.com/wp-content/uploads/2021/10/The-web3-ReadIng-List.pdf

図1.6　Web2.0とWeb3のサービス

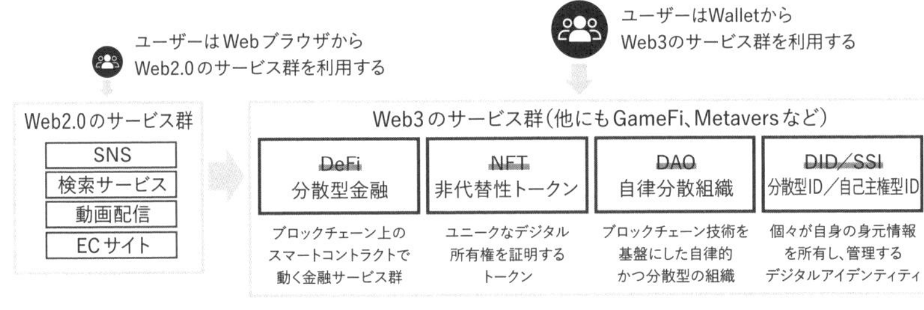

特徴としては、"分散型＝非中央集権"がキーとなります。前節で述べたように、中央集権型のサービスによる課題を払拭することがWeb3の目的になっています。そのため、Web2.0のように一企業がサービスを提供するものではなく、分散ネットワークによって、複数の人々がコミュニティを形成し、多者間で合意形成を取りながら運営することがWeb3のサービスの基本的な理念です。

それでは、各サービスについて簡単に説明していきましょう。

本書ではNFTとDAOにフォーカスを当てていますので、これらは次章以降で詳しく説明します。そのため、ここでは簡単に各サービスの概要を説明します。

1.2.1　DeFi

DeFi（ディーファイ）（分散型金融：Decentralized Finance）は、金融サービスを提供するためのプラットフォームやアプリケーションがブロックチェーン技術、特にスマートコントラクトを用いて構築される新しい形態の金融サービス群です。代表的なサービスとしてはDEX（デックス）（分散型取引所）やレンディングなどがあげられます。従来の金融システムは中央集権的な組織によって制御されています（DeFiと比較してCentralized Finance＝CeFi（シーファイ）と言われています）が、DeFiはその中央集権的な要素を取り除き、ブロックチェーンや、後述するスマートコントラクトによって金融取引を自動化します（図1.7）。

DeFiの目的は、金融サービスをよりアクセスしやすく、透明で、効率的にすることです。そういった意味で、DeFiは金融の民主化を目指しているとも言え、発展途上国の人や貧困層など銀行口座を持てない人々に対して、経済活動のチャンスを与え、経済的に不安定な状況を軽減するために必要とされる金融サービスを利用できる金融包摂（ほうせつ）(Financial Inclusion)を実現する可能性を持っています。

図1.7　DEX（分散型取引所）の例

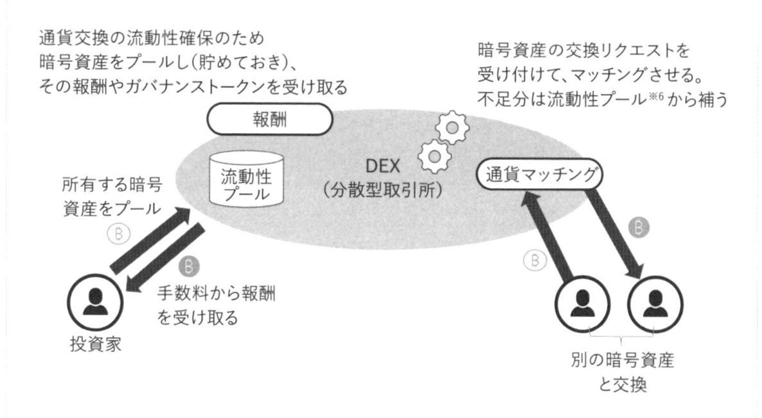

ちなみに、日本で利用される暗号資産取引所の大部分はCeFiに分類され、DEXではありません。

DeFiは金融包摂を目指しているものの、誰でも利用できるサービスとは、逆に言えば犯罪の温床になる可能性もあります。そのため、中央集権的に確実なKYC（本人確認手続き）を遂行する仕組みも必要との考え方から、中央集権と非中央集権のいいとこ取りをしたCe-DeFiなどの概念も検討されています。

1.2.2　NFT（非代替性トークン：Non-Fungible Token）

NFT（エヌエフティー）は、ブロックチェーン技術を用いてデジタルまたは物理的な資産を一意に表現するためのトークンです。通常の暗号通貨（BTCやETHなど）が代替性（fungibility）を持つとされ、1BTCが別の1BTCと等価であるのに対

※6　流動性プールは、通貨交換を効率的に行うため、あらかじめ暗号資産を貯めておく仕組み。預け入れた量によって参加者の貢献度合いを測る指標にもなります。

して、NFTは各トークンが独自の情報や属性を持ち、それによって他のトークンとは異なる価値を持つ点が特徴です。これにより、NFTはデジタルで希少性を表現できる技術と言うことができます。現実社会においても、数百万円するような初版本や数百億円の絵画などがありますが、本来いくらでもコピーすることができてしまうデジタルの世界に、この希少性を持ち込むことができたのがNFTの革新的なところと言えます。

NFTはアート、ゲーム内アイテム、音楽、動画、不動産などのさまざまな資産や権利を表現できます。この一意性と不変性によって、デジタルアートなどのオリジナリティや所有権を証明する手段としても使うことができますので、物理的なアート作品と同じように売買される市場（NFTマーケットプレイス）が生まれています。

また、NFTはブロックチェーンをベースにしているため、複雑な取引や条件付きの所有権移転、ロイヤリティの自動支払いなどが可能になります。これはクリエイターにとっても非常に画期的なことです。いままでは作成したものを売却してしまうと、その後どんなに高値で売れていてもクリエイターには一銭も入ってきませんが、NFT化することで、中古市場などの二次流通マーケットでも著作権の利用料の徴収が可能となります（図1.8）。

図1.8　NFTマーケットプレイスの例

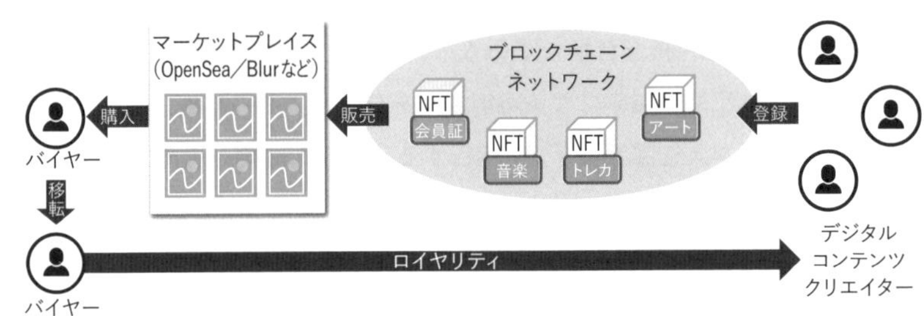

1.2.3 DAO

DAO（分散型自律組織：Decentralized Autonomous Organization）は、ブロックチェーン技術とスマートコントラクトを用いて運営される、非中央集権的な組織またはコミュニティです。通常の組織や企業が経営陣や役員会によって運営されるのに対して、DAOはそのコミュニティなどの参加メンバーによる投票によって意思決定が行われます。これによって、透明性が高まり、集中的な権限や不公平な優位性が排除されると言われています。

たとえば、DAOの参加メンバーは新しいプロジェクトの提案をすることができ、それが多数の支持を得た場合、自動的に報酬（トークン）が配分されるといった仕組みが作れます。また、DAO内で発行されるトークンは、投票権や所有資産、さらには利益の分配にかかわるように設計することもできます（図1.9）。

DAOは多くの分野で応用が考えられており、資産管理、共同購入、ガバナンス、コミュニティ運営、DeFiなど、さまざまな場面での活用が進められています。最もよく知られている例としては、UniswapやSushiswapといったDeFiプロジェクト、あるいはNFTプロジェクトでのコミュニティ運営などがあります。

図1.9　DEXとDAOを組み合わせた例

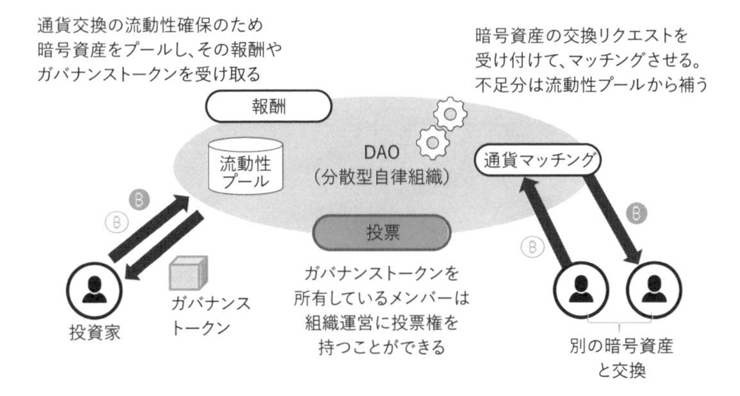

1.2.4　DID/SSI

DID（分散型アイデンティティ：Decentralized Identity）とは、ブロックチェーンなどの分散型ネットワークを活用してアイデンティティ（個人のアカウントやそれに付帯する証明情報など）を管理する新しい形態のデジタルIDです。従来の中央集権型のアイデンティティシステムとは異なり、DIDはサービス利用者ではなく、利用者が自分自身のアイデンティティを管理できるように設計されています。これにより、個人情報のプライバシーとセキュリティが強化され、一方的な制限や不正利用のリスクが軽減されると言われています。

SSI（自己主権型アイデンティティ：Self-Sovereign Identity）は、DIDを一歩進めた概念で、利用者が自分自身のアイデンティティ情報を完全にコントロールし、どのようにそれを共有するかを自由に決定できるアイデンティティ管理の形態です。SSIは、利用者が自分の個人情報をスマートフォンやウォレットで安全に管理し、信頼性のある第三者（公証人、政府機関など）によって認証された証明書を発行できるようにします。

DIDとSSIの一般的な用途は、パスワードレスのログイン、安全なデータ共有、デジタル署名、個人認証などがあります（図1.10）。これらの技術は、個人の自主性とプライバシーを尊重しつつ、デジタルアイデンティティをより安全で使いやすくすることを目指しています。

図1.10　SSI（自己主権型アイデンティティ）による卒業証書の例

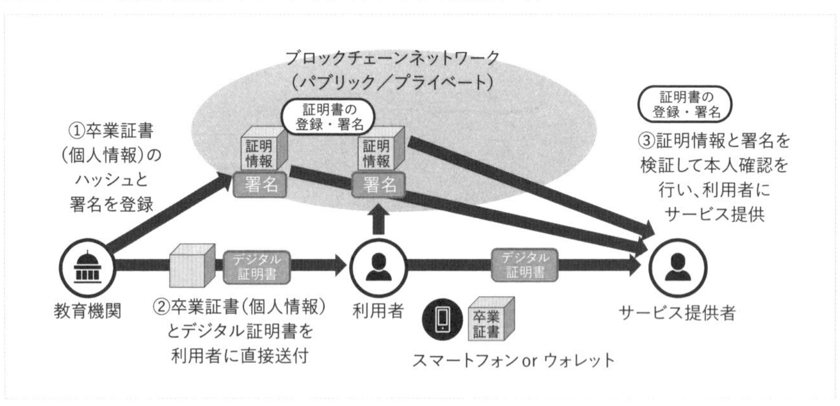

1.3 Web3が実現する社会

Web3が実現する社会はどのようなものでしょうか？

代表的なものとしては、表1.1のような効果があると言えるでしょう。

表1.1 Web3が実現する社会効果

非中央集権化（企業支配からの脱却）	個人データ（ブログの記事などを含む）がブロックチェーンや分散ストレージ、または個人所有のウォレットやスマートフォンなどで管理されるため、企業側でコンテンツが差し押さえされたり、漏洩することがない
個人情報のセキュリティ向上	利用開始時にサービスごとのアカウントを作成する必要がないため、個人情報の提供が不要。また、個人情報を自身で管理するため、第三者によって流出や悪用される恐れがない
インターネットと金融サービスの融合	Web3サービスによって利用されるパブリックブロックチェーンは、暗号資産と一体化しているため、金融の仕組みが組み込みやすい
企業と個人が対等なビジネス関係となる	ブロックチェーン上ではIDで識別されるので、企業と個人が区別されることなく、対等の関係で取引ができる

Web3ではデータとして共有資産はブロックチェーンなどに格納し、個人情報ならばデジタルウォレット[※7]に格納します。これにより特定企業の依存から離れて、自分が所有するデータをさまざまなコミュニティで活用する可能性が広がります。自分で管理したくないし、企業管理で問題ないという方もいるでしょう。ただ、選択肢が増えることは非常に大きいと思います。また、イーサリアムなどは暗号通貨を受け渡しできる機能を持っており、アプリケーションで決済サービスなどを簡単に実装できるようになります。いままで以上にさまざまなバリエーションの金融サービスに触れる機会は増えていくことになるでしょう。

Web2.0で発達したSNSによって、インフルエンサーと呼ばれる人たちが誕生し、企業に引けを取らない影響力を持つ人も増加しています。これらの人たちが企業と対等な立場でビジネス関係を持てる新しい社会を、Web3は

※7 デジタルウォレットはデジタルアイデンティティウォレットとも呼ばれ、研究開発段階ですが、実用化の事例も出はじめています。
https://www.linuxfoundation.jp/publications/2023/04/open-wallet-foundation_jp/

提供してくれると言えます。暗号資産の例として地域通貨がありますが、今後は個人が独自に発行する通貨も増えてくるかもしれません。

1.3.1 Web3のエコシステム

従来型のサービスは組織がサービス提供者・システム運用者であり、利用者と明確に分離されていましたが、ブロックチェーン技術を利用することで、トークンを媒介にした会社組織や上下関係にとどまらない自由な形式でのエコシステムが実現できます。

従来型のサービスはおもに会社単位で提供しており、その会社には経営者がいて、企画者や開発者、デザイナーなど、さまざまな役割の人が階層的な組織に属しているのが一般的でした（図1.11）。

また、お金の流れ的にもサービス利用者から徴収する売上を会社が受け取り、それらを給与として支払うといった一方向の流れでした。この方法が悪いというわけではありません。確実な品質のサービスを構築し、長期間にわたって提供するためには必要です。

しかしながら、現在のビジネスにおいては、ニーズに合わせて迅速かつ柔軟に対応することが求められます。またそのニーズも多様化しており、規模も小規模になっていることを考慮すると、すべてのサービス提供をこの体制

図1.11　従来型のサービスシステム

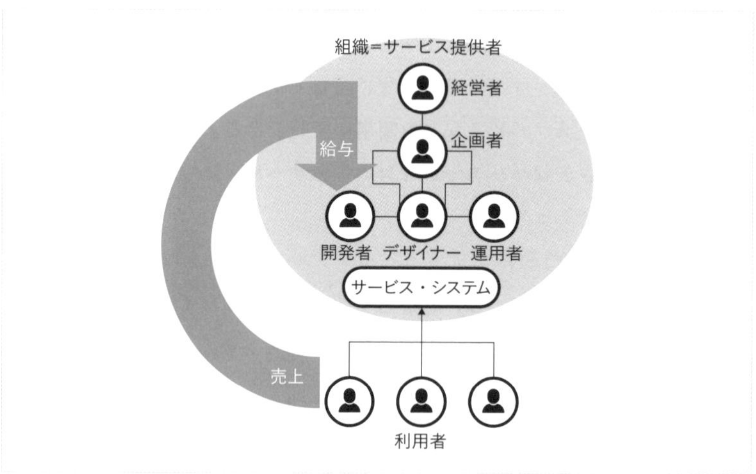

で行っていくのは無理があると言えるでしょう。

Web3のサービスでは、会社という組織に縛られず、そのサービスを企画する人、利用する人、そして開発や運営する人が対等の関係でコミュニティ運営を行います。それぞれの役割を皆が分担して担い、その労働やサービスの対価をトークンで受け取ります（図1.12）。考え方としては、地域通貨に近い仕組みです。しかし、Web3はそれだけではありません。トークンを暗号資産として取引所に上場することで、法定通貨などとの交換が可能となり、コミュニティ外からのトークン売却益を取り込むことも可能になります。この仕組みは、無償でボランティア活動をしている人々、たとえばオープンソースソフトウェア（OSS）の開発者などにとって、生活費を稼ぐ手段としても有用かもしれません。

また、コミュニティ参加者は従来の組織のようにお互いを知っている必要はありません[※8]。次の章で詳しく説明しますが、ブロックチェーン技術は、匿名の参加者間でも安全に取引や情報の共有ができるように設計されていますので、場所や所属が異なるといった直接面識のない人とでもバーチャルな

図1.12　Web3のサービスシステム

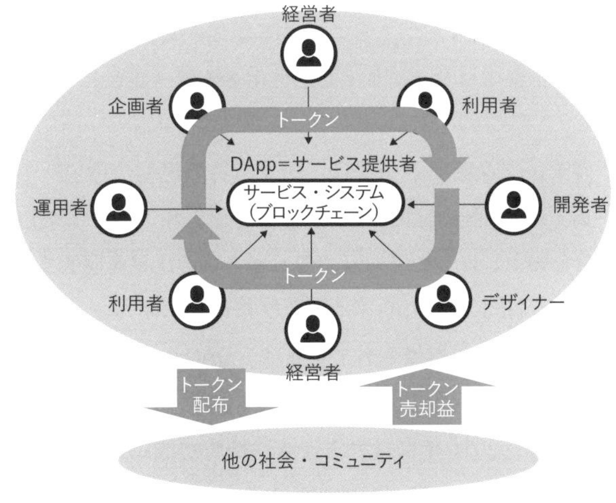

※8　ただし、資金の出入りがかかわる場合や投票権を持つ重要な決定に関与するケースなどで、非常に重要な役割を果たす場合には、一定レベルの身元情報が必要な場合もあります。その場合には、コミュニティ参加時などにKYC（本人確認手続き）のプロセスをはさむ必要があるでしょう。

組織を作ることができるのです。

1.4 NFT／DAOの動向

これまでWeb3のサービスや社会への影響について説明してきましたが、本書のテーマであるNFTとDAOはどのような状況になっているでしょうか？ 2022年から2023年にかけてのNFTとDAOの動向は、いくつかのポジティブな話題とネガティブな話題が存在します。

ポジティブな話題としては、NFT元年と言われた2021年からのNFT市場の急成長があげられます。デジタルアートやコレクション、ゲームアセットなど、さまざまな分野でNFTが活用されるようになりました。

また、スポーツやファッションなどの著名なブランドを持つ企業がNFT市場に参入し、その普及に一役買っています。近年では、NFTをコミュニティの会員証として、特別なイベントへの招待や限定商品の購入権利として利用したり、DAOを使ったコミュニティを組成するユースケースも増えており、消費者と企業のコミュニティを活性化するツールとして広がりつつあります。

一方、ネガティブな話題としては、NFT市場の規制や環境への影響が懸念されています。規制当局は、NFTを含むデジタルアセットの取引に対する規制や監視を強化しはじめており、これが市場の成長を阻害する可能性があります。また、NFTの取引やマイニングに伴うエネルギー消費が環境問題を引き起こす可能性が指摘されています。DAOに関しても、運営や資金調達に関する法規制や悪用のリスクが懸念されています。

日本においては、2016年に資金決済法や税法が改正され、仮想通貨（現在の暗号資産）に関する規制が追加されました。また、翌2017年には国税庁から「仮想通貨に関する所得の計算方法等について」が公表され、仮想通貨の取引で利益が出た場合には雑所得となること、およびトークンを発行した企業は年末時点での時価総額の値上がり分に50%近く課税されることが公式見解とされます。このことで、日本でのWeb3関連の起業が困難になり、シンガポールなどへのWeb3人材の海外流出が大問題になりました。

その後、2019年には金融証券取引法や再び資金決済法が改正され（この際に仮想通貨から暗号資産に名称を変更）、2022年には再び国税庁から「暗号資産に関する税制上の取り扱い（情報）」が公表されました。税制上の取り扱いが緩和され、トークン発行企業への年末時価総額の課税は緩和されましたが、暗号資産の取引利益への課税は依然として続いている状況です。

1.4.1　NFT/DAOの市場サービス・事例

ここでは、NFT・DAOに関する2022年から2023年時点での有名なサービスや事例を紹介します。

NFTマーケットプレイス

- **OpenSea**：NFTの売買ができる最大のマーケットプレイスで、さまざまなデジタルアートやコレクションが取引されています。
- **Rarible**：ユーザーが独自のNFTを作成、販売、購入できるプラットフォームであり、クリエイターやアーティストに人気です。
- **Blur**：2022年10月にローンチされたばかりのマーケットプレイスですが、2023年2月には1日の取引量がOpenSeaを上回っている[※9]と話題になりました。その理由として、Blurにはアグリゲーター機能があり、他のマーケットプレイスの取引も可能なこと、またプラットフォーム利用手数料が無料などの特徴があります。

NFTを活用したゲーム

- **Axie Infinity**：ブロックチェーン上でペット（Axie）を育成、バトルさせることができるゲームで、NFTを活用したアイテムやキャラクターが登場しています。
- **The Sandbox**：ユーザーが独自のバーチャル世界を作成し、NFTを活用したアセットや土地を取引できるゲームです。

※9　https://dappradar.com/rankings/nft/marketplaces

DAOプロジェクト

- **MakerDAO**：ステーブルコイン（決済手段に安心して利用できるように、円やドルなどの法定通貨と交換比率を固定し、価格変動を極力抑えた暗号資産）DAIを発行するプロジェクトであり、分散型のガバナンスが導入されており、トークン保有者が意思決定に参加できます。
- **MolochDAO**：イーサリアム生態系の開発をサポートするために設立されたDAOで、効率的な資金調達や資源配分を実現しています。

NFT・DAOの事例

- **Beeple**（ビープル）：デジタルアーティストであり、2021年にNFT作品『EVERYDAYS: THE FIRST 5000 DAYS』が6,900万ドルで落札されるという画期的な出来事が起こりました。
- **ConstitutionDAO**：2022年にアメリカ合衆国憲法の原本を購入するために設立されたDAOで、コミュニティ主導で資金調達が行われ、その取り組みが話題となりました。

これらのサービスや事例は数あるWeb3の中の一例にすぎませんが、今後、さらに多くのプロジェクトやイノベーションが登場することが期待されています。現状では一部のアーリーアダプターの利用にとどまっており、現在のWeb3はWeb2.0の流れから見ると、まだ黎明期であると言われています。

ブロックチェーンやその周辺の技術が進化し、より万人に使いやすく、かつ規制や環境への影響、悪用のリスクが改善されていくことで、さらに進化したビジネスモデルやサービスが誕生していくことが期待されています。

第 2 章

Web3の アーキテクチャと 構成要素

本章では、Web3アプリケーションのアーキテクチャについて、Web2.0アプリケーションと比較しながら、その長所・違いなどについて解説していきます。Web3の要素技術として最初にあげられるのはブロックチェーンですが、アプリケーション全体としてはそれはごく一部で、実際にはWeb2.0の技術など複数の要素技術で成り立っています。

2.1 Web3アプリケーションのアーキテクチャ

2.1.1 Web2.0とWeb3のアーキテクチャの違い

ここからは、Web3のアプリケーションを開発するうえで必要となる基本的な要素を解説していきます。

Web3のアプリケーションは従来型のWeb2.0のアプリケーションとなにが違うのでしょうか。Web1.0からWeb2.0へ移行する際にも、さまざまな技術的な進化に伴いWebアプリケーションのアーキテクチャも変化していきました。

インターネット初期には、静的なHTMLファイルを返すWebサーバーと参照するためのWebブラウザがあるだけでしたが、Webブラウザからの要求があったときに、動的に計算やデータベース検索などのなんらかの処理を実行させ、結果をブラウザに送信するCGI（Common Gateway Interface）のような仕組みが次第に出てきました。これは、サーバー側でHTMLを作成して送信することから、サーバーサイドレンダリング（SSR）アーキテクチャと呼ばれています（図2.1）。

図2.1　SSRアーキテクチャ

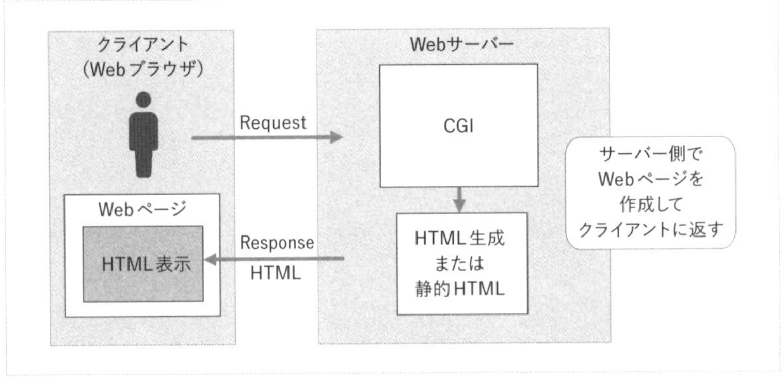

この仕組みは、時代を追うごとにさらに精錬されていき、画面レイアウトやデータ表示を制御するWebサーバー、ビジネスロジックの処理を行うアプリケーション（AP）サーバー、データを格納するデータベース（DB）サーバーとレイヤ分けされ、Web「3層」アーキテクチャやMVCモデルなどが標準化されていきます（図2.2）。

図2.2　Web「3層」アーキテクチャ

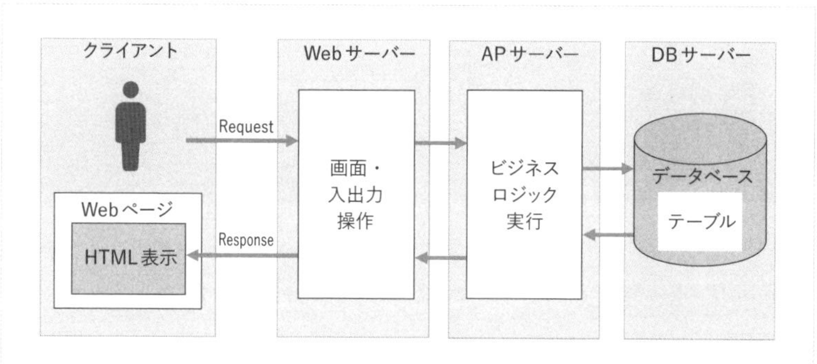

Web2.0の時代になると、より柔軟で複雑なユーザーインターフェースを実現するため、Ajax（Asynchronous JavaScript And XML）などのプログラミング手法が誕生します。これはGoogle Mapなどで有名です。この手法はサーバー側での処理だけではレスポンスが悪いため、非同期でデータを取得し、クライアント側で動的に表示を行う仕組みでした。

SSRではリクエストのたびにページを遷移させていたのが、1つのページ内でシームレスに表示を切り替えることができるようになりました。これをシングルページアプリケーション（SPA）、またはクライアントサイドレンダリング（CSR）アーキテクチャと言います（図2.3）。

その後、スマートフォンの普及に伴って、PCとモバイル端末の両方に対応できるようにしたプログレッシブWebアプリケーション（PWA）や、サーバー側の処理をクラウド機能に任せるサーバーレスアーキテクチャなど、Web2.0アプリケーションは現在も進化し続けています。

図2.3　SPA/CSRアーキテクチャ

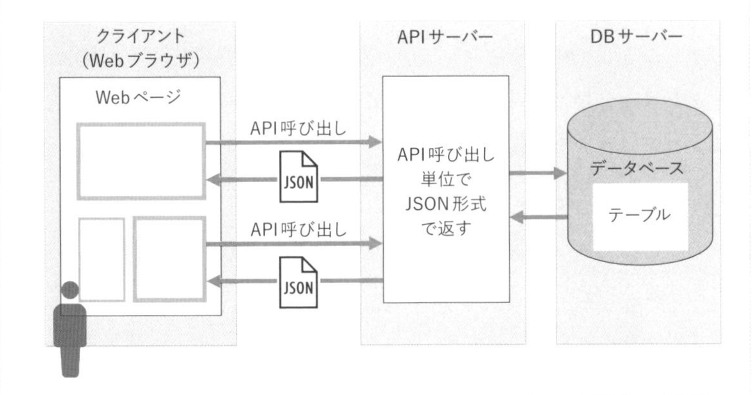

それでは、Web3のアーキテクチャはどのように変化したのでしょうか？

Web3アプリケーションは別の言い方で、分散型アプリケーション（Decentralized Application[※10]：DApp（ダップ））とも呼ばれています。その名の通り、分散化を強く意識しており、Web2.0アプリケーションは、特定の人がサーバーを集中管理し、サービスを提供する中央集権型のアーキテクチャであるのに対し、Web3のアプリケーションは分散型ネットワーク上に構築された非中央集権的なアーキテクチャになっています。そして、この非中央集権を実現するために不可欠な要素がブロックチェーン技術です。

Web2.0アプリケーションとWeb3アプリケーションから見たアーキテクチャの違いを簡単に図示すると図2.4のようになります。

Web3のアーキテクチャも、Web1.0・Web2.0で培われたさまざまな概念・技術群の上に成り立っており、大枠としてはWeb「3層」モデルに対応することができます。特にフロントエンドと呼ばれるユーザーインターフェース部分はSPAアーキテクチャを採用していることが多く、ユーザーの操作性の点ではほぼ変化はないと言えるでしょう。注目していただきたいのは、図2.4の通り、ユーザー識別情報やデータ、ビジネスロジックの配置場所の違いです（表2.1）。

※10　https://ethereum.org/en/developers/docs/dapps/

図2.4　Web3とWeb2.0アーキテクチャの違い

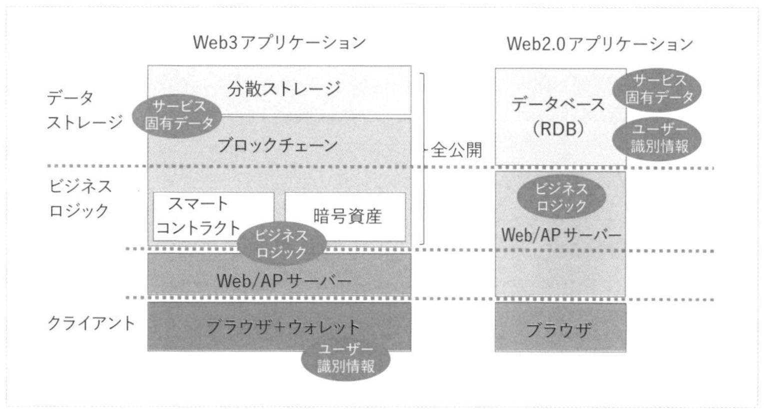

ユーザー識別情報：

第1章でも説明したように、ユーザーを識別する情報は個人情報にもつながる最も重要な情報であり、Web3ではこの情報をいかにサービス提供する管理者に持たせないかが重要です。そのため、Web2.0では管理者所有のデータベースサーバーに格納していた情報が、クライアント側のウォレットに格納されます。ウォレットに格納するユーザー識別情報とは、具体的にはユーザー固有の秘密鍵やデジタルアイデンティティなどが該当しますが、これは後述します。

サービス固有データ：

ここでいうデータとは、サービスが提供するユーザー識別情報以外の情報です。たとえば、SNSであればユーザーが投稿した記事などが該当します。Web2.0ではこれらのデータをユーザー識別情報と同じデータベースサーバーに格納していましたが、Web3ではブロックチェーンや分散ストレージ（IPFSやSwarmなど）に格納されます。

ビジネスロジック：

ビジネスロジックとは、サービス固有の処理を行うプログラムです。SNSであればユーザーが投稿した記事を取り扱う処理、送金システムであれば指定した宛先にお金を送信するための処理が該当します。Web2.0では、一般的にAPサーバーに配置し、Webサーバーから送信された入力データを加工し、データベースに格納するなどの処理を行っていましたが、Web3ではその処理はブロックチェーン上のスマートコントラクトが実施します。

ただし、一部例外もありますので、それは後述します。

暗号資産・トークン：

もう1つ、Web2.0にはない要素として暗号資産やトークンがあります。暗号資産はビットコイン（BTC）やイーサリアム（ETH）など、暗号資産取引所で法定通貨と交換できるデジタル通貨（以前は仮想通貨というのが一般的でしたが、2018年の資金決済法の改正で暗号資産という名称に変更されています）ですが、これらはプログラム上から扱うことが可能です。

Web2.0で通貨を扱うには、オンライン決済プラットフォームや銀行APIを利用する必要がありましたが、Web3ではブロックチェーン内に暗号資産の機能が内包されています。

Web3では、スマートコントラクトで利用できるETHやそれに類する暗号資産を利用するのが一般的です。ユーザーがコミュニティに積極的に参加して自らの役割をこなし、その見返りとしてトークンをインセンティブ（動機づけ）に使用することで相互運営していくエコシステムを重視しているため、暗号資産やトークンが不可欠な存在になっています。

表2.1　Web2.0とWeb3における違い

		Web3アプリケーション	Web2.0アプリケーション
ユーザー識別情報	配置場所	ウォレット	データベース
	特徴	ユーザー固有の秘密鍵やデジタルアイデンティティなど	ユーザーのアカウント情報、氏名・住所などの個人情報。近年はOAuthやIDaaSの普及により、複数システムで一元管理される場合もある
サービス固有データ	配置場所	ブロックチェーンまたは分散ストレージ	データベース
	特徴	基本はブロックチェーンに格納されるが、大容量の場合には分散ストレージに格納。原則公開情報となるため、非公開情報の場合は個別対応が必要	データベースで一元管理。データの参照・更新制御は厳密に管理され特定権限を持つユーザーのみ操作が可能

ビジネスロジック	配置場所	スマートコントラクト	APサーバー上のプログラム
	特徴	スマートコントラクトとしてコードごとに公開	APサーバー内に原則非公開の状態で配置（OSSや設計書の状態で公開するケースもある）
暗号資産・トークン	配置場所	ブロックチェーンまたはスマートコントラクト	―
	特徴	ブロックチェーン基本機能であるネイティブトークンと、スマートコントラクトで実装する独自トークンがある	外部決済サービスやポイントとして扱う場合もあるが、通貨そのものを扱うケースは少ない（通貨を扱うには銀行や資金移動業の資格が必要）

2.2 Web3アーキテクチャの構成要素

次に、Web3アーキテクチャの構成要素を詳しく見ていきましょう。

ブロックチェーン

P2Pネットワークで接続したノード[※11]間で改竄(かいざん)されない台帳データを格納・共有する仕組みです。参加者の制限のないパブリックブロックチェーンと、参加やデータ操作を権限によって限定するプライベートブロックチェーンに分かれますが[※12]、Web3ではイーサリアムなどのパブリックブロックチェーンを用いるのが一般的です。分散システムであるため、ノードの一部が停止しても動き続ける、高い障害耐性も持っています。よく、ブロックチェーンはデータを更新できないと言われますが、「更新できるが、更新したという過去のログは残る（更新した事実をなかったことにはできない）」が正しいです。

※11　ネットワークの一部を形成するコンピュータのこと。
※12　「2.9 パブリックとプライベートについて」参照。

暗号資産・トークン

暗号資産は、多くのパブリックブロックチェーンで利用することができる通貨です。

ビットコインのように、ブロックチェーンのキラーアプリケーションは暗号通貨と言われていますので、ほとんどのパブリックブロックチェーンには基本機能として暗号資産の機能が備わっています（ネイティブトークンとも言います）。この機能により、利用者の行動の対価となるインセンティブを創造することができるため、これらをうまく利用することでさまざまなユースケースに対応したエコシステムを実現させています。

また、スマートコントラクトを使って独自のトークンを作ることも可能で、そのための標準仕様がERC-20やERC-721として定められています。

スマートコントラクト

スマートコントラクトは、ブロックチェーン上で実行可能なプログラムです。ブロックチェーン上のデータに独自のルールを追加したり、自動実行可能なロジックを組み込んだりすることができます。Web3では、特にEVM（Ethereum Virtual Machine）互換のプログラムが一般的であり、開発にはイーサリアムの独自言語として開発された「Solidity（ソリディティ）」を使うことが多いです。Solidityを使って独自のスマートコントラクトを作成することが可能であり、変数や関数を作成し、それらを外部から呼び出すこともできます。また、スマートコントラクトはブロックチェーン上に配置されるため、コード内容が誰でも確認可能[※13]です。

注意点として、スマートコントラクトの実行には「ガス代」と呼ばれる手数料がかかり、実行時にネイティブトークンで支払う必要があります。命令セットごとにガス代が決められているため、複雑な処理ほど手数料が上がる傾向にあります。

分散ストレージ

スマートコントラクトは扱える容量が限られており、画像やファイルなどの大容量データを格納する場合、非常に高額な手数料がかかるため、IPFS

※13　とはいえ、ブロックチェーン上にはオペコードと呼ばれるバイトコードの形で記録されるため、直接見て処理を理解するのは困難ではあります。
https://ethervm.io/?ref=tech.bitbank.cc

などの外部ストレージを併用します。ブロックチェーンと同様に分散型のストレージサービスを利用することが多いです。

ウォレット

Web3のフロントエンドにあたる部分は、ほとんどWeb2.0と同じです。そのため、Web2.0アプリケーションの開発方法はそのまま使えます。ただし、Web3のフロントエンドにはウォレット機能が必須であり、ブロックチェーンと通信するために、専用アプリやブラウザの拡張機能が必要です。ウォレットにはブロックチェーンを更新するための、ユーザー自身の秘密鍵を格納しておく必要があります。

2.3 ブロックチェーンとWebアプリケーションの接続

Web3アプリケーションはブロックチェーンやスマートコントラクトとどのように通信するのでしょう？ Web2.0の場合には、同一のローカルネットワーク内にWebサーバーやデータベースサーバーが構築されることが多いため、TCP/IPや各データベース製品が提供する専用のプロトコルやドライバを使って接続できます（図2.5）。ローカルネットワークの外にあるサーバーにアクセスする場合には、REST APIなどを使うことが一般的でしょう。

図2.5 Web2.0のサービス間連携

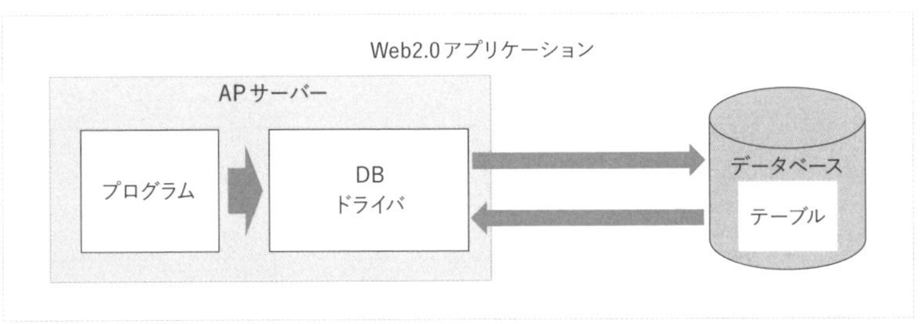

それでは、ブロックチェーンネットワークにはどのように接続するのでしょうか？

答えは、大きく分けて2つあります。

1つは、自分でブロックチェーンクライアント（geth※14やNethermind※15など）をダウンロードし、独自のノードを立ち上げ、そのノードに接続する方法（図2.6）。もう1つは、さまざまな企業や団体が提供しているノードプロバイダーを利用することです（図2.7）。

前者は、直接ブロックチェーンに接続することで管理者のいる仲介業者を経由しないため、Web3の非中央集権的な思想に最も忠実で理想的な形と言えます。イーサリアムなどのブロックチェーンクライアントにはJSON-RPC※16などのリモートで関数を呼び出すインターフェースが用意されており、アプリケーションからHTTPリクエストの要領で呼び出すことができます（リスト01）。

リスト01 curlコマンドでJSON-RPCを呼び出す例

```
% curl http://localhost:8545 \
-X POST \
-H "Content-Type: application/json" \
-d '{"jsonrpc":"2.0","method":"eth_getBalance","params":["0x...", "latest"],"
id": "1"}'
{
  "jsonrpc": "2.0",
  "id": 1,
  "result": "0x7c2562030800"
}
```

※14 https://geth.ethereum.org/

※15 https://www.nethermind.io/

※16 JSON-RPCはリモートプロシージャコール（RPC）の一形態であり、クライアントとサーバー間の通信で使われる軽量で、プロトコル中立なAPIの一種です。データのフォーマットとしてJSON（JavaScript Object Notation）を使用します。

図2.6　Web3のサービス間連携（独自ノード）

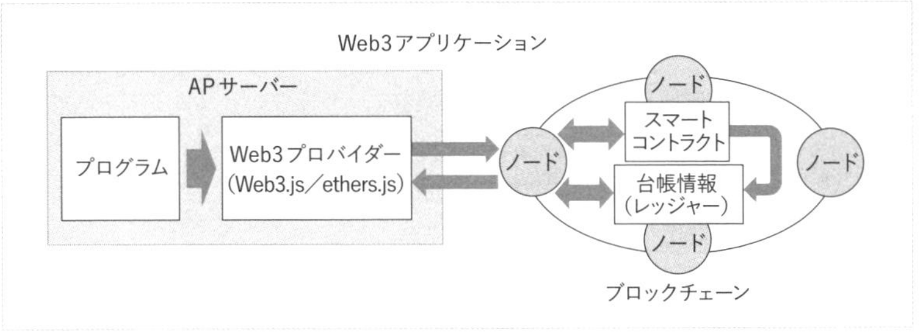

後者は接続先のプロバイダーを信頼する必要があるので、プロバイダーが中央集権的であり、純粋な意味での分散化になっていないという問題※17があります。しかし、ノードを所有するのは非常に運用コストがかかり、技術的ハードルも高く、個人や中小企業の開発者が手を出せないため、PoCやサービス創業時においては、このようなサービスを活用するのも選択肢の1つ※18です。プロバイダーを使用した場合でも、ブロックチェーンのアクセスは独自ノードのときと同様です。さらにはプロバイダー独自の拡張APIやマルチチェーン対応、分散ストレージなども提供されている場合もあります（リスト02）。

リスト02　Consensys社が提供しているInfuraでJSON-RPCを呼び出す例

```
curl https://mainnet.infura.io/v3/YOUR-API-KEY \
  -X POST \
  -H "Content-Type: application/json" \
  -d '{"jsonrpc":"2.0","method":"eth_getBalance","params": ["0x...", "latest"],
"id":1}'
```

※17　この問題を端的に示す事例として、2022年3月にCosensys社が提供するプロバイダーInfuraがロシアからのアクセスを遮断した件に対してさまざまな議論がなされました。
https://coinjournal.net/ja/news/ankr-interview-what-the-team-think-of-metamask-infura-restrictions/

※18　EVM互換のブロックチェーンはインターフェースがある程度統一されているため、移行も容易であることは、特定のベンダーに依存することを回避する点からも有効でしょう。

図2.7　Web3のサービス間連携（ノードプロバイダーを利用）

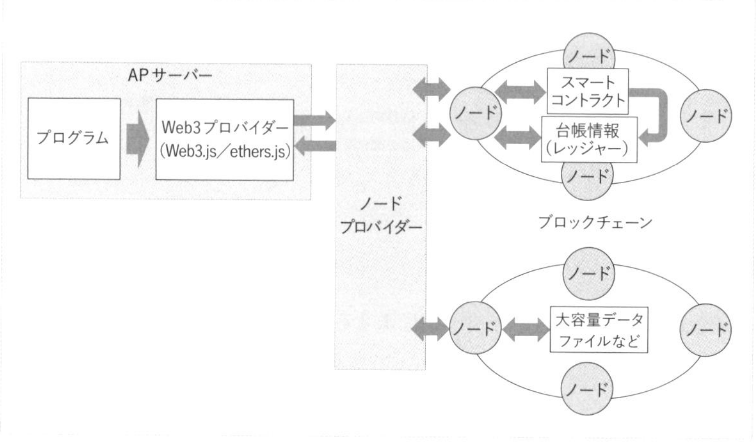

2.4　Web3アーキテクチャの処理の流れ

Web3アプリケーションのアーキテクチャを理解するためには、従来のWeb2.0アプリケーションとは異なるキーとなる要素に焦点を当てることが必要です。Web3アプリケーションは、中央集権的なサーバーではなく、ブロックチェーンという分散型のレイヤに依存して動作します。

アクセスとサインイン

① ユーザーはウォレットの拡張機能を入れたWebブラウザを、Web3アプリケーションのフロントエンドにアクセスします。通常、フロントエンドサーバーへのアクセスはIPアドレスとDNSを用いて行われますが、Web3では分散ストレージとENS（Ethereum Name Service）を使用し、Webサーバーのホスティングも分散化する方法も出てきています。

② Web2.0における認証ではユーザーIDやパスワードを使用しますが、Web3ではブラウザの拡張機能としてインストールしたMetaMaskやTrust Walletなどのウォレットを使用します。

③ フロントエンドのアプリケーションはWeb3ライブラリ（web3.jsやethers.js）を用いて、ウォレットが持つ、ユーザーのブロックチェーンアドレスと連携します。

トランザクションの作成

④ ユーザーがWebアプリケーションでなんらかのアクション（暗号資産の送金やスマートコントラクトへの命令）をとると、それに関連するトランザクションが生成されます。

⑤ このトランザクションは、ウォレットが持つユーザー固有の秘密鍵によって署名され、ブロックチェーンノードやノードプロバイダーに送信します。バックエンドでもWeb3ライブラリを使うことでブロックチェーンと通信できますが、トランザクションを発行するにはユーザーの秘密鍵が必要であるため、ブロックチェーン内の情報を取得する以外はフロントエンドでしかできません。

トランザクションの検証

⑥ ブロックチェーンネットワークのノードは、受け取ったトランザクションの有効性を検証します。

⑦ トランザクションが有効と判断されると、ブロックに追加され、そのブロックはネットワーク上の他のノードに伝播（でんぱ）されます。

分散ストレージとの連携

⑧ 画像や映像など容量の大きいデータを格納する場合には、通常、分散ストレージにデータを格納したうえ、データのハッシュと共にブロックチェーンに格納します。
分散ストレージは自身で構築する他、ノードプロバイダーが提供するサービスを利用することができます。

以上が、Web3アプリケーションにおける処理の流れです。図2.8と合わせて確認してください。

なお、現状のWeb3アプリケーションの構成は図2.8よりもずっと複雑です。さまざまなコミュニティからWeb3の技術スタックが提案されていますが、まだWeb3の領域は発展途上であり、それぞれで考え方が異なるため、まだ確定したものはないのが現状です（図2.9）。

まずは図2.8の要素とその関係性を理解したうえで、個別の領域に進むことをおすすめします。

図2.8　Web3アプリケーションの処理の流れ

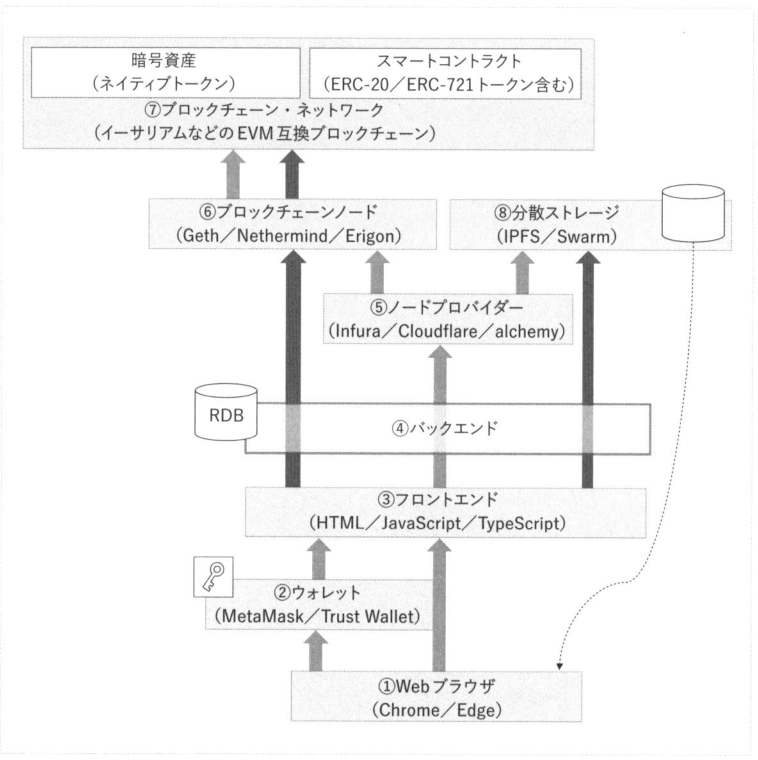

図2.9　Web3 Technology Stack[※19]

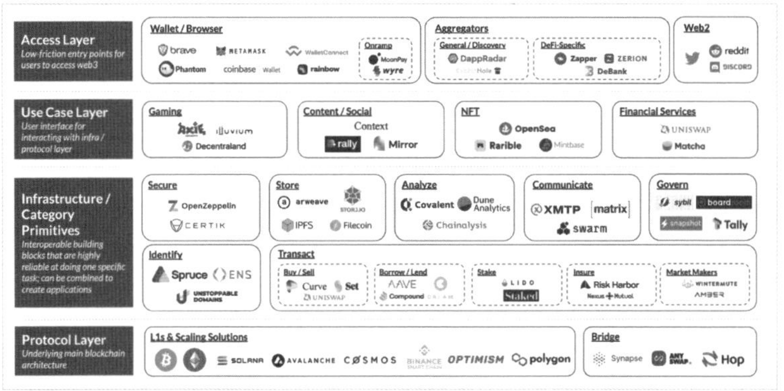

以上で、Web3アプリケーションの全体像は把握できたのではないかと思います。

次節以降では、それぞれの要素技術について深掘りしていきます。

2.5　ブロックチェーン

2.5.1　ブロックチェーンとビットコイン

ブロックチェーンの歴史は、2008年にサトシ・ナカモトによって発表されたビットコインの論文にはじまります。この論文『Bitcoin：A Peer-to-Peer Electronic Cash System[※20]』では、ブロックチェーンを用いた、中央機関を必要としない新しい電子通貨システムが提案されました（図2.10）。サトシ・ナカモトは、当時のインターネット商取引における銀行やクレジットカード会社のような「信頼できる第三者」に依存したシステムの非効率性や脆弱性によって、いまだ小額決済を実現できない現状を課題とし、暗号技

※19　https://www.coinbase.com/blog/a-simple-guide-to-the-web3-stack
※20　https://bitcoin.org/ja/bitcoin-paper

術を用いた解決策を提示したのです。翌年の2009年1月には論文内容を実装したプログラムが公開され、ビットコインが誕生しました。驚くべきことに、このとき稼働したネットワークシステムは、いまにいたるまで一度も停止することなく動き続けています。発案者であり開発者であるサトシ・ナカモトの正体が不明（1人なのか複数なのかさえも）なことも相まって、ブロックチェーンは知的好奇心を刺激するミステリーにあふれています。

図2.10　サトシ・ナカモトが2008年に発表した論文

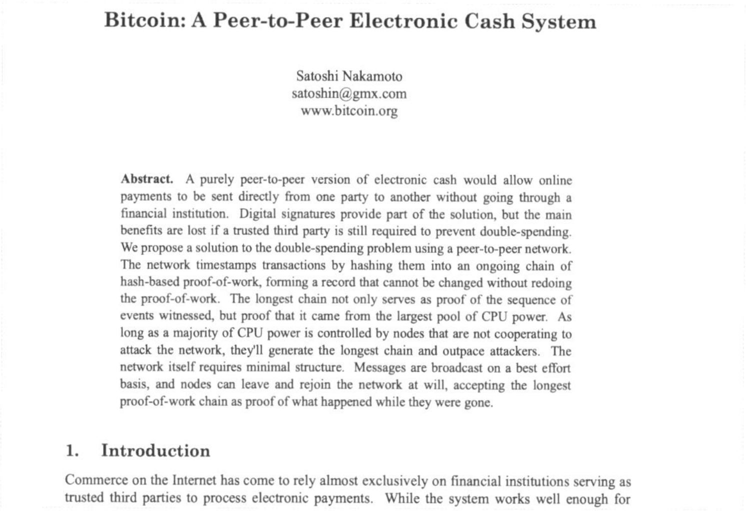

Bitcoin: A Peer-to-Peer Electronic Cash System

Satoshi Nakamoto
satoshin@gmx.com
www.bitcoin.org

Abstract. A purely peer-to-peer version of electronic cash would allow online payments to be sent directly from one party to another without going through a financial institution. Digital signatures provide part of the solution, but the main benefits are lost if a trusted third party is still required to prevent double-spending. We propose a solution to the double-spending problem using a peer-to-peer network. The network timestamps transactions by hashing them into an ongoing chain of hash-based proof-of-work, forming a record that cannot be changed without redoing the proof-of-work. The longest chain not only serves as proof of the sequence of events witnessed, but proof that it came from the largest pool of CPU power. As long as a majority of CPU power is controlled by nodes that are not cooperating to attack the network, they'll generate the longest chain and outpace attackers. The network itself requires minimal structure. Messages are broadcast on a best effort basis, and nodes can leave and rejoin the network at will, accepting the longest proof-of-work chain as proof of what happened while they were gone.

1. Introduction

Commerce on the Internet has come to rely almost exclusively on financial institutions serving as trusted third parties to process electronic payments. While the system works well enough for

2.5.2　ブロックチェーンの革新性

ブロックチェーンは、ビットコインを実現するために考え出された概念です。それは、管理者不在の非中央集権的なP2Pネットワークにおいても、改竄できないデータを流通できるシステムです。

通常、このような分散環境下では「流れているデータを途中で改竄できないようにすること」は非常に困難でした。これは「ビザンチン将軍問題※21」として知られています。

図2.11のように、敵軍を取り囲んだビザンチン帝国の将軍たちが攻撃か撤退かを多数決で合意する際に、裏切り者が一定数以上存在すると合意でき

※21　https://ja.wikipedia.org/wiki/ビザンチン将軍問題

なくなるという問題です。つまり、P2Pネットワークは端末から端末へ情報を伝達していくため、途中で改竄するのが容易であり、データの信頼性確保が困難でした。ブロックチェーンはこの問題を（条件付きではありますが）解決[※22]することで、中央集権型のシステムとはまったく別のアプローチを私たちに与えてくれたと言えます。

図2.11　ビザンチン将軍問題の例

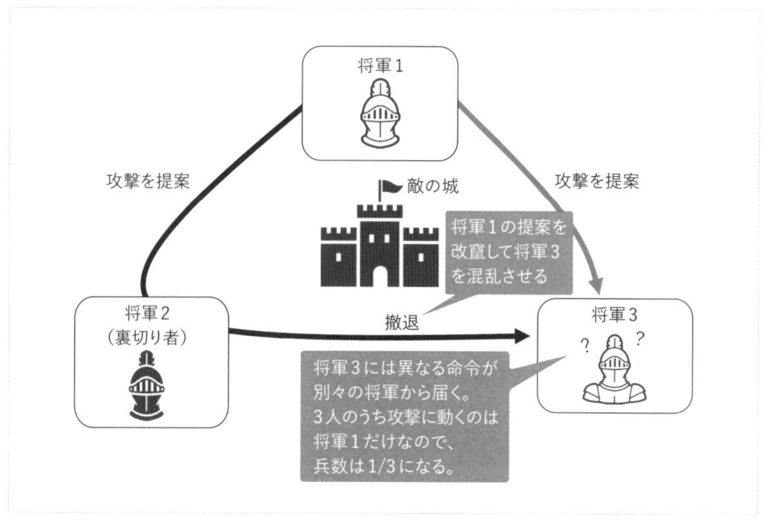

2.5.3　ブロックチェーンが実現する信頼の仕組み

ブロックチェーンはどのように改竄できない仕組みを実現しているのでしょうか？ その仕組みはいくつかの基本的な要素技術に支えられています。

ブロックチェーンは台帳データを管理する仕組みです。台帳とは会計や金融取引などで使用される記録簿のことを指し、一般的には、ある特定の期間において発生した取引や資産状況を時系列順に記録して管理するためのものです。

システム的には「＊＊へ送金」や「＊＊を参照」などの処理命令であり、データベースにおけるSQLを実行するトランザクションと同義だと考えて問題ありません。

※22　https://archive.nytimes.com/dealbook.nytimes.com/2014/01/21/why-bitcoin-matters/

それぞれの要素技術がどのようにブロックチェーンの信頼性を担保しているかを以下に説明します。

ハッシュ関数

任意の長さのデータを固定長のハッシュ値に変換する関数で、ブロックチェーンにおいてはSHA256やSHA3の方式がよく使われています。わずかなデータの変更も異なるハッシュ値として出力されるため、データの改竄を簡単に検出することができる重要な機能です。データの特性を短い文字列で表せるため、「要約」や「ダイジェスト」とも呼びます（図2.12）。

図2.12　ハッシュ関数

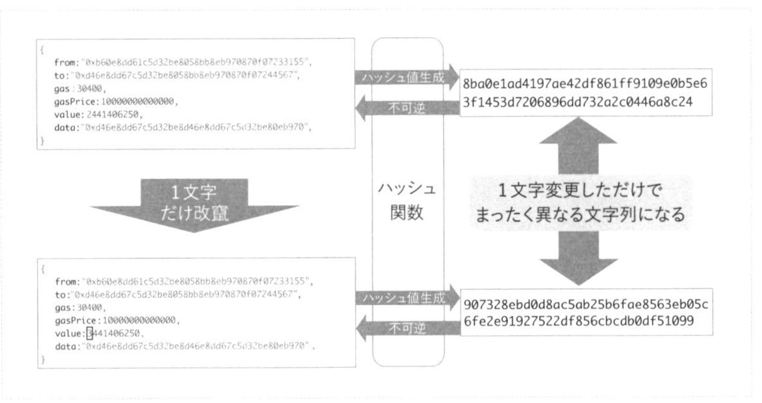

電子署名

トランザクションの発行者が、そのトランザクションを正当に発行したことを証明する仕組みです。トランザクションが特定の参加者によって発行され、その後、改竄されていないことを確認するために使われます。不正な変更が行われた場合、署名は無効となります。電子署名には公開鍵暗号が使われます。発行者は自分専用の公開鍵と秘密鍵を作成し、トランザクションをハッシュ値に変換し秘密鍵で署名します。トランザクションに電子署名を添付することで、検証の際にはその公開鍵を使って電子署名が本人のものであるかを確認することができます。本来、公開鍵は別の手段で送付する必要がありますが、ブロックチェーンでは改竄されないため、トランザクションに電子署名と公開鍵を一緒に書き込みます（図2.13）。

図2.13　電子署名

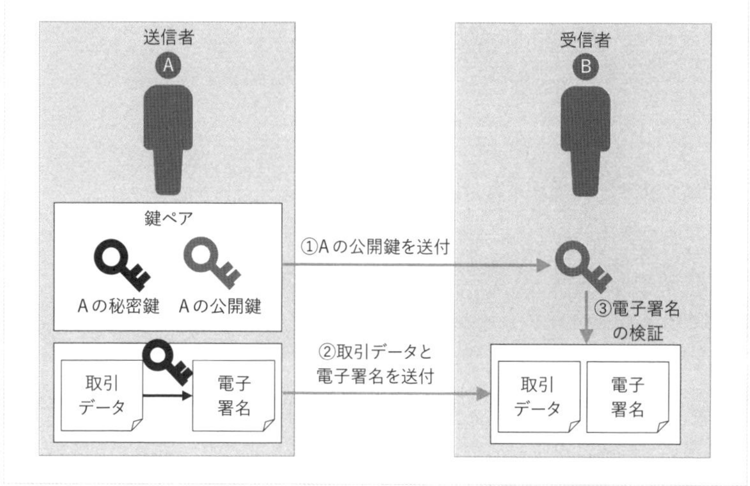

ハッシュチェーン

ブロックチェーンは、各ノードが自身のハードディスクに台帳データを格納するときのデータ構造です。その名前の通り、一連の処理命令（トランザクション）をまとめた「ブロック」が「チェーン」のように連結されている構造を持っています。処理命令はブロックに格納され、連結されると実行されたことになります。

各ブロックは前のブロックのハッシュ値を保持しており、これによってハッシュチェーンが形成されます。

この二重のチェーン構造のおかげで、過去のトランザクションデータをあとから変更することが非常に困難になります。なぜなら、1つのブロックの内容を変更するとそのハッシュ値が変わり、それに続くすべてのブロックのハッシュ値も変更されるため、以降のブロックの値をすべて書き直す必要があるからです。さらに、詳しくは後述しますが、個々のブロック作成に高いハードルを設けることで、全体として改竄できない仕組みが実現できます（図2.14）。

図2.14　ブロックチェーンの構造

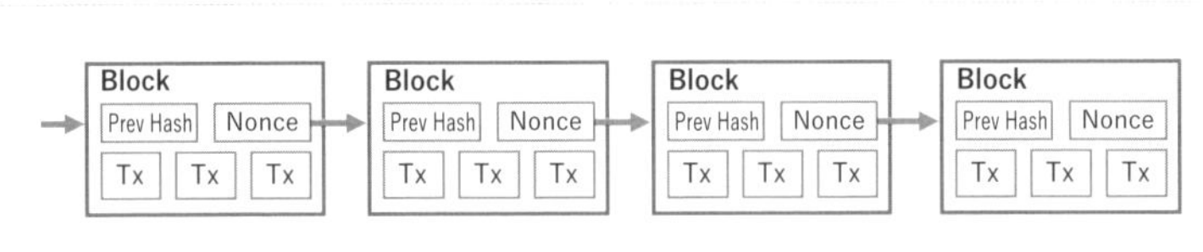

コンセンサスアルゴリズム

ブロックチェーンネットワークのすべての参加者（ノード）が、どのトランザクションが正当で、次にブロックチェーンに追加されるブロックとして承認されるかを合意するメカニズムです（図2.15）。ブロックチェーンはすべてのノードに複製された状態で格納されます。このブロックチェーンが正しい手順で作成されたかどうかをすべての参加者が互いに検証し、過半数を占めないデータは不正なものとして排除していくことで、台帳データの健全性を担保しています。つまりは、正しい行いをする参加者が全体の過半数以上いることが前提となっています。

先ほど述べたブロックチェーンはビザンチン将軍問題を条件付きで解決したというのはこのことを言っており、悪意のある参加者が過半数以上を占めた場合、改竄が可能となってしまいます。これは51%攻撃と呼ばれており、特に参加者の少ないブロックチェーンネットワークにおいて発生しやすい事象であるため注意が必要です。

ビットコインにおけるコンセンサスアルゴリズムはProof of Work（PoW）と呼ばれ、ある条件を満たす数値を最初に見つけたノードに最新ブロック作成の権利を与えます（図2.16）。しかしこの値は、簡単には見つからないように一定間隔で難易度が変わっていきます。そのため、ブロックの作成には膨大なCPUパワーが必要となり、簡単には複製できないようになっています。

また、ブロック作成者には報酬として一定量のビットコインを与えることで、これらの仕組みを維持するためのインセンティブになっており、この行為を宝探しにたとえて「マイニング」と呼ばれています。

図2.15　コンセンサスアルゴリズムによるブロックチェーンの相互検証

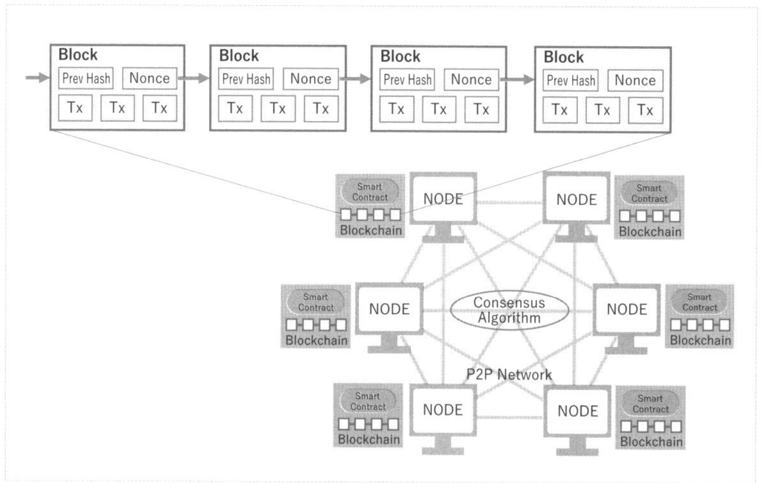

図2.16　ブロック作成権限を勝ち取るための探索条件

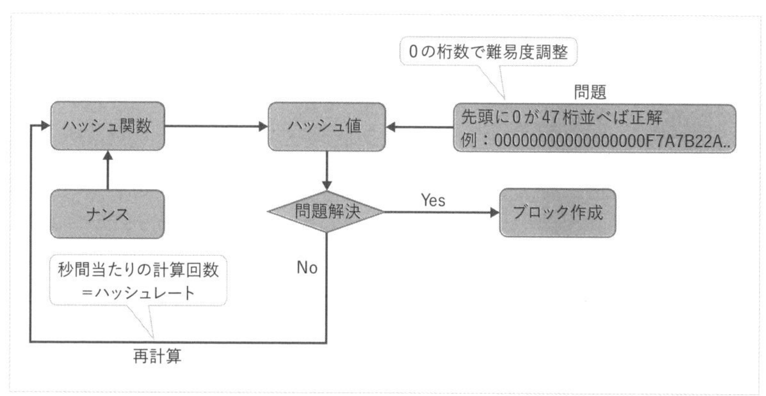

これらの要素技術が組み合わされることで、ブロックチェーンはその信頼性とセキュリティを維持しています。

2.5.4　ビットコインの課題

ブロックチェーンは電子署名やPoWの仕組みによって、いままで実現不可能であった分散ネットワークで正しいデータを流通させることに成功しました。しかし、いくつかの課題も残っています。

膨大な電力消費を要する

ビットコインのマイニングのための電力消費は、ヨーロッパの小国数カ国分の電力消費量を上回るとも言われています。この環境への影響は、ビットコインに対する懸念としてしばしば取り上げられています。

決済完了性（ファイナリティ）

ブロックチェーンでは、同時にブロックが作成されることで、ブロックチェーンが分岐する場合があります。ビットコインでは分岐した場合、長いブロックチェーンを正とする取り決めがありますが、理論的にトランザクションのファイナリティ（決済完了性）は確定しないと言われています（図2.17）。

このような不確定要素は、リアルタイムでの迅速な決済が必要なシチュエーションにおいては不便になりえます。このため、ビットコインは即時のマイクロペイメントやリアルタイムの大量のトランザクション処理には不向きであると考えられることがあります。

図2.17　ブロックチェーンの分岐（長いほうを正とする）

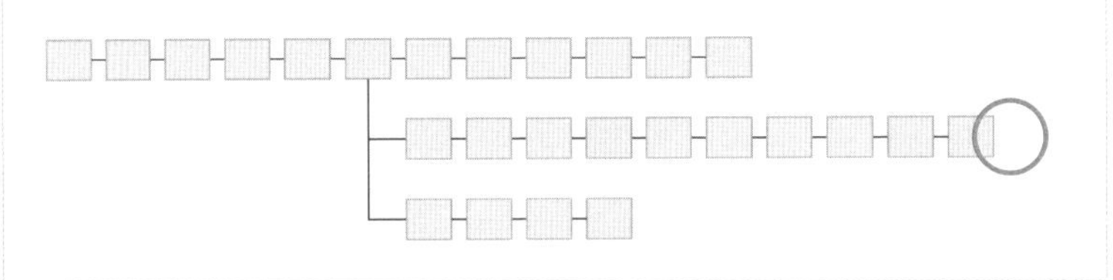

これらの問題は研究開発が進められており、さまざまな解決案が検討されています。Web3で一般的に用いられるイーサリアムでは、2022年にPoWからProof of Stake（PoS）に変更されたことで、これらの問題が解消されたと言われています。

2.6 暗号資産・トークン

暗号資産は、ブロックチェーンをベースとした通貨の総称です。以前は仮想通貨と呼ぶのが一般的でしたが、2018年の資金決済法の改定後、「暗号資産」という名称に変更されたものの、各国の呼び方も統一したものがない状況です。ちなみに海外では「Crypto」と呼ばれるのが一般的です。

ブロックチェーンは中央管理者が不要な電子通貨を実現するものとして誕生しました。そのため、暗号資産は現在においてもブロックチェーンのキラーコンテンツとしての地位を誇っています。また、ブロックチェーン上の暗号資産は、スマートコントラクトやNFT（非代替性トークン）、各種プラットフォームのネイティブトークンなど、さまざまな形で活用されています。

後述するFT（代替可能トークン）やNFTなど、他の情報と組み合わせて利用可能なトークンは、Web3におけるニッチな経済圏やトークンエコノミーを形作る重要な要素です。DeFiやDAOにおける貢献度に応じて配布するトークン量を制御することで、貢献度合いの可視化や活動におけるインセンティブの明確化に利用できます。

Web3においては、以下のようなトークンが活用されています。

Fungible Token（ファンジブルトークン：FT）

「Fungible」という単語は「代替可能」という意味で、FTは互いに取り替え可能なトークンを指します。すなわち、あるFTの1単位は常に他の同じトークンの1単位と等価です。例としては、暗号資産（ビットコイン、イーサリアムなど）がFTです。これらのトークンは、同じ種類の他のトークンとの間で1：1の交換が可能です（図2.18）。

Non-Fungible Token（ノンファンジブルトークン：NFT）

NFTは「代替不可能なトークン」を意味します。これは、他のトークンと同じではない独特の属性や情報を持つトークンを指します。そのため、異なるNFT間で直接的な1：1の交換は行えません。アート、音楽、コレクティブアイテム、ゲーム内アイテムなど、ユニークなデジタルアセットを代表するために使われることが多いです（図2.19）。

Semi-Fungible Token（セミファンジブルトークン：SFT）

SFTは、FTとNFTの中間的な特性を持つトークンです。同じクラスやカテゴリの中では取り替えが可能ですが、異なるクラスやカテゴリのトークンとは取り替えは不可能です。たとえば、コンサートチケットや映画の前売り券など、同じ席や同じ上映回のチケットは等価ですが、異なる席や異なる上映回のものとは等価ではありません（図2.20）。

Soulbound Token（ソウルバウンドトークン：SBT）

SBTは、所有者に紐づき、譲渡ができないトークンです。そのため、ソウル（魂に）バウンド（紐づく）と言われています。卒業証書や資格証明など、自分の能力や経歴を示すときに利用されます（図2.21）。

図2.18　FT（ファンジブルトークン）

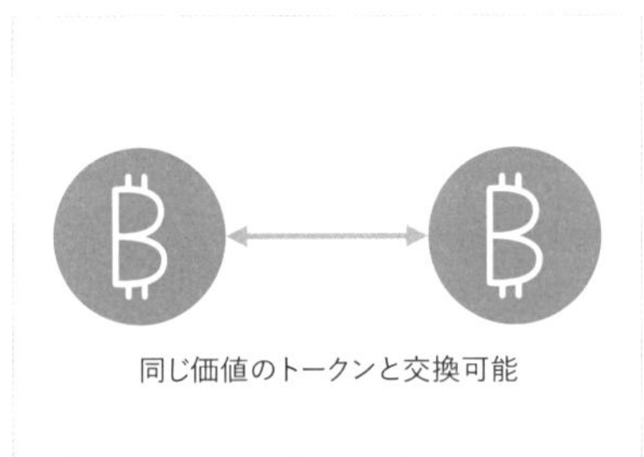

図2.19　NFT（ノンファンジブルトークン）

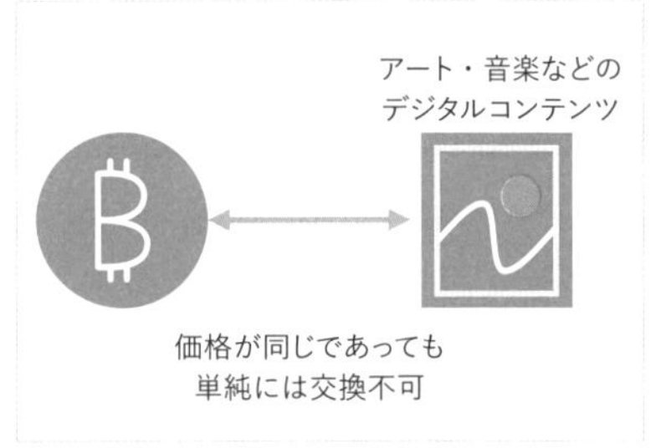

図2.20　SFT（セミファンジブルトークン）

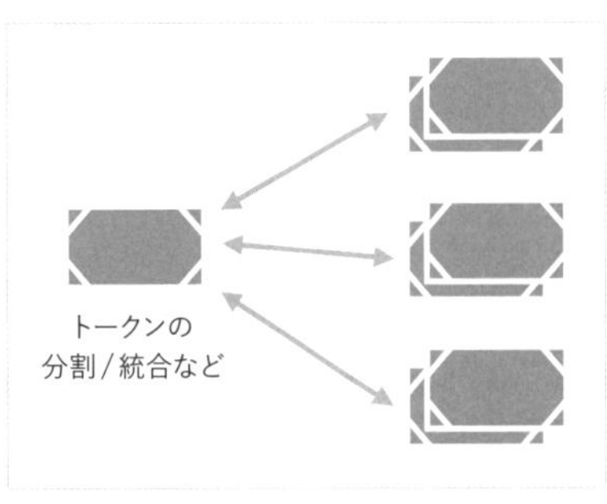

図2.21　SBT（ソウルバウンドトークン）

2.7 スマートコントラクト

スマートコントラクトは、ブロックチェーン上で実行されるプログラムです。これにより、利用者が独自の処理（取引や契約）をブロックチェーン自体を改造せずとも、実装が可能になります。

最初にスマートコントラクトを導入したブロックチェーンは、イーサリアムでした。ビットコインから生み出されたブロックチェーンを他の分野にも適用できるように、開発者であれば誰でもプログラミング可能なプラットフォームを提供したのです（図2.22）。

図2.22　ビットコインとイーサリアム

ビットコイン

特徴

- 通貨や決済システムとしての利用に限定していた
- 一方で用途の拡張、カスタマイズ要求が高まり、証券取引、為替取引、ギフトカード交換、資金調達、証明書、投票、サプライチェーン等々での利用が求められるようになった

格納可能な情報が拡張

通貨の保持金額、やり取りの履歴といった情報をビットコインネットワークで保持

イーサリアム - Ethereum

特徴

- ヴィタリック・ブテリンにより考案
- 通貨にしか利用できないビットコインの課題を解決し、多様な用途向けにプログラミングできる汎用ブロックチェーンを作成可能
- スマートコントラクトの実現：特定の条件が満たされた場合に、決められた処理が自動的に実行される

格納可能な情報が拡張

あらゆる状態・データを格納可能、コントラクトプログラム自体もEthereumネットワークに保持

スマートコントラクトは特定のパラメータで呼び出され、一定の条件が満たされた場合、なんらかのアクションや計算を実行することができます。たとえば、発信者が特定の受取人に暗号資産を送信すると、スマートコントラクトがデジタル資産の所有権を作成・移転するなどです。

このスマートコントラクトは、ブロックチェーン技術がさまざまなユースケースに活用できるきっかけになりました。

2.7.1 スマートコントラクトの動き

スマートコントラクトの実体はオペコードと呼ばれるバイトコードの集合体であり、イーサリアムではSolidityやVyper（ヴァイパー）などの人間にもわかりやすいプログラミング言語を用いて記述します（リスト03）。

リスト03 Solidityで記載したプログラムコード（一部）

```
pragma solidity ^0.8.0;

import "@openzeppelin/contracts/token/ERC20/ERC20.sol";

contract MyERC20 is ERC20 {
    constructor() ERC20("myERC20", "MYE2") {...
```

リスト04 上記をコンパイルしたオペコード（一部）

```
0x608060405234801562000011576000080fd5b5060405180604001604052806000d81526020017f4
458546f6b656e5f455243323000...
```

プログラムコードをコンパイルしてオペコードに変換し（リスト04）、デプロイすることでブロックに書き込まれ、各ノードに伝搬していきます。スマートコントラクトを実行するには、トランザクションとして命令とパラメータを送信します（図2.23）。

スマートコントラクトが他のプログラミング言語や実行環境と異なるのは、プログラムコードがブロックチェーンで公開され、固定される点にあります。この状態のコードは誰でも参照することが可能（オペコードの状態ではありますが）であるため、プログラム上でなにをしているか検証が可能です。それ故に透明性があり不正ができないため、契約に近しい特徴を持つと言われています。

その反面、一度ブロックチェーンに書き込まれてしまうと、そのコードは変更することができないため、不具合が見つかった場合の対処が難しくなります。

図2.23　スマートコントラクトの導入・実行の流れ

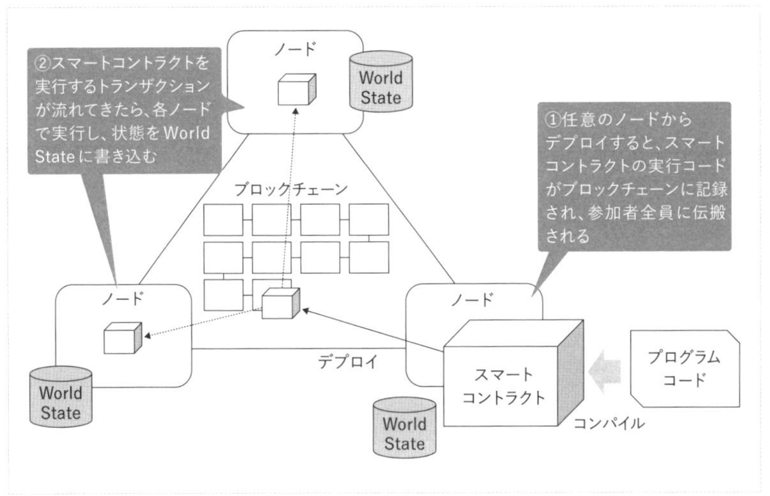

スマートコントラクトは基本機能として暗号資産を操作することができるため、過去、プログラムバグにより数百億円相当の暗号資産が盗まれる例も発生[※23]しています。それ以降、これらの不具合を回避する研究・開発が行われ、現在ではさまざまなデザインパターンやライブラリが登場しています。

2.7.2　スマートコントラクトの概念

スマートコントラクトは、1990年代にニック・サボが提唱した「Smart Contracts」にはじまりますが、実用化されたのは2015年にイーサリアムが登場してからです（図2.24）。イーサリアムは、拡張可能なスマートコントラクトを実装した初めてのブロックチェーンプラットフォームであり、現在ではDeFiやNFT、DAOなど、多くのサービスがスマートコントラクトによって実現されています。

※23　https://forbesjapan.com/articles/detail/46069

図2.24　ニック・サボが提唱したSmart Contracts※24

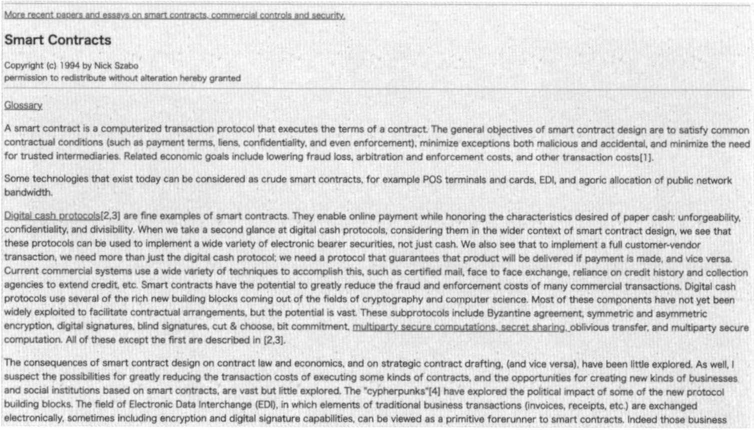

More recent papers and essays on smart contracts, commercial controls and security.

Smart Contracts

Copyright (c) 1994 by Nick Szabo
permission to redistribute without alteration hereby granted

Glossary

A smart contract is a computerized transaction protocol that executes the terms of a contract. The general objectives of smart contract design are to satisfy common contractual conditions (such as payment terms, liens, confidentiality, and even enforcement), minimize exceptions both malicious and accidental, and minimize the need for trusted intermediaries. Related economic goals include lowering fraud loss, arbitration and enforcement costs, and other transaction costs[1].

Some technologies that exist today can be considered as crude smart contracts, for example POS terminals and cards, EDI, and agoric allocation of public network bandwidth.

Digital cash protocols[2,3] are fine examples of smart contracts. They enable online payment while honoring the characteristics desired of paper cash: unforgeability, confidentiality, and divisibility. When we take a second glance at digital cash protocols, considering them in the wider context of smart contract design, we see that these protocols can be used to implement a wide variety of electronic bearer securities, not just cash. We also see that to implement a full customer-vendor transaction, we need more than just the digital cash protocol; we need a protocol that guarantees that product will be delivered if payment is made, and vice versa. Current commercial systems use a wide variety of techniques to accomplish this, such as certified mail, face to face exchange, reliance on credit history and collection agencies to extend credit, etc. Smart contracts have the potential to greatly reduce the fraud and enforcement costs of many commercial transactions. Digital cash protocols use several of the rich new building blocks coming out of the fields of cryptography and computer science. Most of these components have not yet been widely exploited to facilitate contractual arrangements, but the potential is vast. These subprotocols include Byzantine agreement, symmetric and asymmetric encryption, digital signatures, blind signatures, cut & choose, bit commitment, multiparty secure computations, secret sharing, oblivious transfer, and multiparty secure computation. All of these except the first are described in [2,3].

The consequences of smart contract design on contract law and economics, and on strategic contract drafting, (and vice versa), have been little explored. As well, I suspect the possibilities for greatly reducing the transaction costs of executing some kinds of contracts, and the opportunities for creating new kinds of businesses and social institutions based on smart contracts, are vast but little explored. The "cypherpunks"[4] have explored the political impact of some of the new protocol building blocks. The field of Electronic Data Interchange (EDI), in which elements of traditional business transactions (invoices, receipts, etc.) are exchanged electronically, sometimes including encryption and digital signature capabilities, can be viewed as a primitive forerunner to smart contracts. Indeed those business

この概念におけるスマートコントラクトは、技術的な側面と法的な側面を併せ持っています。技術的な側面では、契約をコードの形にして自動実行するというものです。これは非常にシンプルな考え方で、契約の内容や条件が満たされたときに、自動的にその効果が発生するという点が中心となります。これにより、契約の履行を自動化することができるため、取引の効率や透明性が向上する可能性があるとされています。

一方で、法的な側面としては、スマートコントラクトには、従来の法的な契約を、より効率的で適用可能性の高いものにするという目的もあります。たとえば、従来の契約では、紛争が発生した場合に裁判所に訴える必要があるかもしれませんが、スマートコントラクトはそのような第三者の介入を最小限にし、契約の自動実行により多くの紛争を解決することを目指しています。

このように、ニックの考えるスマートコントラクトには、技術的な側面と法的な側面が密接にかかわっていると言えます。しかし、スマートコントラクトが法的な問題や紛争を完全に解消するわけではありません。技術的な実装としてのスマートコントラクトは、それ単体ではブロックチェーン上で動くことを除けば、通常のプログラムとさほど変わらず、それらを取り巻く法的・社会的な環境との間には、まだ多くの議論や検討が必要とされています。

※24　https://www.fon.hum.uva.nl/rob/Courses/InformationInSpeech/CDROM/Literature/LOTwinterschool2006/szabo.best.vwh.net/smart.contracts.html

イーサリアムの創始者であるヴィタリック・ブテリンは、「私は“スマートコントラクト”という用語を採用したことを非常に後悔しています。もっと退屈で技術的な名前、おそらく“Persistent Scripts（永続化スクリプト）”などと呼ぶべきでした。」[※25]と言っており、「法律の民営化という特定の哲学と同一視するのは間違っています。」[※26]とも語っています（図2.25）。

図2.25　ヴィタリック・ブテリンのポスト（旧ツイート）

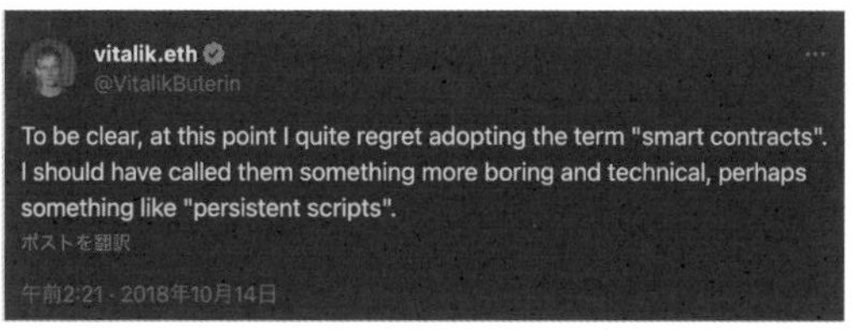

確かに、イーサリアムのスマートコントラクトは通常のトランザクションと同様にブロックチェーンに書き込まれ（永続化され）、変更できないプログラムとして実行されるため、機能的に見れば端的にその特徴を表しているように思えます。

2.8　ウォレット

2.8.1　ウォレットとは

ブロックチェーン上でのウォレットは、暗号資産を管理するためのツールです。ウォレットには、持ち主の公開鍵と秘密鍵のペアが保管されます。秘密鍵は持ち主を証明するために、絶対に他人に渡してはいけない情報です。一方で、公開鍵は証明が正しいことを検証する情報のため、他人に渡しても問題ありません。ブロックチェーンにおいても、公開鍵はトランザクション

※25　https://twitter.com/VitalikButerin/status/1051160932699770882
※26　https://twitter.com/VitalikButerin/status/1051161357104635906

に付属[※27]しています。秘密鍵は、暗号資産の送金やスマートコントラクトの実行など、ウォレット内の資産を操作するためのトランザクションの正しさを保証するための署名に使います。

ウォレットには、ハードウェアウォレット、ソフトウェアウォレット、ペーパーウォレットなど、さまざまな種類があります。それぞれのウォレットには利便性やセキュリティの面で異なる特徴があります。利用者は、自身のニーズに合わせて適切なウォレットを選択することが重要です。また、秘密鍵の管理には細心の注意が必要であり、紛失や盗難による資産の損失を防ぐための対策が求められます。

2.8.2 ウォレットの種類

ウォレットにはさまざまな種類があります。USB型でPCに着脱して使用するハードウェアウォレットや、PCにインストールして利用するソフトウェアウォレットなどがありますが、ここではソフトウェアウォレットを中心に説明します。

ソフトウェアウォレットは大きく分けて4つあります。以下にそれぞれのウォレットを説明します。

ノンカストディアル[※28]ウォレット

ユーザー自身が秘密鍵を完全に管理・保持するタイプのウォレットです。このタイプのウォレットは第三者や管理者が資産を管理しないため、ユーザーが自身の資産の完全なコントロールを持つことができる、Web3の最も基本的なウォレットになります（図2.26）。

※27 本来、署名と公開鍵は分けて渡す必要がありますが、ブロックチェーンは改竄できないため、署名と公開鍵をセットで格納しています。

※28 秘密鍵を代わりに所有し、いつでも資産を移動できる人をカストディアンと言い、暗号資産に使用する他人の秘密鍵を預かるため、暗号資産カストディ業務を行うものとして、内閣総理大臣から登録を受ける必要があります。

図2.26　ノンカストディアルウォレット

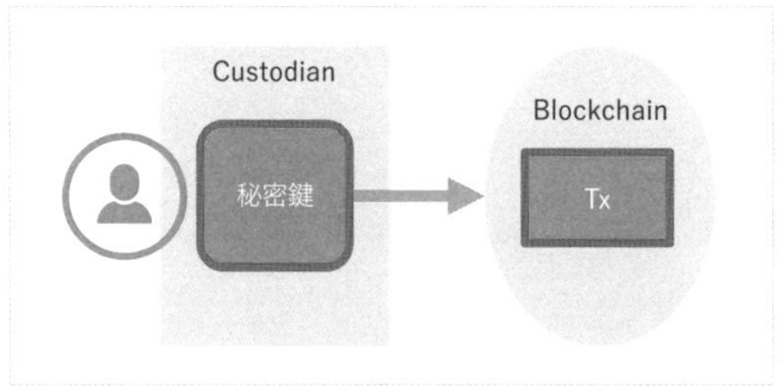

カストディアルウォレット

第三者や管理者を持つサービスが、ユーザーの秘密鍵を代わりに管理・保持するタイプのウォレットです。ユーザーは直接秘密鍵を持たないため、鍵管理の煩わしさはありませんが、サービス提供者を信頼する必要があります(図2.27)。

図2.27　カストディアルウォレット

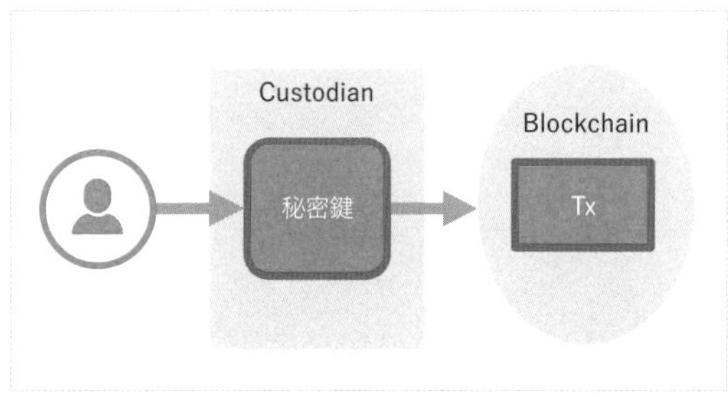

マルチシグウォレット

複数の秘密鍵を要求するトランザクション署名の仕組みを持つウォレットです。たとえば、3つの鍵のうち2つが揃えば、トランザクションを実行可能とする「2-of-3」のマルチシグ設定ができます。これにより、1つのウォレットの鍵が盗まれたとしても直ちに資産損失を受けない、高いセキュリティや共同管理のメカニズムが可能になります(図2.28)。

図2.28 マルチシグウォレット

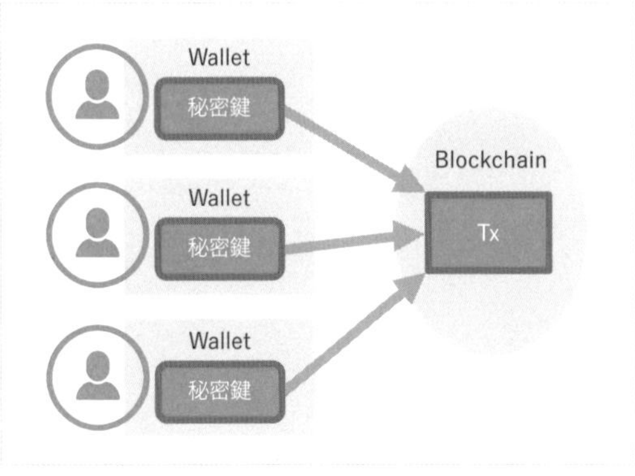

コントラクトウォレット

スマートコントラクトを元にしたウォレットで、イーサリアムのようなプラットフォーム上で動作します。このウォレットは組み込みのトランザクション検証の仕組みを変更し、ユーザー定義のロジックやルールを組み込むことが可能です。ただし、まだ仕様がドラフト状態[※29]のため、今後の検討が期待されています（図2.29）。

図2.29 コントラクトウォレット

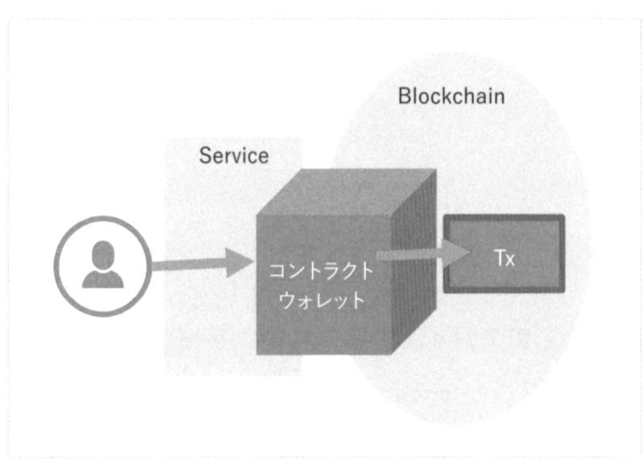

これらのウォレットはそれぞれ異なる利点や制約を持ち、使用するシチュエーションやニーズによって適切なものを選択することが重要です。

※29 https://eips.ethereum.org/EIPS/eip-4337

2.9 パブリックとプライベートについて

ブロックチェーンには、パブリック・ブロックチェーンとコンソーシアム・ブロックチェーン、プライベート・ブロックチェーンという3つのタイプが存在します（表2.2）。パブリック・ブロックチェーンは、誰でも参加できるオープンなブロックチェーンであり、パーミッションレス・ブロックチェーンとも呼ばれます。ビットコインやイーサリアムが代表的な例です。

一方、コンソーシアム・ブロックチェーンやプライベート・ブロックチェーンは、特定の組織やグループが参加できるクローズドなブロックチェーンで、パーミッションド・ブロックチェーンとも呼ばれます。企業間での情報共有やサプライチェーン管理などに導入が検討されています。

表2.2　ブロックチェーンのタイプごとの違い

	パブリック・ブロックチェーン	コンソーシアム・ブロックチェーン	プライベート・ブロックチェーン
	パーミッションレス・ブロックチェーン	パーミッションド・ブロックチェーン	
概要	公開されたネットワークで誰でも参加可能	企業間をまたぐネットワークで許可された企業のみ参加可能	企業内や組織内での利用を想定して構築される
参加条件	制限なし	制限あり（許可制）	制限あり（許可制）

Web3においては、基本的にブロックチェーンという場合、パブリック・ブロックチェーンのことを指します。Web3のアプリケーションはコンシューマ同士、または企業とコンシューマ間でのユースケースが多いためです。

そのため、本書では、パブリック・ブロックチェーン、特にイーサリアムをおもに取り扱っています。イーサリアムは、スマートコントラクトをサポートし、DeFiやNFT、DAOなど、Web3の中心的な役割を果たしています。パブリック・ブロックチェーンを理解し、活用することがWeb3開発者にとって不可欠です。

ただし、コンソーシアム・ブロックチェーンやプライベート・ブロックチェーンがまったく無関係かというとそうではありません。Web3の領域の1つであるSSI（自己主権型アイデンティティ）やDID（分散型アイデンティティ）は、海外において国家間をまたぐ証明や政府サービスとして活用がはじめられており、こちらにはプライベート・ブロックチェーンを使用することが多く見られます（図2.30）。

図2.30　欧州で検討中のThe European Digital Identity Walletの仕様文書※30

2.10　オンチェーンとオフチェーン

ブロックチェーンは改竄できない形でデータを保存することができますが、実際にテキスト以外のデータを格納しようとすると、高額な手数料が必要に

※30　https://digital-strategy.ec.europa.eu/en/library/european-digital-identity-wallet-architecture-and-reference-framework

なったり、データをうまく格納できなかったりと、さまざまなトラブルに遭遇します。しかし、アートや映像などをNFT化するためには、画像データや動画データを格納することは必須です。これらのデータをどのように扱えばよいのでしょうか？

ブロックチェーンに格納できない場合は、ブロックチェーン外のシステムを利用します。ただ、単純に外部にデータを置くだけでは、ブロックチェーンと連携が取れなくなるため、そこは工夫が必要です。

このようにブロックチェーンだけで完結して処理することをオンチェーン、必要なものだけをブロックチェーンに格納し、それ以外は外部の仕組みを利用することをオフチェーンと言います。オフチェーンの目的は容量の問題だけに限らず、パフォーマンスを上げることやコストを低減することなどさまざまですが、NFTに紐づく画像や動画など大容量のデータは基本的にオフチェーンを使って実装します（図2.31）。

2.10.1　分散ストレージの利用（IPFSとSwarm）

ブロックチェーンにデータを保管する場合、容量に比例したガス代がかかります。イーサリアムなど円換算で数十万円の暗号資産ではなかなか厳しい条件です。そのため、IPFS[※31]（InterPlanetary File System）やSwarm[※32]（Ethereum Swarm）などの分散ストレージを保管先として使用します（図2.31）。

IPFSは、データを保存およびアクセスするための分散ファイルシステムであり、データを集中データベースに保存するのではなく、ピアツーピアネットワークに分散して保存します。IPFSはオープンソースのミドルウェアなのですが、IPFSの機能を提供しているノードプロバイダーも存在しています。また、IPFSには「Filecoin」と呼ばれるサービスも存在し、ストレージを提供した参加者にインセンティブとしてFilecoinトークンを渡すといった仕組みもできているため、さまざまな方法で利用することができます。

※31　https://ipfs.tech/
※32　https://www.ethswarm.org/

図2.31　オンチェーンとオフチェーン（分散ストレージ）の比較

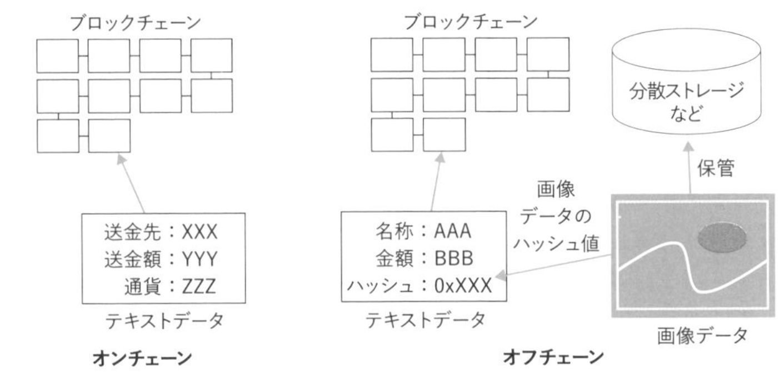

もう一方のSwarmは、開発中のプロダクトではありますが、Ethereum Foundationが出資しており、イーサリアムとのプロトコル互換や連携が期待できます。こちらもBZZコインというトークンを発行しており、独自の経済圏を構築しつつあります。

2.10.2　プライバシー

パブリック・ブロックチェーンは基本的に格納する情報は全公開であり、ノードに接続する人はすべて見ることができます。

IPFSもアクセス制御の機能はなく、アクセスできれば誰でもデータを参照できてしまうため、プライバシー度の高い情報は独自にアクセス制御されたデータベースやストレージに格納する必要があります（図2.32）。

図2.32　プライベートデータの扱い方

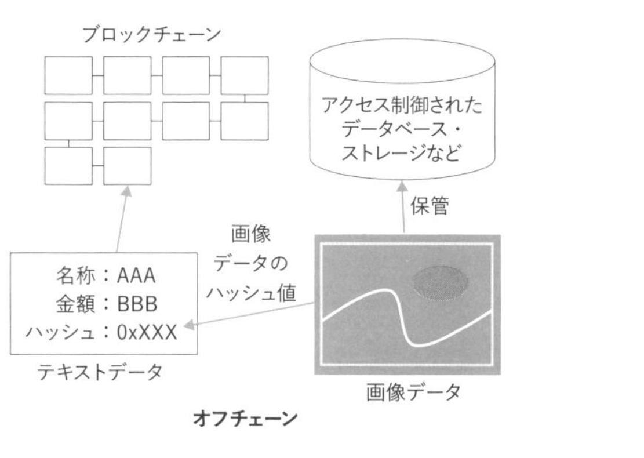

2.10.3　パフォーマンス

容量の問題以外に、ブロックチェーン（正確にはパブリック・ブロックチェーン）にはパフォーマンスとプライバシーの問題が存在します。

パブリック・ブロックチェーンは合意形成を取りながらデータを更新しているため、スループット（一定時間内に処理される情報量）が小さく、ビットコインでは3～10（TPS：Transaction Per Second）、イーサリアムでは15（TPS）と言われています。最近では5,000（TPS）を可能とするSolanaなどの高速なブロックチェーンも出てきていますが、障害も多く、なかなか安定した性能は出せていないようです。

ブロックチェーンには分散性と性能、安全の3つを同時にクリアすることは難しいという「ブロックチェーンのトリレンマ[※33]」があると言われており、どこまでこれらを両立させるかが課題になっています。

その解決策の1つが「レイヤ2」と呼ばれるテクノロジー群です。大まかに言うと、レイヤ2とはブロックチェーンをレイヤ1と位置付けて、その上に1枚レイヤをかぶせ、追加したレイヤ側で高速に処理を行ったあと、それらを束ねてレイヤ1に書き込む仕組みです（図2.33）。

レイヤ2には複数の種類があり、いまだ検討段階の状態ではありますが、

※33　https://www.ledger.com/academy/what-is-the-blockchain-trilemma

レイヤ1からトランザクションの負荷を軽減してレイヤ1の混雑を緩和し、スケーラビリティを向上させることができます。

レイヤ2においてもスマートコントラクトを動かすことが可能であるため、高速性が必要な場合には選択肢の1つとなるでしょう。

図2.33　レイヤ2におけるスケーラビリティ向上の仕組み

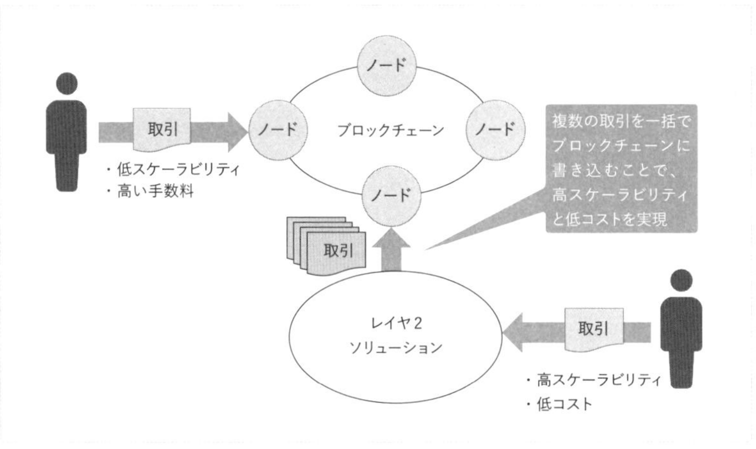

2.11　Web3アプリケーションを開発するうえでのベストプラクティス

最後に、Web3アプリケーションを開発するために考慮すべき考え方を以下にまとめました。

Web3はまだまだ試行錯誤中ですので、これらがすべてではありませんが、参考になれば幸いです。

2.11.1 ユーザーエクスペリエンス

- **直感的なインターフェース**：DAppは一般のWebアプリケーションとは異なる操作や概念を持つことが多いので、UI／UXは直感的であることが望ましい。
- **明確なフィードバック**：トランザクションの進行状況やエラーメッセージなど、ユーザーに対して明確で理解しやすいフィードバックを提供する。
- **ガス費用の透明性**：トランザクションのコストやガスの価格、それに関連するオプションをユーザーに明確に示す。
- **オンボーディングの簡素化**：初心者ユーザーでも簡単にDAppを利用できるように、ウォレットのセットアップや基本的な操作方法に関するガイドを提供する。
- **モバイル対応**：スマートフォンからもアクセスや操作がしやすいUI／UXを考慮する。

2.11.2 セキュリティ

- **スマートコントラクトの監査**：専門家によるスマートコントラクトのセキュリティ監査を実施し、潜在的な脆弱性やバグを特定・修正する。
- **オープンソースの利用**：コードを公開することで、コミュニティからのフィードバックやバグの報告を受け取りやすくする。
- **ユーザーの教育**：プライベートキーやシードフレーズなど、重要な情報の保管や共有に関するリスクについてユーザーを教育する。
- **データ保護**：サーバーサイドでのユーザーデータの暗号化や、必要最低限のデータのみを要求するなどのプライバシー対策を施す。
- **DDoS対策**：分散型サービス拒否攻撃からDAppを守るための対策を取る。
- **Web3プロバイダーの安全な利用**：ユーザーのウォレットや情報へのアクセスを最小限に抑え、許可なしにデータを取得・変更しないようにする。

参考資料：

Ethereum.org
https://ethereum.org/ja

Bitcoin.org
https://bitcoin.org/ja/

The Architecture of a Web 3.0 application
https://www.preethikasireddy.com/post/the-architecture-of-a-web-3-0-application

Nick Szabo's Essays, Papers, and Concise Tutorials
https://www.fon.hum.uva.nl/rob/Courses/InformationInSpeech/CDROM/Literature/LOTwinterschool2006/szabo.best.vwh.net/index.html

GAVIN WOOD
https://gavwood.com/

Vitalik Buterin's website
https://vitalik.eth.limo/

Web3 Foundation: W3F
https://web3.foundation/

第3章

イーサリアム開発入門

Web3の代表的なブロックチェーンとしてイーサリアムがあります。最初にスマートコントラクトを導入したプラットフォームであり、その実行環境であるEVMは実質的に業界標準になっています。また、ビットコインに次ぐ時価総額を持つ巨大な暗号資産としても知られています。本章以降でこのイーサリアムをベースとしたWeb3アプリケーションの開発方法について解説していきます。

3.1 イーサリアム概要

本章では、Web3で最も利用されているイーサリアムについて解説していきます。

イーサリアムのスマートコントラクト実行環境であるEVM（Ethereum Virtual Machine）は、多くのブロックチェーン・プラットフォームにも採用されています。また、ビットコインとイーサリアムは、ほぼすべてのブロックチェーンの考え方のベースになっているため、これらの技術を理解しておくことは、新しいブロックチェーン技術やそのうえで動くアプリケーションを効率的に習得するうえで非常に役立つはずです。

3.1.1 ビットコインから生まれた分散型アプリケーション・プラットフォーム

イーサリアムは、2015年に登場したビットコインと同じパブリック・ブロックチェーンです。ビットコインとの違いは多数あるのですが、なんといってもスマートコントラクトにより開発者が自由に拡張可能である点でしょう。Web3において、イーサリアムは最も基本的なプラットフォームであり、ほとんどのWeb3アプリケーションはイーサリアムベースで開発されていると言っても過言ではありません。

イーサリアムは、2013年に弱冠19歳のヴィタリック・ブテリンによって考え出されました。2011年から『ビットコイン・マガジン』を運営していた彼は、ビットコインとブロックチェーン技術が通貨以外の領域へ適用できる可能性があり、アプリケーション開発のための堅牢なプログラミング言語の必要性[※34]を主張しました。

ビットコインにはトランザクションを操作するためのシンプルなスクリプト言語が実装されていましたが、ループなどの反復処理や、変数などの内部状態を保持する機構を持ちません。そのため、アプリケーション開発に制限

※34　https://ethereum.org/en/whitepaper/

があり※35、それらの機能（チューリング完全なプログラミング言語）を具備する新しいブロックチェーンの開発に着手したのです（図3.1、図3.2）。

図3.1　ビットコインのスクリプト※36

```
scriptPubKey: OP_DUP OP_HASH160 <pubKeyHash> OP_EQUALVERIFY OP_CHECKSIG
scriptSig: <sig> <pubKey>
```

図3.2　イーサリアムのSolidity言語とコンパイル後のオペコード

```
// SPDX-License-Identifier: UNLICENSED
pragma solidity ^0.8.0;

contract MyToken {
  string public name = "MyToken";
  string public symbol = "MYT";
  uint256 public totalSupply = 1000000;
  address public owner;

  constructor() {
    balances[msg.sender] = totalSupply;
    owner = msg.sender;
  }

  function transfer(address to, uint256 amount) external {
    balances[msg.sender] -= amount;
    balances[to] += amount;
  }

  function balanceOf(address account) external view returns (uint256) {
    return balances[account];
  }
}
```

コンパイル

```
0x6080604052604051806040016040528060078152602001 7f4d79546f6b656e00000000000000000000
000000000000000000000000000000815250600090816200004a9190620003ae565b5060405180604001
60405280600.............0000000000000000000062000111561 07bc576107bb61072b565b5b92915
05056fea264697066735822122065abfa700a7e376dea962b335c7dd97ad15f6f979ebc7ee8d85841956
0401a7464736f6c63430008130033",
```

イーサリアムの開発には複数の共同創立者がかかわり、Web3を提唱したギャビン・ウッドもそのうちの1人です。当時、最高技術責任者（CTO：Chief Technology Officer）であった彼は、イーサリアムのプロトコル仕様書（Yellow Paper※37と呼ばれています）を著しています。なお、本仕様書は

※35　これはビットコインが劣っているというわけではなく、なにに重きを置くかという思想の違いです。スクリプトに自由度を持たせることで、予期しない動作や脆弱性が発生する可能性が否めず、ビットコインはシステムの信頼性や安定性を重視し、イーサリアムは自由度と可能性を重視していると言えます（実際、イーサリアムでは大規模なトラブルがいくつか発生しています）。

※36　https://en.bitcoin.it/wiki/Script

※37　https://ethereum.github.io/yellowpaper/paper.pdf

Githubにて最近まで管理されていましたが、現在では別のレポジトリ※38に分割して最新化しているようです。

イーサリアムは最初のテストバージョンであるOlympic、そしてFrontier、Homestead、Metropolis、Serenityの4つの段階を経て完成すると宣言されていましたが、最終段階におけるSerenityでは、Proof of Work（PoW）からProof of Stake（PoS）への変更に非常に多くの検証時間が必要なことが判明し、複数の段階に分割され「Ethereum2.0」と呼称されました。2022年9月15日に行われた大規模アップデート「The Merge」によって、PoWからPoSへのコンセンサスアルゴリズムの移行が完了し、次のステップに向けた開発が進んでいます。

3.2 イーサリアムの仕組み

3.2.1 アカウント

イーサリアムのアカウントは、大きく分けて2つのタイプが存在します。

EOA（Externally Owned Account）

ユーザーが直接保有するアカウントです。銀行の口座と同じと考えてよいでしょう。EOAには対となる秘密鍵があり、通常はMetaMaskなどのウォレットに格納されます。この秘密鍵を持っている者だけがトランザクションに署名して送信できるので、実質的な口座の所有者となります。したがって、秘密鍵は絶対になくしてはいけません。EOAはEtherの送金やスマートコントラクトの呼び出しのようなトランザクションを開始することができます。

なお、送金先の宛先として使用するアドレスは、秘密鍵から派生する公開鍵から生成されます（図3.3）。

※38 https://github.com/ethereum/execution-specs
https://github.com/ethereum/consensus-specs

CA (Contract Account)

スマートコントラクトをデプロイすると付与されるアカウントです。EOAと異なり秘密鍵は持たず、その代わりにスマートコントラクトのコードを持っています。CAは自らトランザクションを開始することはできませんが、EOAはCAのアドレスに向けてトランザクションを送信することで動作させることができます。また、別コントラクトから呼び出されることで動作することも可能です。

コントラクトを実行するときに指定するコントラクトアドレスは、デプロイしたEOAとナンスから生成されます（図3.3）。

図3.3　EOAとCA

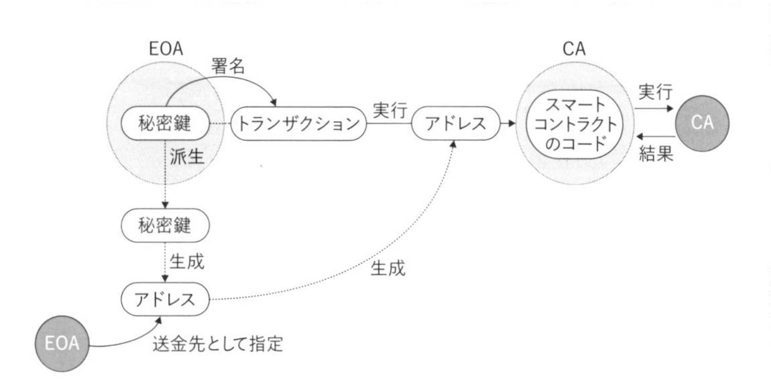

ただし、今後EOAはCAに統合される方向で検討[※39]されており、ウォレット機能を持つコントラクトから手数料の支払いやトランザクションを発行できるようになります。このコントラクトウォレットはEOAの制約によって実現できなかった、より高度なセキュリティ技術（耐量子暗号ベースの署名アルゴリズムなど）に対応可能になると言われています。

3.2.2　スマートコントラクトとEVM

イーサリアムのスマートコントラクトはEVM上で動作します。これは金融システムなどに多く採用されているJava言語におけるJava仮想マシン

※39　https://eips.ethereum.org/EIPS/eip-2938

(Java Virtual Machine) と同様のものと考えてよいでしょう。JVMはハードウェアやオペレーティングシステム (OS) の違いに縛られず、一度書いたプログラムはどこでも実行できること (Write once, run anywhere) を目的に開発されましたが、イーサリアムもさまざまなハードウェアやOSから独立して動作することを保証しています。また、隔離された環境でスマートコントラクトを実行することで、ホスト側や他のスマートコントラクトに悪影響をおよぼすリスクを回避しています。

スマートコントラクトを開発可能な言語としては、SolidityやVyperなど複数の言語がありますが、最終的にはオペコードと呼ばれるバイトコードに変換され、ブロックチェーンに格納されます。トランザクションを受け付けると、このオペコードがEVM上で実行され、その状態はStateと呼ばれるデータ構造に組み込まれます。このStateにはすべてのEOAとコントラクトの状態が含まれます (図3.4)。

図3.4　スマートコントラクトの状態保存

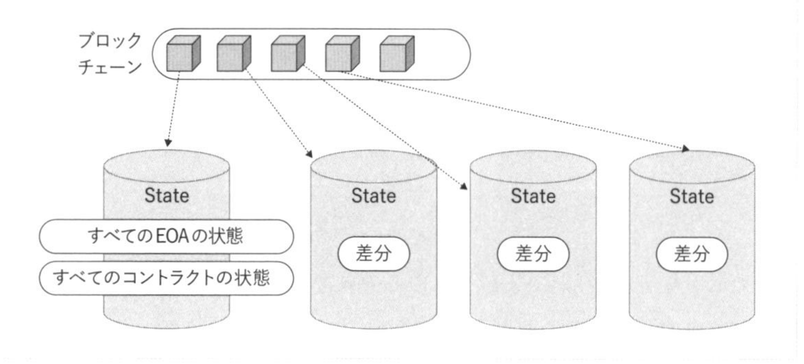

では、スマートコントラクトはどこで実行されるのでしょうか？ 答えは「すべてのノードで実行される」になります (図3.5)。ビットコインにおいては、ブロックの検証はネットワークに参加している全員が行う (正確にはブロックチェーンを保有するノード) と言いました。イーサリアムではそれに加えてスマートコントラクトの実行が含まれ、正しい実行結果が得られるかどうかも含め、検証の対象になります (ただしライトノードやSPVノードなど、一部の情報しか持たないノードは除きます)。

図3.5　スマートコントラクトはどこで実行するか？

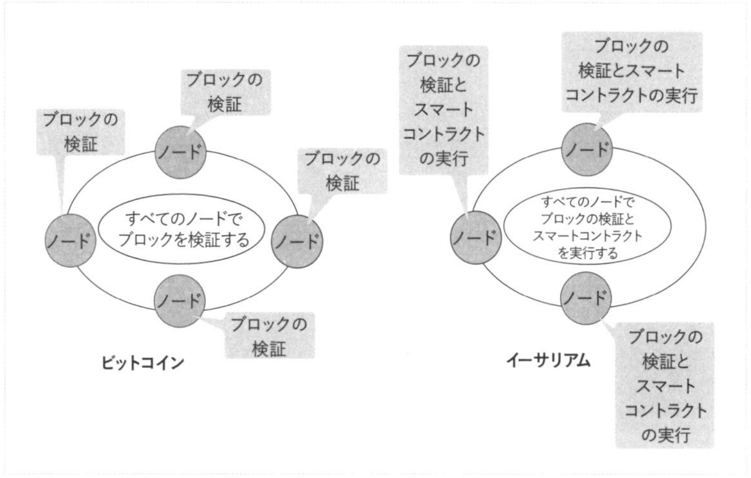

この特徴からスマートコントラクトはどこでも、いつ動かしても、同じ結果になることが要求されます。これを決定論的アルゴリズム※40と言います。スマートコントラクトへの入力値はブロックチェーンに書き込まれるため不変ですが、出力結果も不変である決定論的アルゴリズムになっていなければならない、ということです。したがって、ランダム値や現在時刻などは実行する環境やタイミングによって値が変わるため、保存することができません。

入力するタイミングによって異なる値（たとえば為替レートなど）を使用するには、オラクルという仕組みを利用する必要があります。

3.2.3　オラクル

オラクルとは、スマートコントラクトに対し為替レートなどの外部情報を取り込んだり、ユーザーが送金した際になんらかのアクションを実行する（たとえばロックを解除する）など、イベント駆動的な処理を実現するための仕組みです。

スマートコントラクトにはログイベントを出力する機能があり、ブロックチェーン外部（オフチェーン）のアプリケーションはそのメッセージを受信することができます。

※40　https://en.wikipedia.org/wiki/Deterministic_algorithm

図3.6　オラクルの仕組み※41

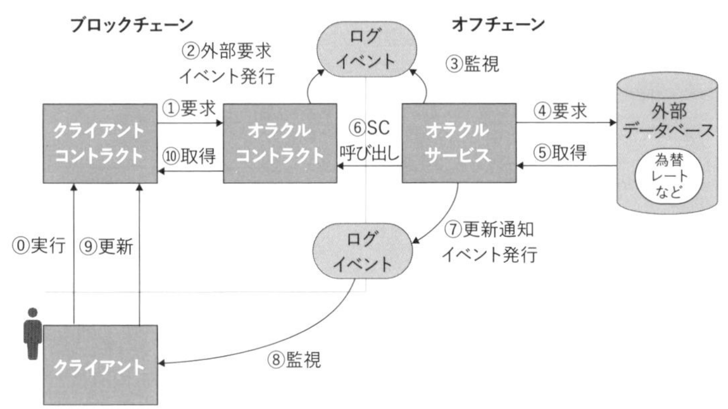

図3.6のように、クライアントコントラクトから要求を受けたオラクルコントラクトが外部要求イベントを発行し、それを監視しているオラクルサービスがイベントを検知したタイミングで外部データベースから値を取得します。次に、オラクルサービスはオラクルコントラクトの変数を更新し、更新通知イベントを発行します。イベントを検知したクライアントが再度クライアントコントラクトに更新要求を出し、クライアントコントラクトがオラクルコントラクトから値を取得する、という手順です。非常に回りくどい構成に思えるかもしれませんが、決定論的な仕組みに刻々と変化する値を取り込むには、このような手順を経る必要があります（リスト01）。

リスト01　スマートコントラクトにおけるログイベントの定義と呼び出し

```
// イベント定義
event UpdatedRequest (uint id, ...);
// イベントの呼び出し
emit UpdatedRequest (currRequest.id,...);
```

なお、ここではオラクルを1つとして説明しましたが、このような構成は集権型オラクルと呼ばれ、本来好ましくない構成です。そのため、オラクルサービスを複数設置し、複数の値を比べて多数決で値を決定するような、分

※41　https://medium.com/@pedrodc/implementing-a-blockchain-oracle-on-ethereum-cedc7e26b49e を参考に筆者が作成

散型オラクルが望ましい[※42]と言えるでしょう。

3.2.4 ガス ～送金やスマートコントラクト実行の燃料～

スマートコントラクトが従来と異なる点として、ガスの存在があります。

ガスはEtherの送金やスマートコントラクトを実行するための燃料であり、実行する処理内容によってガス代は変わります[※43]。イーサリアムでは、このガスとガス価格（Ether）によって決まる手数料（Transaction fee）をガス代として、トランザクション実行時に支払う必要があります。ガス代が不足していると、送金やスマートコントラクトは実行できません。

なぜ、トランザクションを実行するのにガス代が必要なのかというと、

- スマートコントラクトを実行するためのCPUを参加者から提供してもらうためのインセンティブを確保するため
- 無限ループなど大量のリソースを無制限に使ってしまうのを回避するため（スマートコントラクトは3.2.2で解説したようにネットワークに参加するすべてのコンピュータで動くため）

などがあげられます。

ガス代は、

実行するトランザクションに必要なガス × 現在のガス価格

から導きます。

ガス価格は市場の需要と供給で決まるため、実行する前にどれくらいかかるかを調べなければいけません（調べないまま実行すると、最悪いつまでも実行されない可能性もあります）。

実行前にガス代を正確に算出することは難しいのですが、大枠を見積もることは可能です。

ethers.jsやweb3.jsなどはそのためのメソッドや変数を用意しており、

※42　しかしながら、効率性や運用性の問題から集権型オラクルが多いのが現状です。
※43　ガス代はオペコードごとに設定されています。
https://github.com/ethereum/go-ethereum/blob/master/params/protocol_params.go

「Gas Station」と呼ばれるサイトから情報を逐次収集します。

また、Etherscan[※44]やMetamaskなどでもガス価格を見ることができます。図3.7のように低（安値）、市場（平均値）、積極的（高値）の3段階で表示されており、優先的に処理してもらいたい場合から安さ優先まで、複数の市場価格を確認することができます。

図3.7　Metamaskのガスオプション画面

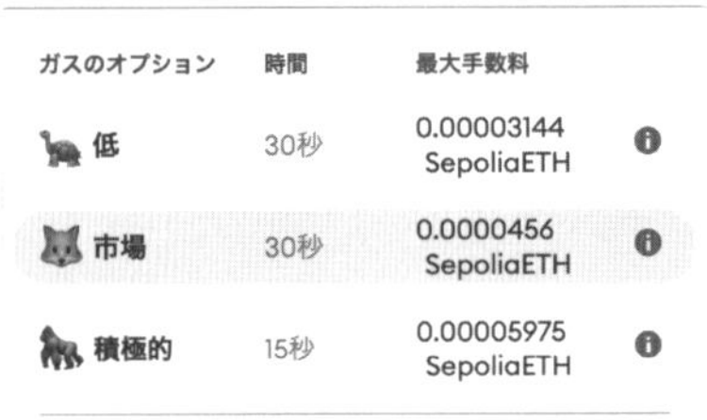

ガスのオプション	時間	最大手数料
低	30秒	0.00003144 SepoliaETH
市場	30秒	0.0000456 SepoliaETH
積極的	15秒	0.00005975 SepoliaETH

なお、ガスに関する仕様は2021年にEIP（イーサリアム改善提案のこと。詳しくは後述します）-1559によって変更[※45]されており、それ以前と以後では大きく違っています。

表3.1　ガス単価として取得できる値

仕様	変数	説明
EIP-1559 Transaction	baseFeePerGas	基本手数料。トランザクションを実行するための必要最低限のガス単価。マイナーに支払われず焼却（市場から削除）される
	maxPriorityFeePerGas	マイナー手数料。マイナーに支払われるチップ単価
	maxFeePerGas	最大手数料。トランザクション実行に必要な手数料の上限。これ以上かかった場合には実行はキャンセルされる
Legacy Transaction	GasPrice	EIP-1559以前の算出方法で決定したガス単価（過去数ブロックのガス単価の中央値）

※44　https://etherscan.io/gastracker

※45　EIP-1559（Ethereum改善提案）にてオークション形式で価格を決定するロジックから、ブロックごとに固定する方式に変更されました。
https://github.com/ethereum/EIPs/blob/master/EIPS/eip-1559.md

EIP-1559では、実行するのに基本手数料（baseFeePerGas）とマイナー手数料（maxPriorityFeePerGas）および最大手数料（maxFeePerGas）の値があります（表3.1）。ただし、この価格は過去に支払われた実績価格であるため、参考値にすぎません。この数値をベースに手数料を決定していきます。

リスト02は、ethers.jsを使用したガス代を見積もるサンプルです。

しかしながら、これらは過去のブロックを基にした算出方法であり、より効率的な方法については模索する必要があります。

リスト02 ガス代の見積もりサンプル

```
const { ethers } = require("ethers");

const provider = new ethers.providers.JsonRpcProvider("プロバイダーのエンドポイント");

async function calculateFee() {
        // トランザクションにかかるガスの見積もり計算
        const estimatedGas = await provider.estimateGas({
            // 測定したいトランザクション
        });

        // 現在のガス単価を取得
        const feeData = await provider.getFeeData();
        // 基本手数料
        const lastBaseFeePerGas = feeData.lastBaseFeePerGas;
        // 最大手数料
        const maxFeePerGas = feeData.maxFeePerGas;
        // マイナー手数料
        const maxPriorityFeePerGas = feeData.maxPriorityFeePerGas;

        let gasPrice = null
        // 基本手数料 + マイナー手数料が最大手数料を上回った場合は最大手数料を設定
        if((lastBaseFeePerGas + maxPriorityFeePerGas) > maxFeePerGas) {
            gasPrice = maxFeePerGas;
        }
        // 基本手数料 + マイナー手数料を設定
        else {
            gasPrice = lastBaseFeePerGas + maxPriorityFeePerGas;
        }
```

```
        // ガス代の計算
        const gasFee = estimatedGas.mul(gasPrice);
        console.log(`EIP-1559 Transaction Fee: ${ethers.utils.formatEther(gasF
ee)} ETH`);
}

calculateFee();
```

3.3 コンセンサスアルゴリズム

前章でも触れたように、ブロックチェーンは長らくトリレンマを抱えてきました。イーサリアムの創始者であるヴィタリック・ブテリンが自身のブログで説明していますが、ブロックチェーンは分散性（Decentralized）、スケーラビリティ（Scalable）、セキュリティ（Secure）の3つの特性のうち2つしか同時に満たすことはできない※46というものです（図3.8）。

図3.8 ブロックチェーンのトリレンマ

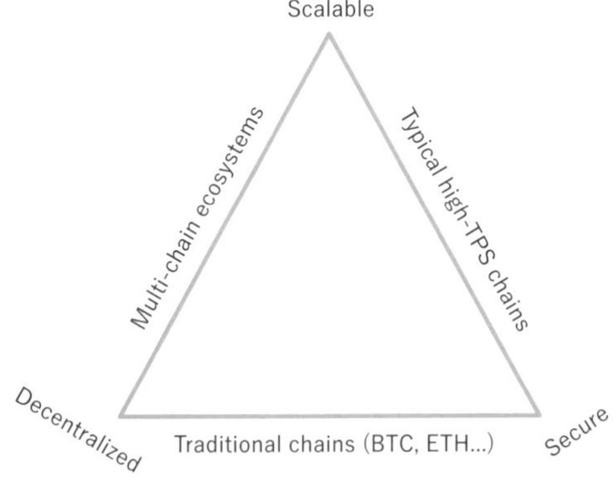

※46 https://vitalik.eth.limo/general/2021/04/07/sharding.html

ブロックチェーンの特徴が分散性にあり、悪意ある参加者からデータを守るセキュリティの高さを備えている反面、性能面で課題を抱えています。たとえばビットコインは3TPS、イーサリアムは15TPS程度しか出ないと言われてきました。これはクレジットカードシステムの一般的な性能値（2,000TPS程度）と比較するとあまりにも小さい数値です。

最終バージョンアップであるSerenity（Ethereum2.0※47）の目的はこの3つ目の特性であるスケーラビリティを、実用上問題がない程度まで向上させることでした。その要となる技術が、Proof of Stake（PoS）とシャーディングです。そして、2022年9月15日にイーサリアムは「The Merge」という大規模アップデートによって、PoWからPoSに完全移行しました（図3.9）。

バージョンアップはまだ道半ばですが、着実に改善に向かって動いています。

図3.9　The MergeによるPoWからPoSへの移行※48

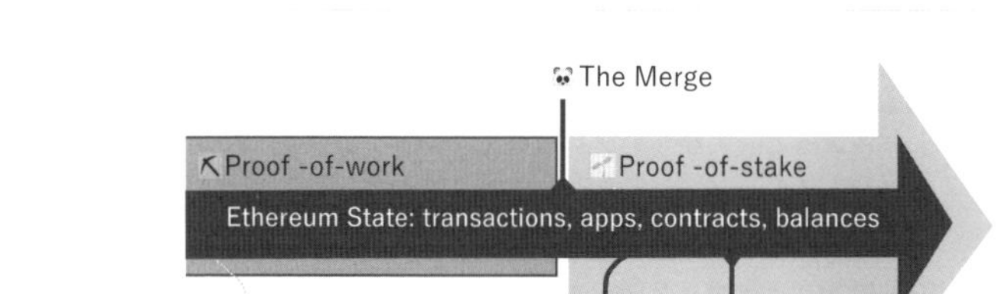

3.3.1　PoS

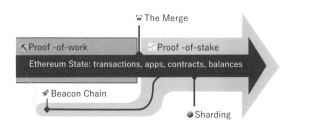

Proof of Stake（PoS）は、ビットコインや従来のイーサリアムで使用されていたPoWと異なり、保有する通貨量によってブロック生成の権限を与える仕組みです。PoWでは計算によってブロック作成を決めるマイナーの代わりに、PoSではバリデータがブロック作成と検証を担当することになります。バリデータには、ネットワークに32ETHをデポジットするだけで誰で

※47　現在Ethereum2.0という呼び方は非推奨となっています。Ethereum1.0が実行レイヤ（Execution Layer）、Ethereum2.0がコンセンサスレイヤ（Consensus Layer）となり、それぞれのレイヤが合わさって新しいEthereumになるとしているためです。
https://blog.ethereum.org/2022/01/24/the-great-eth2-renaming

※48　https://ethereum.org/en/roadmap/merge/

もなることができます。バリデータはブロックごとにランダムにメンバーを選出し、ブロックの提案や正当性を投票する役割が与えられます。不正を働いた場合はデポジットした通貨が没収されますが、正しく運用しているバリデータには報酬が与えられます。PoWのように大量のCPU資源を持つものが独占するのではなく、ネットワーク全体で協力して運用するアルゴリズムになっています（表3.2）。

表3.2　PoWとPoSの比較

	Proof of Work（PoW）	Proof of Stake（PoS）
概要	計算資源投下により、ブロック生成を行うノードを決定するアルゴリズム	通貨を保有（ステーク）するノードがブロック生成に参加するアルゴリズム
エネルギー消費	計算量競争のために大量の計算パワーが必要なため、CPU消費が激しい	計算量による競争が不要なため、必要最低限に抑えられる
セキュリティ	過半数の計算量を持つ攻撃者がネットワークを支配可能（51%攻撃）	過半数の通貨を持つことが現実的に困難。さらに、信用失墜による通貨価値の下落に歯止めをかける
インセンティブ	マイナーとして新しいブロックを採掘（マイニング）することで報酬を獲得	バリデータとしてブロックの作成や投票に参加することで報酬を獲得
ファイナリティ	確率的ファイナリティ。より長いチェーンが正当とみなされるため、再編成の可能性が常に存在	経済的ファイナリティ。一度確定されたブロックが再編成されることはない

3.3.2　シャーディング

シャーディングとは、シャードチェーン（Shard Chain）と呼ばれる新たなチェーンを作成することで、トランザクションをチェーンごとに並行実行させ、毎秒当たりのトランザクション数を増加させる手法です。

現状では、シャードチェーンは64分割される予定であり、個々のシャードチェーンでトランザクションが処理されます。最終的にはPoSの合意形成を行うビーコンチェーンに書き込まれ確定されます（図3.10）。この機能は現時点（2023年12月現在）では本番導入されていませんが、実用化されればスケーラビリティの大幅な向上が図れるはずです。

図3.10　シャード化されたイーサリアムのブロックチェーン※49

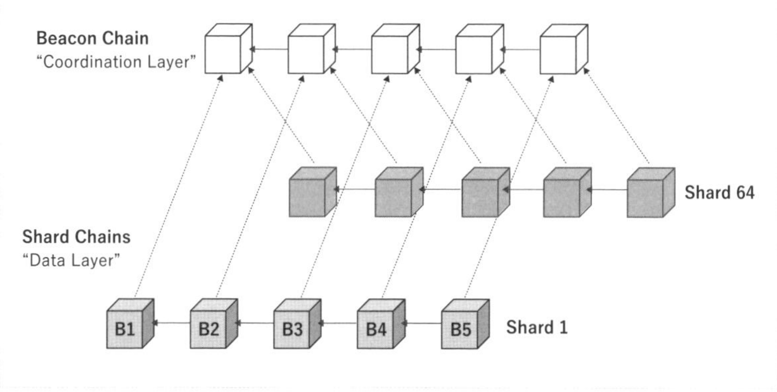

3.4　今後の開発ロードマップ

ヴィタリック・ブテリンは講演の中で、The Merge完了後は全体の完成度は55%※50になると述べており、このあとも複数のアップデートが計画されています。図3.11の通り、次のフェーズであるThe Surgeではシャーディングが実装される予定です。その後、ノードやブロックチェーンの軽量化などが順次行われ、最終的には秒間10万トランザクションを実行できるようになると言われています。

※49　https://vitalik.eth.limo/general/2021/04/07/sharding.html
※50　https://www.youtube.com/watch?v=kGjFTzRTH3Q

図3.11　The Merge後のロードマップ※51

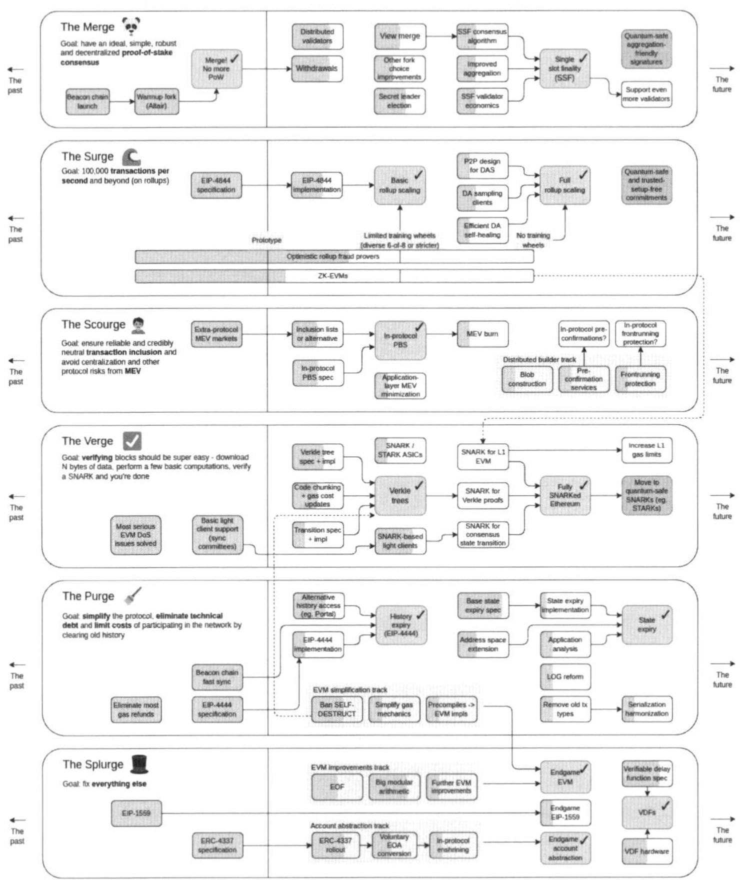

3.5　EVM互換のブロックチェーン

スマートコントラクトの実行環境であるEVMは、さまざまなブロック

※51　https://twitter.com/VitalikButerin/status/1588669782471368704

チェーンで動くようになっています。これは、一度開発したコントラクトを別のブロックチェーンにも移植しやすいことを意味します。ここでは、EVMに対応しているブロックチェーン・プラットフォームを紹介します。

BNB Chain

https://docs.bnbchain.org/docs/overview

BNB Chainは、海外の暗号資産取引所であるBinanceによって開発された、独自のブロックチェーン・プラットフォームです。当初はCosmos SDKで開発されたBinance Chainと、イーサリアムをフォークして開発されたBinance Smart Chainの2つがありましたが、2022年に統合され、BNB Chainになりました。BNB ChainはDPoSとPoAを組み合わせたPoSAという独自のコンセンサス・アルゴリズムを採用しており、高速な処理と安価な手数料を特徴としています。

Avalanche Contract Chain

https://docs.avax.network/reference/avalanchego/c-chain/api

Avalanche Contract ChainはAvalancheプラットフォームの一部として機能するイーサリアム互換のブロックチェーンです。複数ノードから構成されるネットワーク上に独自のブロックチェーンを構築できることが特徴です。他にも、X-Chain、P-Chainといった用途の異なるブロックチェーンもデフォルトで用意されています。また、秒間4,500トランザクションを処理できるアバランチ・コンセンサスというコンセンサスアルゴリズムによる高速な取引も特徴です。

Polygon

https://wiki.polygon.technology

Polygonは、イーサリアム上に構築されたレイヤ2のスケーラビリティソリューションです。

PoSベースのPolygon PoSというコンセンサスアルゴリズムを採用しており、イーサリアムと比較して高速でコスト効率の高いことが特徴です。Maticという独自通貨を用いて取引しますが、イーサリアムとも互換性があり、Polygonブリッジを介して相互運用を実現しています。

Astar Network

https://docs.astar.network/

Astar Networkは、Polkadotエコシステム上に構築されたDAppsプロジェクトのためのマルチチェーンスマートコントラクトプラットフォームです。Polkadotとは異なるブロックチェーンを接続して相互運用するプラットフォームで、Web3を提唱したギャビン・ウッドが手がけています。Astarは、そのPolkadot上のパラチェーンとして構築された日本発のL1ブロックチェーンです。EVMだけでなく、WASMによるスマートコントラクト開発も可能であり、スマートコントラクトの開発者に対して報酬を与えるDAppsステーキングなども有しています。

3.6 イーサリアムの標準規格（EIP/ERC）

Web3においてNFTがブームになった背景には、標準化によりインターフェースが明確に定義されていたことで、さまざまなソリューションやアプリケーションと連携しやすくなったことがあげられます。そのため、Web3アプリケーションを開発する場合、標準に準拠することは重要です。ここでは、イーサリアムに関する標準仕様について説明します。

3.6.1 EIP（Ethereum Improvement Proposals）

EIPは「イーサリアム改善提案」と呼ばれ、イーサリアムのコアプロトコル仕様、クライアントAPI、ネットワーク、環境などイーサリアムプラットフォーム全体に関するさまざまな設計文書です。EIPの発案者はコミュニティで仕様に関してディスカッションを行い、最終的には変更の採用や拒否を決定します。これらはGithub上で管理[※52]されており、提案の内容やス

※52 https://eips.ethereum.org/all

テータスは私たちでも確認することができます。

EIPは大きくは表3.3のように分類されます。

表3.3　EIPの分類

種類	内容
コア	フォークを伴うブロックチェーンプロトコルの改善やコア機能に影響する変更
ネットワーキング	devp2pやライトクライアント、Whisper、Swarmなどネットワークプロトコル仕様に関する改善
インターフェース	クライアントAPIやRPCの仕様や標準に関する改善
ERC	スマートコントラクトの標準的な動作やインターフェース仕様に関する提案
メタ	イーサリアム開発に関する意思決定プロセス、ガイドライン、ツールや環境変更の改善
情報	コミュニティで共有すべき、設計上の問題や一般的なガイドラインなどの情報

3.6.2　ERC（Ethereum Request for Comments）

イーサリアムにおけるアプリケーションやスマートコントラクトの標準に関する提案がERC（Ethereum Request for Comments）です。基本的には、イーサリアムクライアントやプロトコルに手を加えず、スマートコントラクトやオフチェーンのアプリケーションで対応可能な仕組みの仕様化・標準化が多いようです。代表的なものとしては、トークンの標準的な仕様であるERC-20やERC-721などの他、コントラクトウォレットなどアカウント管理に関する提案も含まれています。

Web3アプリケーションを開発する際、ERCの標準仕様に従うことは非常に重要です。この標準に従うことで、アプリケーションはより互換性が高くなり、他のアプリケーションやサービスとの連携が容易になります。Web3はその性質上、分散性とコミュニティを重視しているため、ERC標準に準拠することはコミュニティとの連携を強化するうえで不可欠です。

さらに、多数の既存ライブラリやツールを利用できるようになるため、開発の効率化や品質向上が期待できます。また、不具合やセキュリティ上の問題が発生した場合も、標準にもとづいていれば修正や対応が迅速に行え、コミュニティからのサポートを受けやすくなるでしょう。

ただし、注意も必要です。EIPには検討状況によって、ステータスが何段階かあります（表3.4）。最終的な「Final」ステータスに達せず閉じてしまったものや、途中でステータス更新が止まり、そのまま放置されることもあります。また、標準化されたものの、あまり使われないケースも存在します。これは、コミュニティの関心の変化、技術的な問題、あるいは他の理由により、その提案が採用されない場合があるためです。

表3.4　EIPのステータス

ステータス	内容
Idea	アイデア状態（管理対象でない）
Draft	正式に管理対象にされた最初の状態
Review	レビュー状態
Last Call	最終レビュー状態
Final	最終段階まで到達した状態
Stagnant	6カ月以上更新なしの状態
Withdrawn	撤回された状態
Living	継続的に更新されている最終状態に達しない特別なケース（EIP自体を定義しているEIP-1などが該当）

3.7　事前準備（ツールの整備やEtherの入手）

次章以降で、イーサリアムを使ったNFTマーケットおよびDAOのサンプルアプリケーションを作成していきましょう。

単純なスマートコントラクトだけではなく、Webページと連動して動くアプリケーションも一緒に作っていきます。本節では開発を進めるための環境の構築を行います。

今回はそれぞれのアプリケーション開発に、以下の言語を使用します。

3.7.1 Webアプリケーション開発の必要条件

可能な限り必要最低限な構成にしたいので、WebページはSPA（シングルページアプリケーション）で作成します。また、データベースは使わないようにして、すべてのデータはブロックチェーンおよび一部をWebブラウザのメモリ上に格納します。

- **プロジェクト**：Node.js
- **Webフレームワーク**：Next.js
- **デザインフレームワーク**：Mantine、PostCSS
- **開発言語**：TypeScript

3.7.2 スマートコントラクト開発の必要条件

スマートコントラクトはOpenZeppelinをベースに作成します。OpenZeppelinを使用すると、必要最小限の実装で済む他、監査済みのコードになっているので、セキュリティ的にも安全性を確保できます。

- **基本ライブラリ**：OpenZeppelin
- **開発フレームワーク**：Hardhat
- **開発言語**：Solidity

ブロックチェーンに記録された情報はすべてが公開された状態になります。それはスマートコントラクトのコードも同様です（オペコードというアセンブラ言語に近い形式に変換されているので読むのは容易ではありませんが）。

したがって、ブロックチェーン上の情報は変更できませんので、ソースコードにバグが見つかった場合でも修正することは不可能です。手をこまねいている間にスマートコントラクトはハッキングされ、通貨を根こそぎ盗まれてしまうことでしょう。

そのためにも、コードの安全性を担保することが重要になります。OpenZeppelinのコードは十分検査済みであるため、このコードをベースに開発していくことをおすすめします。

3.8 Visual Studio Codeのインストール

まずは、プログラム開発用のIDEツールをインストールしましょう。今回はWebとスマートコントラクト両方の開発ができるVisual Studio Code（以下、VSCode）を使用します（もし使い慣れたIDEがあればそれを使用してもかまいません）。

以下のURLにアクセスしてください。

https://code.visualstudio.com/download

自分の環境のOSに合わせたインストーラもしくはzipファイルをダウンロードしてください。

インストール後は図3.12のような画面が表示されます。VSCodeは開発に便利なプラグインがたくさんありますので、本書で利用する拡張機能を入れていきましょう。

拡張機能は左側のツールバーのボタンを押下します（図3.13）。

左上の検索窓から該当の拡張プラグイン名を入力し、インストールしていきます（似たような名前が多いので気をつけてください）（図3.14）。

図3.12　Visual Studio Codeの画面

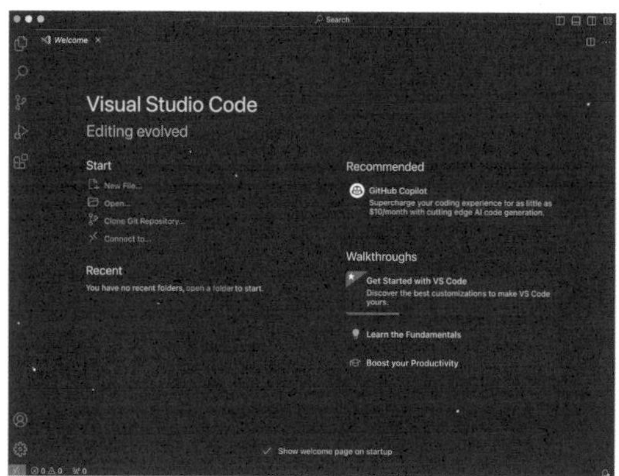

図3.13　拡張機能の選択

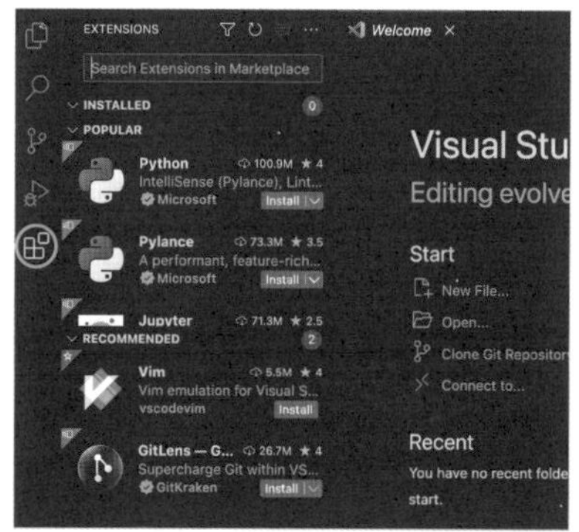

図3.14　拡張機能の検索

本書で使用するプラグインは以下になります。

- Solidity
- Japanese Language Pack for Visual Studio Code
- ESLint

3.8.1　Japanese Language Packのインストール

VSCodeのメニューなどを日本語化する拡張機能です。検索結果をクリックすると、図3.15のように右側のペインに拡張機能の詳細情報が表示されます。タイトルの下にあるボタン「Install」を押下することでインストールが可能です。

図3.15　日本語化の拡張機能

3.8.2　Solidityのインストール

Solidity開発用の拡張機能です。今回スマートコントラクトの開発環境としてHardhatを使用しますので、同じ開発元であるNomic Foundationが開発した拡張機能を使用します（図3.16）。

図3.16　Solidityの拡張機能

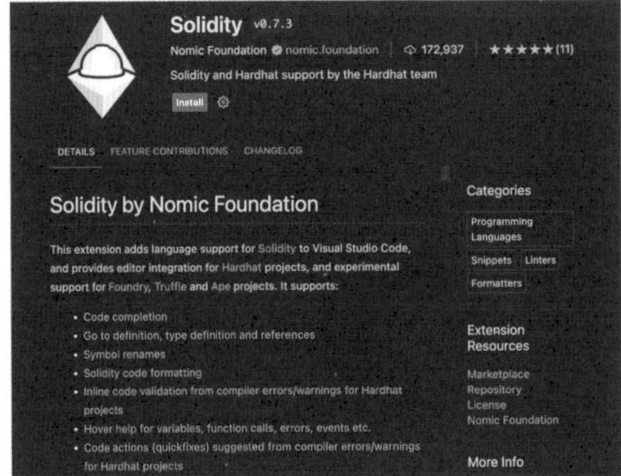

3.8.3　ESLintのインストール

JavaScript/TypeScriptの文法チェックをしてくれる拡張機能です（図3.17）。

図3.17　ES Lintの拡張機能

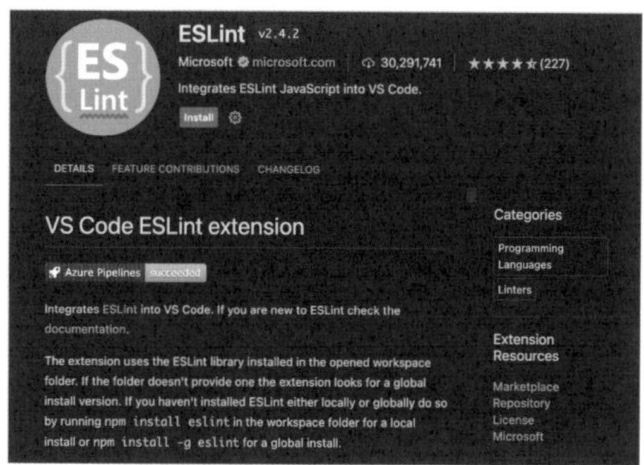

3.9　インデントの設定

最後にインデントの設定を変更しておきます。言語ごとにデフォルトのスペース数が異なっており、見にくくなっているため、インデントの設定を行います。

1　設定画面を開く

Macの場合

メニューの［Code］-［基本設定］-［設定］を選択

Windowsの場合

メニューの［ユーザー設定］-［設定］を選択

2 ［テキストエディター］の［Indent Size］から［setting.jsonで編集］を選択

3 リスト03のように設定を追加（太字部分）

リスト03 インデントの設定

```
{
    "workbench.colorTheme": "Default Dark Modern",
    "solidity.telemetry": true,
    "[typescript]": {
        "editor.tabSize": 2,
        "editor.insertSpaces": true
    },
    "[typescriptreact]": {
        "editor.tabSize": 2,
        "editor.insertSpaces": true
    }
}
```

4 setting.jsonを保存して閉じる

3.10 Gitのインストール

Gitをインストールします。通常はソースコード管理に使用するものですが、後述の手順の中でGitが必要なライブラリがありますので、必ず入れるようにしてください。

ただし、Macには最初からインストールされているので、入れる必要があるのはWindowsだけです。

Windowsでは Git for Windowsを入れます。以下のサイトにアクセスして「Download」を選択し、該当のファイルをダウンロード（執筆時点ではGit-2.42.0.2-64-bit.exe）し、インストールしてください。基本的に最新版で問題ありません（図3.18）。

https://gitforwindows.org/

図3.18　Git for Windowsのサイト

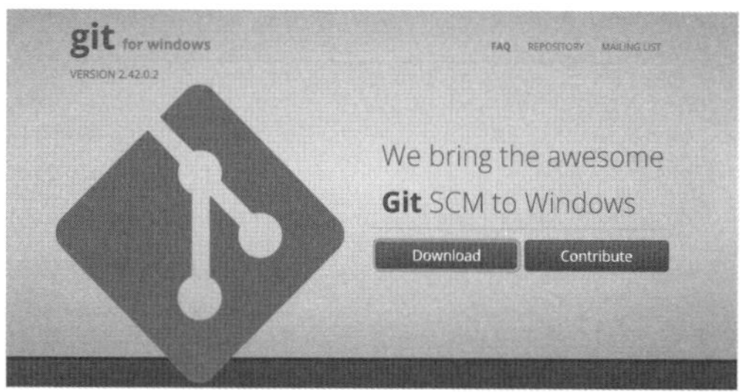

3.11　Node.jsのインストール

次に、フロントエンド実行環境を構築していきます。フロントエンドにはNode.jsを使用しますので、Node.jsをインストールします。

3.11.1　NVMのインストール

Node.jsはバージョン管理ツールを使ってインストールすると、いつでもさまざまなバージョンに変更することができるので便利です。バージョン管理ツールはいくつかありますが、ここではNVM（https://github.com/nvm-sh/nvm）を使います。

Mac OSの場合：

Terminalを開いて、以下のコマンド実行してください。

```
% curl -o- https://raw.githubusercontent.com/nvm-sh/nvm/v0.39.4/install.sh | bash
```

Windowsの場合：

Windows版のNVM for Windows（https://github.com/coreybutler/nvm-windows)をインストールします。以下のURLから最新バージョンのインストーラをダウンロードし、インストールしてください（インストーラ付きのファイルはnvm-setup.exeです）。

https://github.com/coreybutler/nvm-windows/releases

インストールが完了したら、ターミナル（Windowsの場合はコマンドプロンプト）でリスト04のコマンドを実行してください。バージョン番号が表示されれば成功です。コマンドが見つからないと表示された場合には、ターミナルを再起動してみてください。

リスト04 nvmのバージョン確認

```
% nvm -version

// Macの場合
0.39.4

// Windowsの場合
1.1.11
```

次に、Node.jsをインストールします。本書ではv18.15.0を使用しますので、リスト05のようにコマンドを入力してください。

リスト05 Node.jsのインストール

```
% nvm install v18.15.0
```

インストールが完了したら、useコマンドで使用するバージョンを指定します（管理者権限が必要な場合があります）（リスト06）。

リスト06 v18.15.0の使用設定

```
% nvm use v18.15.0
```

バージョンコマンドを入力し、指定したバージョンが実行可能か確認します（リスト07）。

リスト07 Node.jsのバージョン確認

```
% node -v⏎
```

以上で開発環境の構築は完了です。スマートコントラクトの開発はHardhatさえあれば、動作確認も含めて可能です。これで、デモプログラムの開発ができるようになります。

なお、ローカル環境にEthereumネットワークを構築する方法やテストネット、メインネットに接続する方法は、巻末のAppendixに記載しています。最終的にはブロックチェーン上で動かしますし、レスポンスなどの挙動もHardhatと異なってきますので、早い段階でブロックチェーン上で動作確認することをおすすめします。

3.12 SolidityとOpenZeppelinによるスマートコントラクト開発

本節ではSolidityとOpenZeppelinを使って簡単なスマートコントラクトを開発していきます。

3.12.1 Solidity概要

Solidityは、イーサリアムブロックチェーン上でスマートコントラクトを作成するためのプログラミング言語で、Web3の提唱者であるギャビン・ウッドによって開発されました。

スマートコントラクトはEVM（Ethereum Virtual Machine）と呼ばれる仮想マシン上で動きます。EVMで動かすためにはEVMバイトコードと呼ばれる形式に変換する必要がありますが、その内容はマシン語に近く、人間が理解するのは困難なので、開発者はSolidityのコードで記述し、EVMバイトコードにコンパイルします。

最初のブロックチェーンであるビットコインは、Bitcoin Scriptによってある程度の挙動を制御することができますが、条件分岐や反復実行に制限がありました。Solidityは条件分岐・反復処理などのチューリング完全性を持ち、非常に自由度の高い処理を記述することが可能です。

また、Solidityはイーサリアムの特性を利用するために設計されており、イーサリアムのネイティブトークン（特定のブロックチェーンで使われることを目的とした暗号通貨のこと。基本機能として実装されていることが多い）であるEther（ETH）の送金、トークンの作成、他のスマートコントラクトとのインタラクションといった機能を提供します。

なお、Solidity以外にもEVMバイトコードに変換可能な言語はLLL、VyperやBambooなど複数存在しますが、最も人気が高いのがSolidityです。そのため、本書でもSolidityを使用していきます。

3.12.2 OpenZeppelin概要

OpenZeppelin（https://www.openzeppelin.com/）はスマートコントラクトを安全かつ効率的に開発・運用するための、オープンソースのフレームワークです。Solidityで記述した再利用可能なライブラリや自動化などのプラットフォームを提供しています。

OpenZeppelinの目的は、開発者が安全で信頼性の高いスマートコントラクトを効率的に構築できるようにすることです。スマートコントラクトは不変である特徴を持つため、一度ブロックチェーン上にデプロイ（実行可能な状態にすること）すると、不具合修正などが発生してもコードを変更することができず、新たなコントラクトを生成するしか方法はありません。これにより、バグ修正が遅れ、暗号資産盗難などの被害にあってしまうケースがあとを絶ちません。そのため、専門家によって精査されたコードを利用することが重要になります。

OpenZeppelinは専門家によって精査されたSolidityのリファレンスやライブラリを提供しているため、これらを利用することで安全性の高いコードを効率的に開発することができます。

3.12.3　スマートコントラクト開発の手順

スマートコントラクトの開発は、以下の順番で行っていきます。

- **スマートコントラクトの作成**
  ERC-20に対応した暗号資産コントラクトを作成します。最初は動作を確認するために、OpenZeppelinを使わずにフルスクラッチで作っていきます。
- **スマートコントラクトのテスト**
  テストコードを作成し、暗号資産コントラクトが正常に動くか確認します。
- **ブロックチェーンネットワークの起動とデプロイ**
  フロントエンドからスマートコントラクトに接続できるようにするためにブロックチェーンネットワークを立ち上げ、暗号資産コントラクトをデプロイします。
- **フロントエンドの作成**
  簡易的なフロントエンドのWeb画面を作成し、ウォレットと連携しながら、スマートコントラクトを呼び出します。
- **OpenZeppelinの利用**
  最後に、同じ機能をOpenZeppelinで作っていきます。

3.12.4　Hardhatを用いた開発・テスト　～Hardhat概要～

Hardhatは、ブロックチェーンプロジェクトの早期立ち上げを支援しているNomic Foundationが開発しているイーサリアムにおけるスマートコントラクトの開発環境です。コーディング、コンパイル、デバッグ、デプロイのためのさまざまなコンポーネントで構成された開発環境を提供しています。スマートコントラクトの開発環境としては、他にもTruffleやFoundryなどさまざまなツールがありますが、ここではHardhatを使用して解説していきます。

Hardhatは次の3つのコンポーネントから構成されており、ブロックチェーンネットワークに接続することなくスマートコントラクトの開発が可能です。

- **Hardhat Runner**
  スマートコントラクトのコンパイルやデプロイなどのタスクを管理するプログラムです。コンパイルやデプロイなどの複雑な手順を、より簡潔なコマンドで実行します。
- **Hardhat Network**
  イーサリアムの擬似ネットワーク環境です。通常スマートコントラクトの実行にはブロックチェーンネットワークが不可欠ですが、開発用に簡便で効率的な環境を提供してくれます。
- **Hardhat VSCode**
  これは前述したVSCode用の言語サポートプラグインです。Solidityのシンタックスや文法チェック機能を提供します。

3.13 Hardhatによるスマートコントラクト開発

本書では、NFTとDAOを実装した簡単なブロックチェーン・アプリケーションを作成していきます。NFTおよびDAOについての詳細と実際にアプリケーション開発を行う手順は次章以降で解説しますが、ここではベースとなるスマートコントラクトと、それに接続するためのシンプルなWebアプリケーションを作成します。このアプリケーションを拡張して、次章以降でNFTやDAOを実装したアプリケーションを作っていくことにしましょう。

3.13.1 プロジェクトの作成

最初に、ソースコードを管理するためのフォルダを作成します。フォルダの名前は“blockchainApp”としましょう。この中にNFTやDAOのアプリケーションを追加していきます。作成したら、cdコマンドでフォルダの直下に移動してください（リスト08）。

リスト08 プロジェクトフォルダの作成と移動

```
% mkdir blockchainApp↵
% cd blockchainApp↵
```

次に、このフォルダをNode.jsのプロジェクトとして初期化します。

blockchainAppフォルダに移動して、npm initコマンドを実行してください（リスト09）。

リスト09 プロジェクト初期化

```
% npm init -y↵
{
  "name": "blockchainapp",
  "version": "1.0.0",
  "description": "",
  "main": "index.js",
  "scripts": {
    "test": "echo \"Error: no test specified\" && exit 1"
  },
  "keywords": [],
  "author": "",
  "license": "ISC"
}
```

このプロジェクトにHardhatをインストールします。これで、このプロジェクトでHardhatが使用できるようになります（リスト10）。

リスト10 Hardhatのインストール

```
% npm install --save-dev hardhat@2.18.2↵
```

次に、Hardhat-Toolboxをインストールします。これは、JavaScriptやTypeScriptからスマートコントラクトへのアクセスを簡単にできるようにしたり、テストツールなど一般的な開発に推奨されるプラグインをバンドルしたライブラリです（リスト11）。

リスト11 **Hardhat-toolboxのインストール**

```
% npm install --save-dev @nomicfoundation/hardhat-toolbox@3.0.0↵
```

ここで、Hardhatを起動してNode.jsをスマートコントラクト開発仕様に変更します（リスト12）。

リスト12 **Hardhatプロジェクトの作成**

```
% npx hardhat init↵
```

図3.19のようなウィザードが起動しますので、いくつかの質問に回答していきます。

図3.19　Hardhatのウィザード画面（1/2）

```
Welcome to Hardhat v2.18.2

? What do you want to do? …
❯ Create a JavaScript project
  Create a TypeScript project
  Create a TypeScript project (with Viem)
  Create an empty hardhat.config.js
  Quit
```

最初の質問では、どの言語を使用するかが聞かれています。本書ではTypeScriptを使用するので、“Create a TypeScript project”を選択します。

2番目の質問では、作成するプロジェクトの起点となるパスを指定します。こちらには先ほど作成したNode.jsのプロジェクトフォルダのパスが自動で入っていると思いますので、そのまま進めます。

最後に.gitignoreファイルを作成するかを聞かれます。これはGithubで管理するための、ソース管理外のパスやファイルを指定する設定ファイルです。作成してもかまいませんので、そのまま進めてください。

図3.20のように回答した結果が表示され、スマートコントラクト開発用のプロジェクトに変換されました。ここまでで、図3.21のようなフォルダとファイルができているか確認してください。

図3.20　Hardhatのウィザード画面 (2/2)

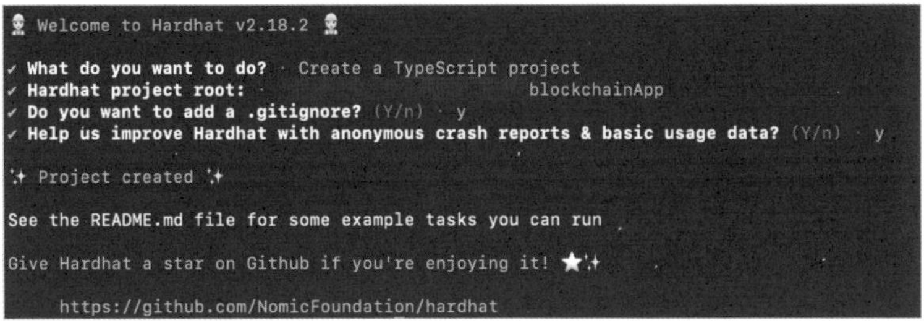

Welcome to Hardhat v2.18.2
✓ What do you want to do? · Create a TypeScript project
✓ Hardhat project root: · blockchainApp
✓ Do you want to add a .gitignore? (Y/n) · y
✓ Help us improve Hardhat with anonymous crash reports & basic usage data? (Y/n) · y
✨ Project created ✨
See the README.md file for some example tasks you can run
Give Hardhat a star on Github if you're enjoying it! ⭐✨
https://github.com/NomicFoundation/hardhat

図3.21　プロジェクトフォルダ

blockchainApp
contracts
hardhat.config.ts
node_modules
package-lock.json
package.json
README.md
scripts
test
tsconfig.json

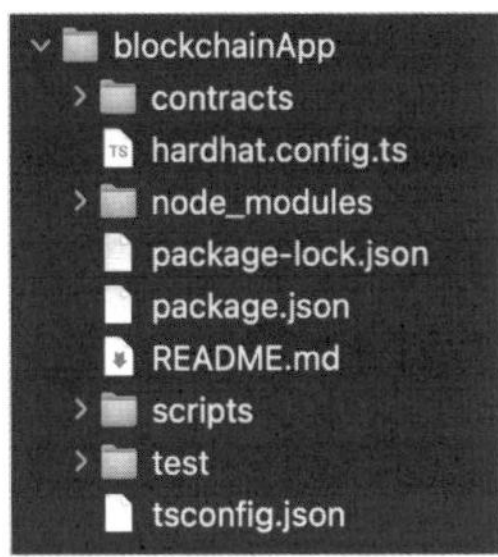

最後に、OpenZeppelinをインストールします (リスト13)。

リスト13　OpenZeppelinのインストール

```
% npm install @openzeppelin/contracts@4.9.3↵
```

これで、スマートコントラクトの開発環境が整いました。

3.13.2　スマートコントラクトの作成

次に、簡単なスマートコントラクトとして独自トークンを作成してみましょう。ここからはVSCodeを使ってコーディングしていきます。「フォルダを開く」を選択することで、blockchainAppフォルダ直下で作業可能になります (図3.22)。

図3.22　VSCodeで開く

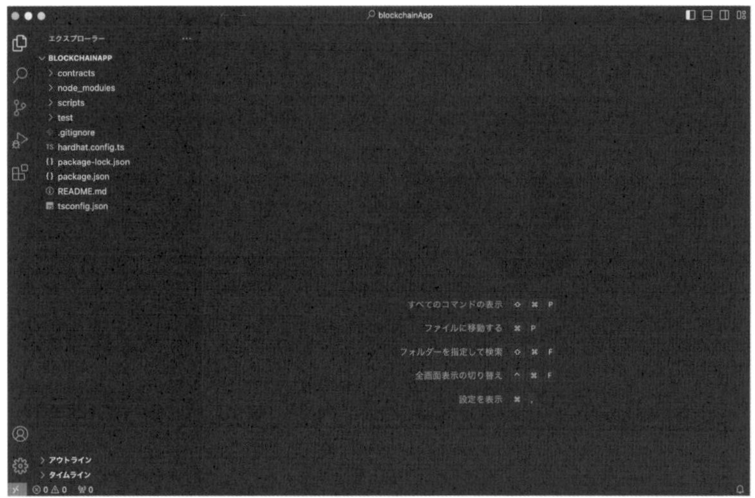

左側のエクスプローラーに表示している“contracts”フォルダを右クリックし、「新しいファイル」を選択してください（図3.23）。ファイル名はなんでもよいですが、Solidityのコードは拡張子が“sol”となっているので、“MyToken.sol”としましょう。また、最初にサンプルで作成される“Lock.sol”は使わないので、削除しておきます。

図3.23　solファイルの作成

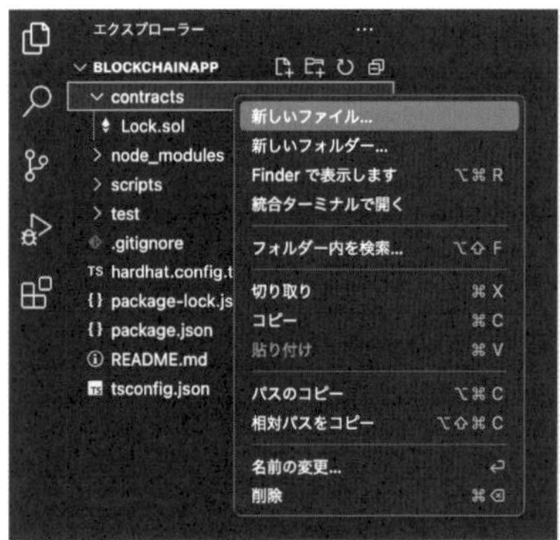

まずは、以下のHardhatのチュートリアルを参考に、独自トークンを作成してみます（リスト14）。

https://hardhat.org/tutorial/writing-and-compiling-contracts

リスト14 ./contracts/MyToken.sol

```
// SPDX-License-Identifier: UNLICENSED
// Solidityのバージョンを定義
pragma solidity ^0.8.0;

contract MyToken {
    // トークンの名前を定義
    string public name = "MyToken";
    // トークンの単位を定義
    string public symbol = "MYT";
    // トークンの最大供給量を定義
    uint256 public totalSupply = 1000000;
    // このコントラクトのオーナーを定義
    address public owner;

    // トークンの所有者のアドレスと所有量を管理
    mapping(address => uint256) balances;

    // イベント定義
    event Transfer(address indexed _from, address indexed _to, uint256 _value);

    // コンストラクタ
    constructor() {
        // コントラクト作成者に最大供給量分のトークンを設定
        balances[msg.sender] = totalSupply;
        // オーナーをコントラクト作成者に設定
        owner = msg.sender;
    }

    // トークンを転送する関数
    function transfer(address to, uint256 amount) external {
        // この関数を実行したアドレスの残高に指定したトークン量があるかチェック
        require(balances[msg.sender] >= amount, "Not enough tokens");

        // この関数を実行したアドレスの残高から指定したトークン量を差し引く
        balances[msg.sender] -= amount;
        // 指定したアドレスの残高に指定したトークン量を加える
        balances[to] += amount;

        // イベントを発火
        emit Transfer(msg.sender, to, amount);
    }

    // 指定したアドレスの残高を返す
```

```
    function balanceOf(address account) external view returns (uint256) {
        return balances[account];
    }
}
```

それではこれらのコードをコンパイルしてみます。blockchainApp直下でリスト15のコマンドを実行してください。

リスト15 スマートコントラクトのコンパイル

```
% npx hardhat compile↵

Compiled 1 Solidity file successfully (evm target: paris).
```

作成した結果は新規に作成された“artifacts”フォルダに格納されています。

図3.24 コンパイル結果

./artifacts/contracts/MyToken.sol/MyToken.jsonを開くと、次のようになっています（リスト16）。

リスト16 コンパイル結果の確認

```
{
  "_format": "hh-sol-artifact-1",
  "contractName": "MyToken",
  "sourceName": "contracts/MyToken.sol",
  "abi": [
    {
      "inputs": [],
      "stateMutability": "nonpayable",
      "type": "constructor"
    },
    (...省略...)
  ],
```

```
  "bytecode": " 0x60806040526040518060400160405280６ (...省略...) 30033",
"deployedBytecode": "0x608060405234801561001057６0 (...省略...) 30033",
  "linkReferences": {},
  "deployedLinkReferences": {}
}
```

ここには大きく2つの情報が格納されています。

“bytecode”がコンパイルされたContractの本体です。イーサリアムで動かすので、EVMで実行可能なバイナリコード（オペコードとも言います）になっています。これをデプロイすれば、ブロックチェーン上で動かすことが可能となります。

“abi”はContract Application Binary Interfaceと言って、イーサリアム上で実行するバイナリコード（binary code）に対し、Webアプリケーションなどの各種ツールからアクセスするための情報を定義したものです。

3.13.3　スマートコントラクトのテスト

次に、作成したContractのテストコードを作成し、動作的に問題がないか確認します。テストコードは、先ほどインストールしたHardhat Toolboxに含まれているethers.jsとMochaを使います。ethers.jsはJavaScriptやTypeScriptでContractを操作するためのライブラリで、Mochaは通常のWebアプリケーションでも使われるテストフレームワークです。

まず、先ほどと同じ手順で新しいファイルを作ります。場所はプロジェクト直下の“test”フォルダの中で、ファイル名を“MyToken.ts”としてください（すでに存在するLock.tsは削除してください）（図3.25）。

図3.25　MyTokenのテストコード

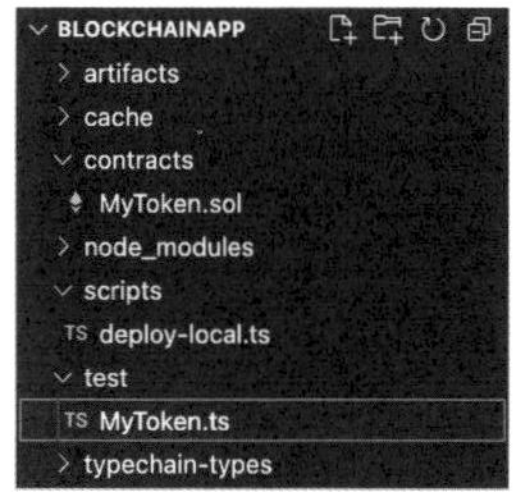

テストコードは次のようになります（リスト17）。

リスト17 ./test/MyToken.ts

```
import { expect } from "chai";
import { ethers } from "hardhat";

describe("MyToken contract", function () {
  it("トークンの全供給量を所有者に割り当てる", async function () {
    // 最初に取得できるアカウントをOwnerとして設定
    const [owner] = await ethers.getSigners();

    // MyTokenをデプロイ
    const myToken= await ethers.deployContract("MyToken");

    // balanceOf関数を呼び出しOwnerのトークン量を取得
    const ownerBalance = await myToken.balanceOf(owner.address);

    // Ownerのトークン量がこのコントラクトの全供給量に一致するか確認
    expect(await myToken.totalSupply()).to.equal(ownerBalance);
  });
});
```

MyTokenでは、作成されたタイミングですべてのトークンをownerの残高に設定していますので、これが正常に処理されているかを、テストコードで確認しています。

それではテストを実行してみましょう（リスト18）。

リスト18 テストの実行

```
% npx hardhat test⏎


  MyToken contract
    ✓ トークンの全供給量を所有者に割り当てる (1552ms)


  1 passing (2s)
```

"failing"が表示されていなければ正常にテストが完了できています。

このように、Hardhatでは擬似的にContractの挙動を確認することができるので、開発を非常にスムーズに進めることができます。

3.13.4 ブロックチェーンネットワークへのデプロイ

テストでContractの動作が確認できましたので、次は実際にブロックチェーンにデプロイして動きを確認していきましょう。

Hardhatは開発用のブロックチェーンネットワークも用意しています。以下のコマンドを実行することで起動できます。ただし、このネットワーク上で作成したアカウントやスマートコントラクト、トランザクションはテンポラリーのため永続化されません。プロセスを落としたら消えてしまう点だけは注意してください（リスト19）。

リスト19 Hardhatネットワークの起動

```
% npx hardhat node⏎

Started HTTP and WebSocket JSON-RPC server at http://127.0.0.1:8545/

Accounts
========
WARNING: These accounts, and their private keys, are publicly known.
Any funds sent to them on Mainnet or any other live network WILL BE LOST.

Account #0: 0xf39Fd6e51aad88F6F4ce6aB8827279cffFb92266 (10000 ETH)
Private Key: 0xac0974bec39a17e36ba4a6b4d238ff944bacb478cbed5efcae784d7bf4f2ff80

Account #1: 0x70997970C51812dc3A010C7d01b50e0d17dc79C8 (10000 ETH)
Private Key: 0x59c6995e998f97a5a0044966f0945389dc9e86dae88c7a8412f4603b6b78690d
(...以下略...)
```

起動後のメッセージの通り、Webアプリケーションのアクセスポイントは

http://127.0.0.1:8545/ （またはhttp://localhost:8545/）

になり、デフォルトでイーサリアムアドレス（Externally Owned Account）が20個作成されます。これらの情報を使用して動作確認をしていきましょう。

3.13.5 スマートコントラクトのデプロイ

ブロックチェーンネットワークにスマートコントラクトをデプロイしていきます。

簡単にデプロイするために、デプロイ用のスクリプトを作成します（図3.26）。

先ほどと同じ手順で新しいファイルを作ります。場所はプロジェクト直下の“scripts”フォルダの中で、ファイル名を“deploy-local.ts”としてください。

図3.26　デプロイファイル

もともと存在しているdeploy.tsを参考に、MyTokenをデプロイするコードを書いていきます（既存のファイルdeploy.tsは確認したら削除してください）（リスト20）。

リスト20 ./scripts/deploy-local.ts

```
import { ethers } from "hardhat";

async function main() {
  const myToken = await ethers.deployContract("MyToken");
  myToken.waitForDeployment();
  console.log(`MyToken deployed to: ${myToken.target}`);
}

// We recommend this pattern to be able to use async/await everywhere
// and properly handle errors.
main().catch((error) => {
  console.error(error);
  process.exitCode = 1;
});
```

このコードを実行します。3.13.4で起動したブロックチェーンネットワークはそのままにして、新しいターミナルを開き、blockchainApp直下に移動してから、次のコマンドを実行してください（リスト21）。

リスト21 デプロイの実行

```
% npx hardhat run --network localhost scripts/deploy-local.ts⏎

MyToken deployed to: 0x5FbDB2315678afecb367f032d93F642f64180aa3
```

--networkで3.13.4で起動したローカルネットワークを指定しています。

MyToken deployed to:以降に表示された文字列がコントラクトのアドレスになります。

後述しますが、このネットワークを指定することでブロックチェーンのテストネットやメインネットにもこのコードでデプロイすることが可能です。

正常に完了すると、ブロックチェーンネットワーク側のターミナルにも以下のようなメッセージが表示されます（addressやTransactionなどの値は変わります）（リスト22）。

リスト22 コントラクトのデプロイ結果

```
eth_sendTransaction
  Contract deployment: MyToken
  Contract address:    0x5fbdb2315678afecb367f032d93f642f64180aa3
  Transaction:         0x459b6587f67205338e2366fbe086f06b25e7330116b869b2b9ba9e
                       199eee2948
  From:                0xf39fd6e51aad88f6f4ce6ab8827279cfffb92266
  Value:               0 ETH
  Gas used:            620702 of 30000000
  Block #1:            0xcca0cecd07830e046eabcd5321e42b7a57c15d66854c20ca6b39a2
                       d98de5a054
```

- **Contract deployment**：Contractの名前です。
- **Contract address**：Contractのアドレスです。Webアプリケーションからこのアドレスを指定してスマートコントラクトの関数を実行することができます。
- **Transaction**：MyTokenのコードをデプロイしたトランザクション番号です。

- **From**：トランザクションを送信したアドレスです。先ほどブロックチェーンを起動したときに表示された20個のどれかになっています(基本は0番目のアドレスになります)。
- **Value**：送金額です。今回は送金ではないので0ETHになります。
- **Gas used**：デプロイに使用したガス代です。
- **Block #***：このトランザクションが格納されたブロック番号とブロックのハッシュ値です。

コントラクトアドレス(Contract address)は次節のフロントエンドから接続する際に必要になりますので、記録しておいてください。

3.14 フロントエンドの作成

前節までで、スマートコントラクトをブロックチェーンにデプロイすることができました。

本節では簡単なフロントエンドのWebアプリケーションを作成して、スマートコントラクトに接続してみることにしましょう。

3.14.1 フロントエンドプロジェクトの作成

最初に、フロントエンド用のプロジェクトを作成します。

前節で作成した"blockchainApp"プロジェクト直下に格納していきますが、次章以降で作成することになるNFTやDAOのWebアプリケーションを簡単に作成するために、WebフレームワークとしてNext.js、UIライブラリとしてMantineを使用します。また、ブロックチェーンと接続するライブラリとして、スマートコントラクトの開発に使用したHardhatにも付属されているethers.jsを利用します。

ターミナルから次のコマンドを実行し、Next.jsのプロジェクト作成を行います（リスト23）。プロジェクト名は“frontend”としています。作成時にいくつか質問をされますが、同じように回答してください。

リスト23 Next.jsプロジェクトの作成

```
% npx create-next-app --ts frontend⏎

Need to install the following packages:
  create-next-app@**.**.**
Ok to proceed? (y) y
✓ Would you like to use ESLint? ... Yes
✓ Would you like to use Tailwind CSS? ... No
✓ Would you like to use `src/` directory? ... No
✓ Would you like to use App Router? (recommended) ... Yes
✓ Would you like to customize the default import alias? ... No
(...省略...)
Success! Created frontend at ・・・
```

作成したfrontendプロジェクトは、図3.27のような構成になります。

図3.27 frontendプロジェクト

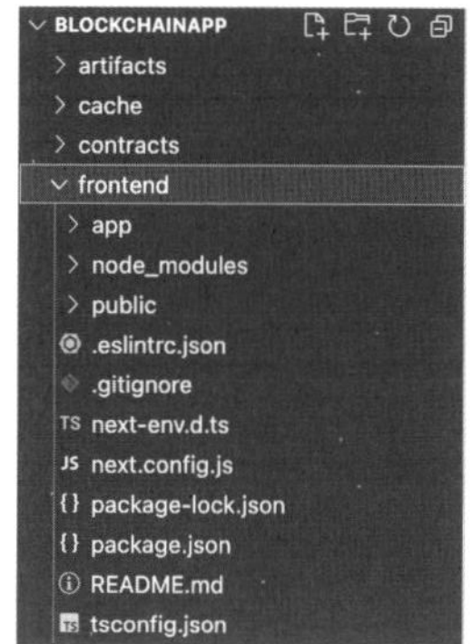

なお、この方法で作成すると、Next.jsのバージョンを指定できず最新版が入ってしまいます。本書ではバージョン違いによって挙動が変わるのを回避するために、以下の手順でNext.jsのバージョンをv13.4.13に固定します（リスト24）。

frontend以下に移動して、指定バージョンのNext.jsおよび追加が必要なライブラリをインストールします。

リスト24 **Next.jsをバージョン指定で再インストール**

```
% cd frontend
% npm install --save-exact next@13.4.13 bufferutil@4.0.8 utf-8-validate@6.0.3
```

依存関係が壊れないように、他のライブラリも入れ替えます。

frontend直下にあるnode_modulesとpackage-lock.json（package.jsonやblockchainApp直下のものと間違えないでください！）を削除します。

図3.28 frontend直下のnode_modulesとpackage-lock.jsonの削除

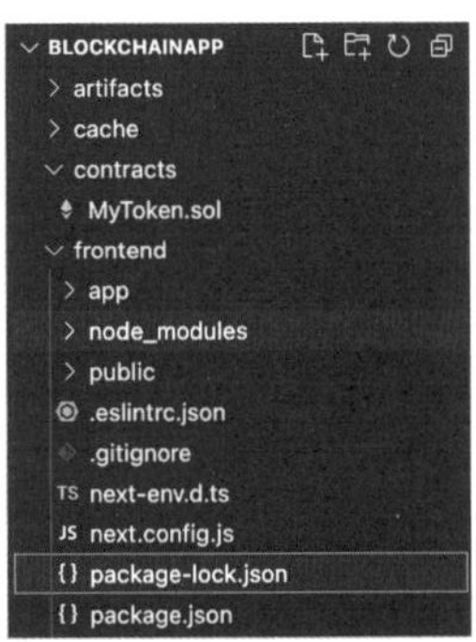

ライブラリを次のコマンドで再インストールします（リスト25）。

リスト25 **ライブラリの再インストール**

```
% npm install
```

これで、Next.jsをv13.4.13に固定できました。

次に、Mantineをインストールします。また、アイコンライブラリであるtabler-iconも一緒にインストールしておきます。frontend直下で以下のコマンドを実行します（リスト26）。

リスト26 **ライブラリのインストール**

```
% npm install @tabler/icons-react@2.32.0 @mantine/core@7.0.0 @mantine/hooks@
7.0.0
```

本章では使いませんが、次章以降でNFTやDAOのページ遷移の開発を簡単にするためにNext.js App Routerを使用しますので、MantineでApp

Routerに対応しているv7、またCSSのビルドツールであるPostCSSとMantine用プラグインをインストールします（リスト27）。

リスト27 **プラグインのインストール**

```
% npm install --save-dev postcss@8.4.29 postcss-preset-mantine@1.7.0 postcss-simple-vars@7.0.1⏎
```

frontendディレクトリ直下にPostCSSの設定ファイルを作成します。

図3.29 PostCSS設定ファイル

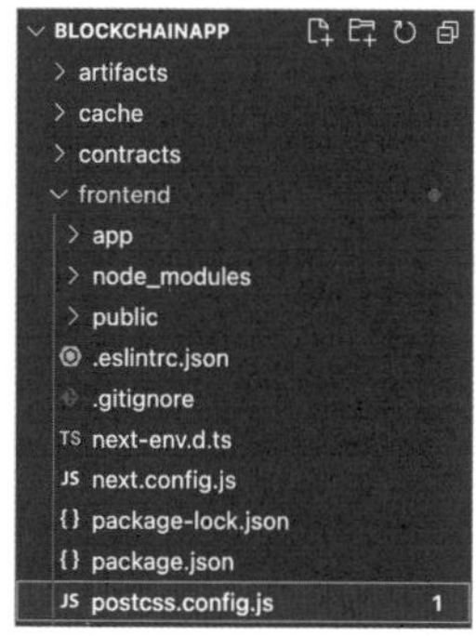

リスト28 **./frontend/postcss.config.js**

```
module.exports = {
    plugins: {
        'postcss-preset-mantine': {},
        'postcss-simple-vars': {
            variables: {
                'mantine-breakpoint-xs': '36em',
                'mantine-breakpoint-sm': '48em',
                'mantine-breakpoint-md': '62em',
                'mantine-breakpoint-lg': '75em',
                'mantine-breakpoint-xl': '88em',
            },
        },
    },
};
```

これで、Mantineを利用する準備が整いました。

最後に、ブロックチェーンの接続ライブラリethers.jsをインストールします（リスト29）。

リスト29 ethers.jsのインストール

```
% npm install ethers@6.7.0↵
```

では、動作確認してみましょう。Webアプリケーションを起動するにはfrontendプロジェクト直下に移動して、リスト30を実行します。

リスト30 フロントエンドの実行

```
% npm run dev↵
> frontend@0.1.0 dev
> next dev

- ready started server on 0.0.0.0:3000, url: http://localhost:3000
- event compiled client and server successfully in 203 ms (20 modules)
- wait compiling...
- event compiled client and server successfully in 157 ms (20 modules)
```

正常に起動すると、上記のように接続先が表示されます。"url"にあるhttp://localhost:3000にWebブラウザで接続すると、次のような画面が表示されます（図3.30）。

図3.30 Next.jsのデフォルトトップページ

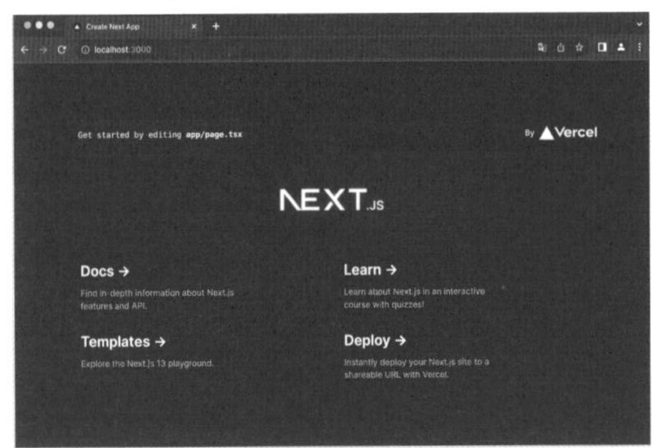

この画面を編集していきます。

いったん、ctrl + C を押してフロントエンドを停止しておきましょう。

画面を作る前に、プロジェクトの一部を変更します。

- 本書では、UIライブラリとしてMantineを使いますので、デフォルトのcssは不要です。そのため、blockchainApp/frontend/app/globals.cssの設定を図3.31のように削除します。
  ファイルを消すとエラーになってしまうので、ファイルの中身を空にするようにしてください。

図3.31　元のglobals.css（中身をすべて削除する）

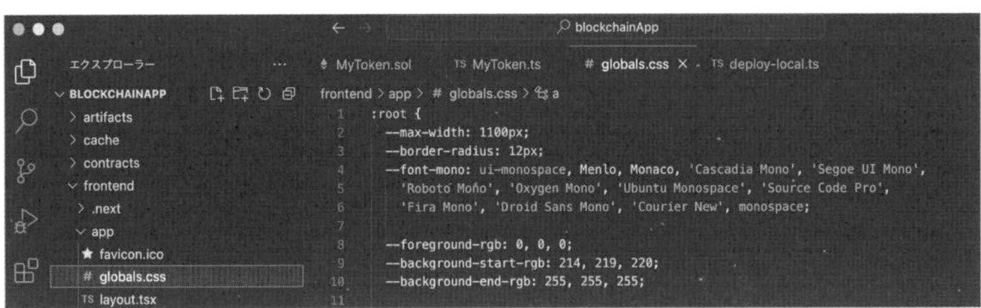

- 本書では、Webアプリケーションの開発にTypeScriptを使います。そのため、モジュール解決のために設定変更が必要になります。blockchainApp/frontend/tsconfig.json内の“module”および“moduleResolution”の値を図3.32のように“node16”に変更してください。

図3.32　tsconfig.jsonのmoduleResolution

```
frontend > tsconfig.json > {} compilerOptions
{
  "compilerOptions": {
    "target": "es5",
    "lib": [
      "dom",
      "dom.iterable",
      "esnext"
    ],
    "allowJs": true,
    "skipLibCheck": true,
    "strict": true,
    "noEmit": true,
    "esModuleInterop": true,
    "module": "node16",
    "moduleResolution": "node16",
    "resolveJsonModule": true,
```

ここから、スマートコントラクトに接続するWebアプリケーションを開発していきます。

frontendプロジェクト直下のappフォルダにある“page.tsx”を開いてください。これが先ほどWebブラウザで表示したページのソースコードです（図3.33）。

図3.33　元のpage.tsx（これらをすべて入れ替える）

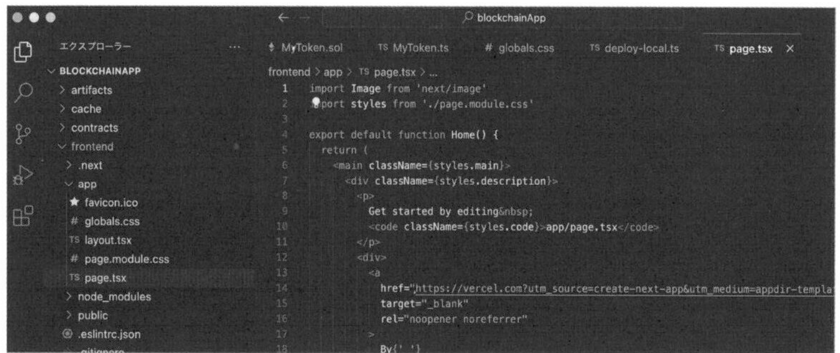

このページを編集し、WebブラウザからMetaMaskを使って、自身が所有するMyTokenの残高を表示させるようにしてみましょう。

まずはpage.tsxの中身をすべて削除し、以下のコードに置き換えてください（リスト31）。

リスト31　./frontend/app/page.tsx

```
"use client"
import { ethers } from "ethers";
import { useEffect, useState } from 'react';
import artifact from "../abi/MyToken.sol/MyToken.json";

// デプロイしたMyTokenのアドレス
const contractAddress = "0x5fbdb2315678afecb367f032d93f642f64180aa3";

export default function Home() {
  // MetaMaskなどが提供するイーサリアムプロバイダーを格納する変数
  const [windowEthereum, setWindowEthereum] = useState();
  // MyTokenの所有数を格納する変数
  const [inputValue, setInputValue] = useState("");

  useEffect(() => {
  // イーサリアムプロバイダーを取得し、変数に代入
  const { ethereum } = window as any;
  setWindowEthereum(ethereum);
  }, []);

  // ボタンを押下したときに実行される関数
  const handleButtonClick = async () => {
  if (windowEthereum) {
    // Ethereumプロバイダーを設定
```

```
    const provider = new ethers.BrowserProvider(windowEthereum);
    // 署名オブジェクトの取得
    const signer = await provider.getSigner();
    // コントラクトの取得
    const contract = new ethers.Contract(
    contractAddress,
    artifact.abi,
    provider
    );
  // ウォレットアドレスの取得
  const walletAddress : string = await signer.getAddress();
  // MyTokenコントラクトから指定したウォレットアドレスのトークン所有数を取得
    const balance = await contract.balanceOf(walletAddress);
    // BigIntリテラル付きで所有数が返されるのでテキストに変換して代入
    setInputValue(balance.toString());
  }
  };

  return (
  <div>
    <h1>Blockchain sample app</h1>
    <button onClick={handleButtonClick}>Tokens owned</button>
    <input type="text" value={inputValue} readOnly />
  </div>
  );
}
```

これらを打ち込むと、4行目の

import artifact from "../abi/MyToken.sol/MyToken.json";

の部分でシンタックスエラーになります。前述したように、Webアプリケーションからスマートコントラクトにアクセスするためにはabiが必要になります。abiはContractをデプロイした際に作成されますので、そのファイルをfrontendプロジェクトにコピーする必要があります。

まず、frontend直下に"abi"というフォルダを作成してください（図3.34）。

次に、このフォルダに./artifacts/contracts以下にある"MyToken.sol"をフォルダごとfrontend/abi以下にコピーしてください（図3.35）。

図3.34　abiフォルダの作成

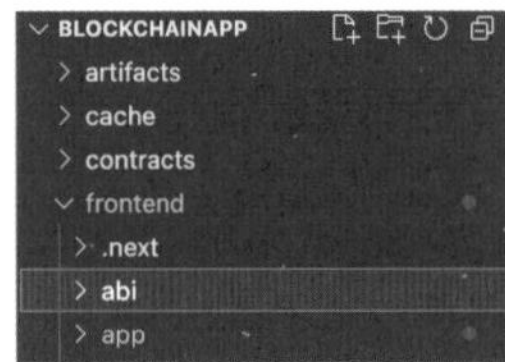

図3.35　abiフォルダにコピー

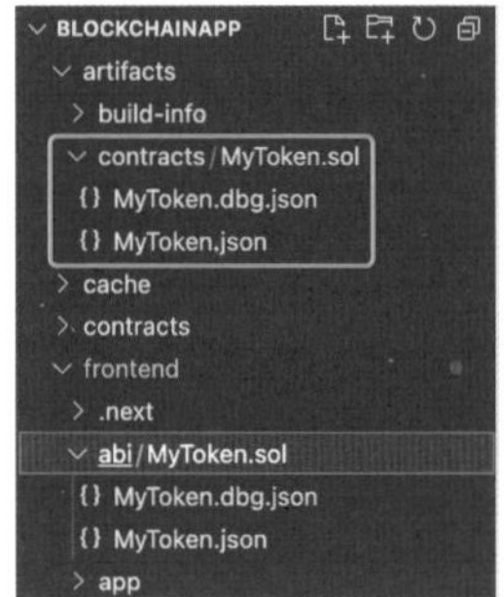

これでWebアプリケーションは完成ですが、実際に動かすにはWebブラウザにウォレットの拡張機能であるMetaMaskをインストールする必要があります。

3.15　MetaMaskのインストールと設定

Webブラウザとして Google Chromeを使用します（他のブラウザでMetaMaskの拡張機能としてリリースされているものであれば、お好みのものを使用してもかまいません）。

Chromeの右上の［ケバブボタン（点が縦に3つ並んだアイコン］-［拡張機能］-［Chromeウェブストアにアクセス］を選択し、右上の検索窓に"MetaMask"と入力します（図3.36）。

MetaMaskのキツネのアイコンをクリックします（似たような機能拡張が複数あるので間違わないようにしてください）（図3.37）。

図3.36　Chromeの拡張機能設定

図3.37　MetaMaskの検索

［Chromeに追加］ボタンを押して、MetaMaskをインストールします（図3.38）。

図3.38　MetaMaskのインストール

図3.39のような画面が開きますので、利用規約に同意し、「新規ウォレットを作成」を選択します。

図3.39　新規ウォレットを作成

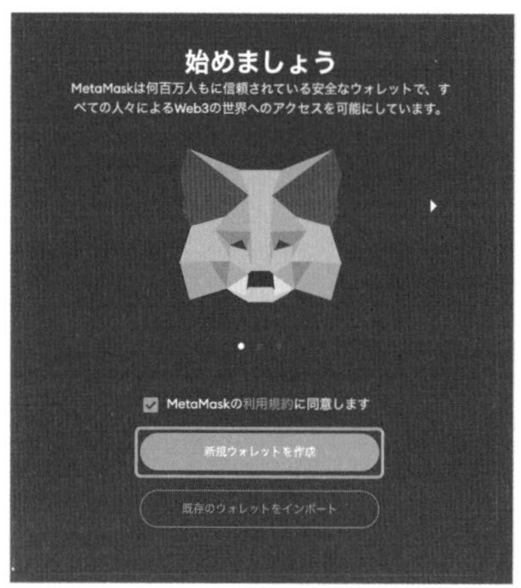

すると、ユーザーの使用データ収集の同意画面が表示されます。どちらでも好きなほうを選んでください（図3.40）。

最初はパスワードを登録します。これを忘れるとMetaMaskを操作できなくなるので、必ず忘れないようにしてください（図3.41）。

図3.40　ユーザーの使用データ収集の同意画面

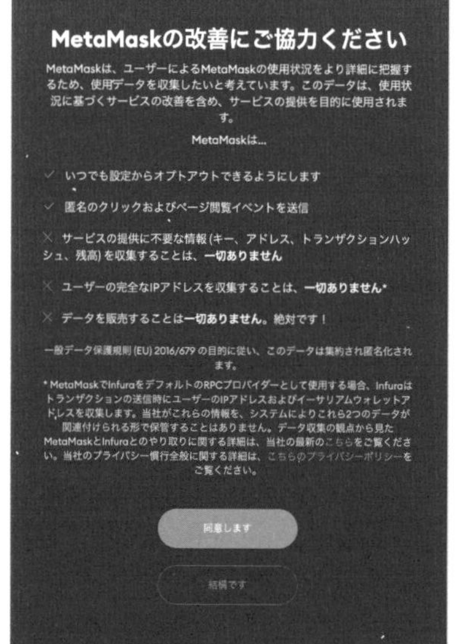

図3.41　パスワード設定

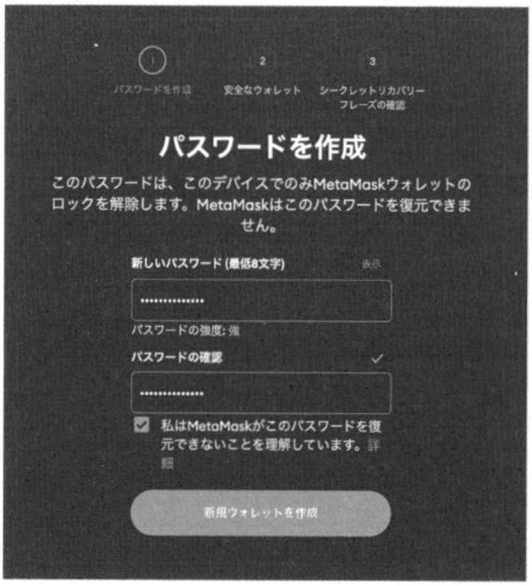

図3.42のようなシークレットリカバリーフレーズの説明画面をはさみ、12個のフレーズが表示されますので、忘れないように記録してください（文字列だけでなく順番も重要になります）。

次に、フレーズを覚えているか、穴埋め問題が出ます（図3.43）。

図3.42　シークレットリカバリーフレーズの表示

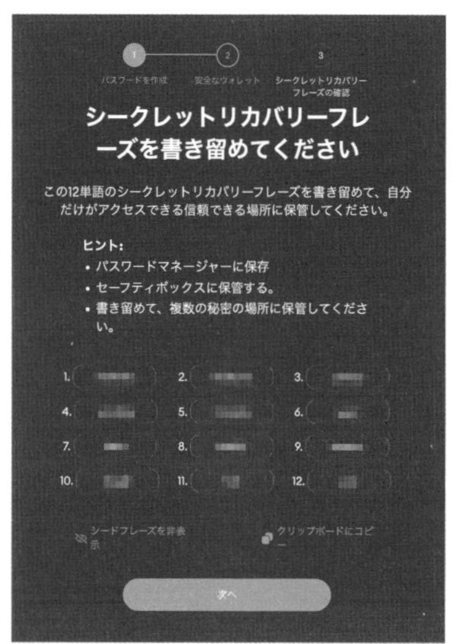

図3.43　穴埋め問題

これで、ウォレットが作成できました。それでは、ウォレットと先ほど起動したブロックチェーンネットワークの接続設定を行います。左上の「Ethereum Mainnet」を押下してください（図3.44）。

図3.44　ウォレットの画面

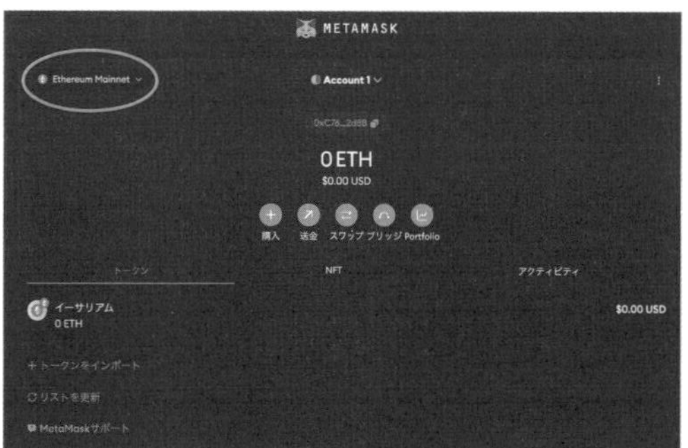

ネットワークの選択画面が表示されますので、「ネットワークを追加」を選択します（図3.45）。

図3.45　ネットワークの選択

いちばん下の「ネットワークを手動で追加」を選択します（図3.46）。

図3.46　ネットワークの手動設定

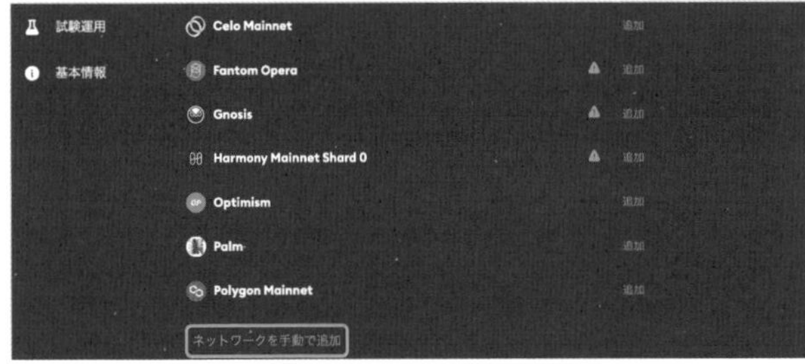

Hardhatのネットワークは表3.5のようになっていますので、そのまま登録してください（ネットワーク名は自由に設定できます）（図3.47）。

表3.5　テストネットワークの設定値

項目	値
ネットワーク名	Hardhat Network（任意変更可）
新しいRPC URL	http://localhost:8545/
チェーンID	31337
通貨記号	GO（任意変更可）
ブロックチェーンエクスプローラー	（なし）

作成したネットワークに切り替えて完了です（図3.48）。

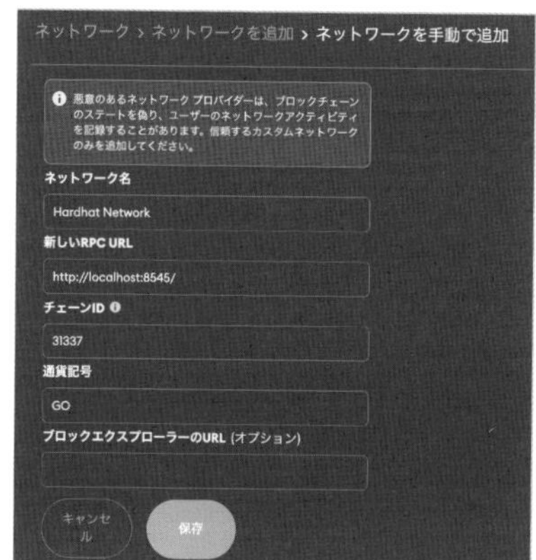

図3.47　Hardhatネットワークの設定

図3.48　ネットワークの切り替え

3.16　アカウントのインポート

次に、MetaMaskとアカウントを紐づけます。3.13.4でブロックチェーンネットワークを起動した際に表示されたテスト用のアカウントを使います。太字部分の0番目のアカウントのPrivate Key（秘密鍵）をコピーしてください（リスト32）。

リスト32　テスト用アカウント

```
Account #0: 0xf39Fd6e51aad88F6F4ce6aB8827279cffFb92266 (10000 ETH)
Private Key: 0xac0974bec39a17e36ba4a6b4d238ff944bacb478cbed5efcae784d7bf4f2ff80
```

中央上のコンボボックスから「Add account or hardware wallet」を押してアカウント選択画面を開き（図3.49）、「アカウントをインポート」を押下します（図3.50）。

図3.49　アカウントの追加

図3.50　アカウントをインポート

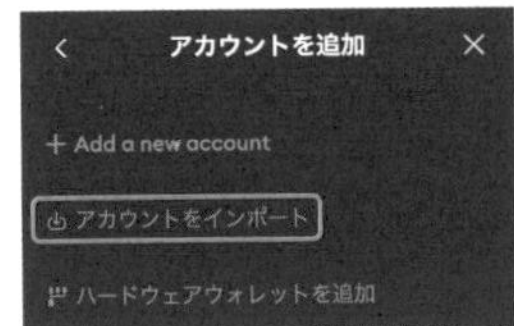

秘密鍵"0xac0974bec39a17e36ba4a6b4d238ff944bacb478cbed5efcae784d7bf4f2ff80"を入力して「インポート」を押下します（図3.51）。

図3.51　秘密鍵のインポート

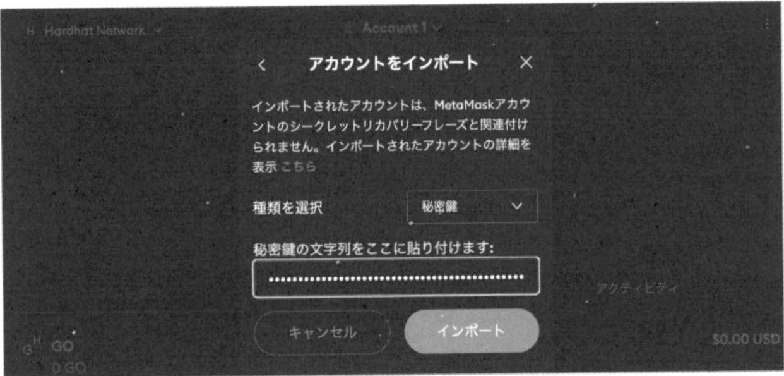

図3.52のように残高が増えていれば、正常にインポートできています。

図3.52　アカウントのインポート

3.17　アプリケーションの実行

ウォレットの準備が整いましたので、アプリケーションを再度実行してみます。

frontendフォルダに移動して、以下のコマンドを入力して実行してください（リスト33）。

リスト33　フロントエンド再実行

```
% npm run dev↵
```

それでは、http://localhost:3000にWebブラウザでアクセスしてみましょう。

図3.53　サンプルアプリケーションの画面

［Tokens owned］ボタンを押下してください（図3.53）。

MetaMaskが開き、使用するアカウントを選択する画面が表示されます。先ほどインポートしたアカウント（ここまでの記述通りに進めた場合、Account2になっているはずです）を選択して、「次へ」を押します（図3.54）。

さらに接続確認画面が表示されるので、「接続」を押します（図3.55）。

先ほどインポートしたアカウントに紐づくMyTokenの所有数が表示されます。1000000と表示されれば、正常にMetaMaskとブロックチェーンに接続できています。

図3.54　アカウントの選択

図3.55　選択したアカウントで接続

3.18　OpenZeppelinによる開発

今回作成したスマートコントラクトは、イーサリアムで独自の暗号通貨を作る標準仕様であるERC-20に則っています。ここではスマートコントラクトの概要を知ってもらうためにいちから実装しましたが、PoCや本番用に開発する場合には、先に紹介したOpenZeppelinを利用するのが安全性や効率性の面から望ましいです。

本章の最後として、3.13.2で作成したスマートコントラクトを、OpenZeppelinを使って書き換えてみましょう。blockchainApp直下のcontractsフォルダにファイルを追加します。ファイル名は“MyERC20.sol”としましょう（図3.56）。

図3.56　MyERC20トークン

リスト34 ./contracts/MyERC20.sol

```
// SPDX-License-Identifier: UNLICENSED
pragma solidity ^0.8.0;

// OpenZeppelinのERC-20をインポート
import "@openzeppelin/contracts/token/ERC20/ERC20.sol";

// インポートしたERC-20を継承してMyERC20を作成する
contract MyERC20 is ERC20 {
  // トークンの名前と単位を渡す
  constructor() ERC20("MyERC20", "ME2") {
    // トークンを作成者に1000000渡す
    _mint(msg.sender, 1000000);
  }
}
```

かなり短くなりました（リスト34）。

このように、OpenZeppelinはERCの仕様に合わせた実装をライブラリとして提供しており、簡単に安全性・安定性のあるコードが利用可能なので、効率的に開発を進めることができます。

それでは、こちらを再度コンパイルします。blockchainApp直下に移動して、以下のコマンドを入力してください（リスト35）。

リスト35 MyERC20のコンパイル

```
% npx hardhat compile⏎
Compiled 1 Solidity files successfully
```

先ほどと同じように、JSONファイルができていることを確認してください（図3.57）。

図3.57　MyERC20のコンパイル結果

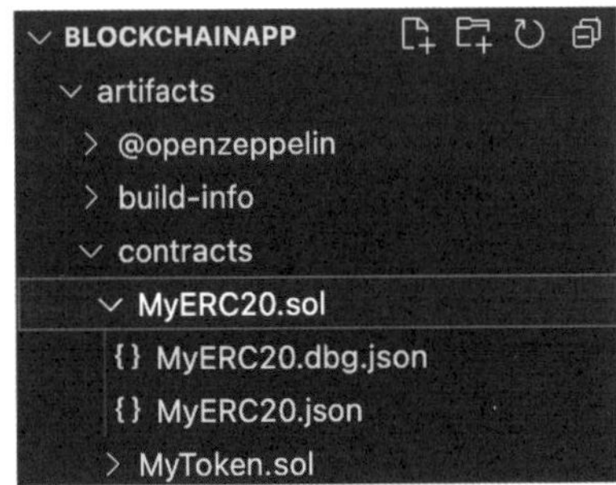

deploy-local.tsも修正しましょう。deployContractの引数を“MyToken”から“MyERC20”に変更するだけです（リスト36）。

リスト36 ./scripts/deploy-local.ts

```
import { ethers } from "hardhat";

async function main() {
  const myToken = await ethers.deployContract("MyToken");
  await myToken.waitForDeployment();
  console.log(`MyToken deployed to: ${myToken.target}`);

  const myERC20 = await ethers.deployContract("MyERC20");
  await myERC20.waitForDeployment();
  console.log(`MyERC20 deployed to: ${myERC20.target}`);
}

// We recommend this pattern to be able to use async/await everywhere
// and properly handle errors.
main().catch((error) => {
  console.error(error);
  process.exitCode = 1;
});
```

同じように実行してみます（リスト37）。

リスト37 MyERC20のデプロイ

```
% npx hardhat run --network localhost scripts/deploy-local.ts⏎

MyToken deployed to: 0xe7f1725E7734CE288F8367e1Bb143E90bb3F0512
MyERC20 deployed to: 0x9fE46736679d2D9a65F0992F2272dE9f3c7fa6e0
```

テストコードも追加してみましょう。図3.58のように、testフォルダにあるMyToken.tsをコピーしてMyERC20.tsを作ります。

図3.58　MyERC20のテストコード

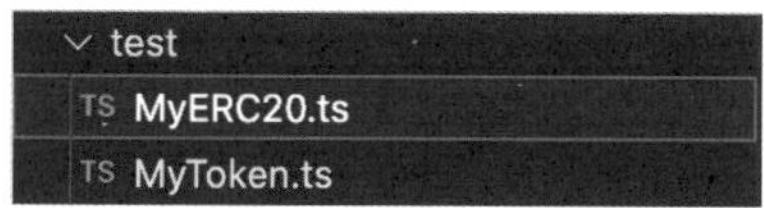

テストコードもデプロイ対象を修正するだけですが、一応識別しやすいようにテスト名称も変更しておきましょう（リスト38）。

リスト38 ./test/MyERC20.ts

```
import { expect } from "chai";
import { ethers } from "hardhat";

describe("MyERC20 contract", function () {
  it("トークンの全供給量を所有者に割り当てる", async function () {
    // 最初に取得できるアカウントをOwnerとして設定
    const [owner] = await ethers.getSigners();

    // MyERC20をデプロイ
    const myERC20 = await ethers.deployContract("MyERC20");

    // balanceOf関数を呼び出しOwnerのトークン量を取得
    const ownerBalance = await myERC20.balanceOf(owner.address);

    // Ownerのトークン量がこのコントラクトの全供給量に一致するか確認
    expect(await myERC20.totalSupply()).to.equal(ownerBalance);
  });
});
```

これを実行して、正常に完了すれば成功です（リスト39）。

リスト39 テストの実行

```
% npx hardhat test↵


  MyERC20 contract
    ✓ トークンの全供給量を所有者に割り当てる

  MyToken contract
    ✓ トークンの全供給量を所有者に割り当てる
```

```
  2 passing (714ms)
```

このようにOpenZeppelinを使うことで、非常に効率的にトークンを開発することができます。OpenZeppelinには他にもさまざまな種類のライブラリがありますので、色々試してみることをおすすめします。

これでサンプルアプリケーションの完成です！

次章以降では、このサンプルアプリケーションをベースにNFTのマーケットプレイス、DAOを開発していきます。また、Appendixでは、本章で作成したサンプルを基に、ブロックチェーンネットワーク構築を解説しています。

COLUMN

Hardhatのトラブルシューティング

Hardhatでブロックチェーンを起動するnpx run nodeで一度終了させ、再立ち上げを行うと、トランザクションがエラーで通らない場合があります。これは、非同期処理であるJSON-RPCでリクエストを出した際に、どのリクエストに対するレスポンスかを判別するために、MetaMaskがリクエストにナンスを自動的に付与するのですが、再起動することで、このナンスがMetaMaskとノードで不一致になり、発行済みのナンスを使ってしまうことが原因です。

この場合、MetaMaskで［設定］-［高度な設定］-［アクティビティタブのデータを消去］を行うことで修正できます（図3.59）。

図3.59　アクティブデータの消去手順

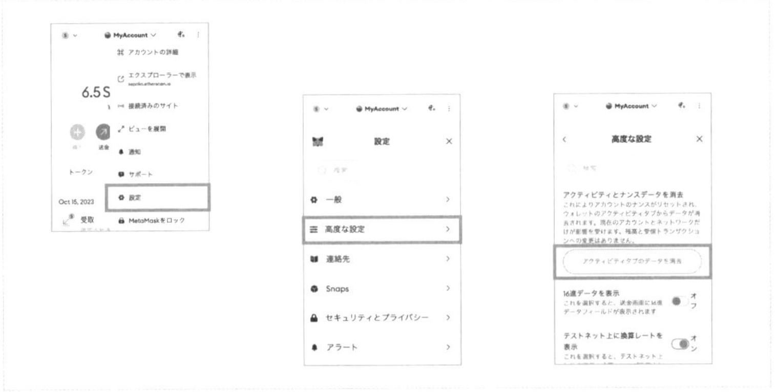

第4章

NFT開発入門

本章以降では、第3章で開発したサンプルアプリケーションをベースにNFT、DAOの機能を組み込んだWeb3アプリケーションを作成していきます。
ここでは、NFTとNFTを売買する簡単なマーケットプレイスを作っていきますが、本章では開発の前段として、NFTの基本的な仕様やさまざまな標準規格を学びます。さらにNFTマーケットプレイスの概念も理解していきましょう。

4.1 NFTとは

NFTは“Non-Fungible Token”の略で、日本語にすると「非代替性トークン」となります。ここで言う代替性とはどのような性質を指すかを説明します。

一般的な暗号資産であるビットコインやイーサリアムは、NFTとは対照的に代替可能（Fungible）な性質を持つトークンであると言えます。1ビットコインは他の1ビットコインと同じ価値を持つため等しく交換可能で、1つずつのトークンは識別されることはなく数量で識別されます。一方でNFTはトークン1つずつが識別子を持ち、他のNFTとは異なるユニークな特性を持つため、等しく交換可能とはなりえません。この性質を利用して、NFTをデジタルアセットと紐づけてブロックチェーンに記録することで、デジタルアセットの保有を証明することができます。NFTはその一意性と普遍性により、「一点もの作品の保有証書」のような機能をデジタル世界に提供しており、デジタルアートなどの知的財産をNFTとして表現・記録することで、その価値を裏付ける試みが盛んに行われています。

ブロックチェーン上に作成[※53]されたNFTにはいくつかの項目が記録、および関連付けられています。代表的なものとしては、電子署名技術に裏付けされた保有者情報、識別子、NFTに紐づくコンテンツを説明するメタデータがあります。ブロックチェーン上に記録された項目データは不変となり、改竄することは技術的にほぼ不可能となります。

メタデータにはそのトークンが表現したいコンテンツの情報が記録され、NFTの一意性を形成するものとなります。たとえばアート作品のNFTの場合、メタデータは作品のタイトル、作者、作成日、色彩など、その作品を特徴付ける情報を含むでしょう。また、デジタル不動産のNFTの場合、メタデータには不動産の位置、面積、構造などの情報が含まれます。

※53　NFTを作成することをMint（ミント：鋳造）するとも呼びます。本書でもMintと記述している箇所はNFT作成を意味します。

図4.1　ERC721を例としたNFTの構成

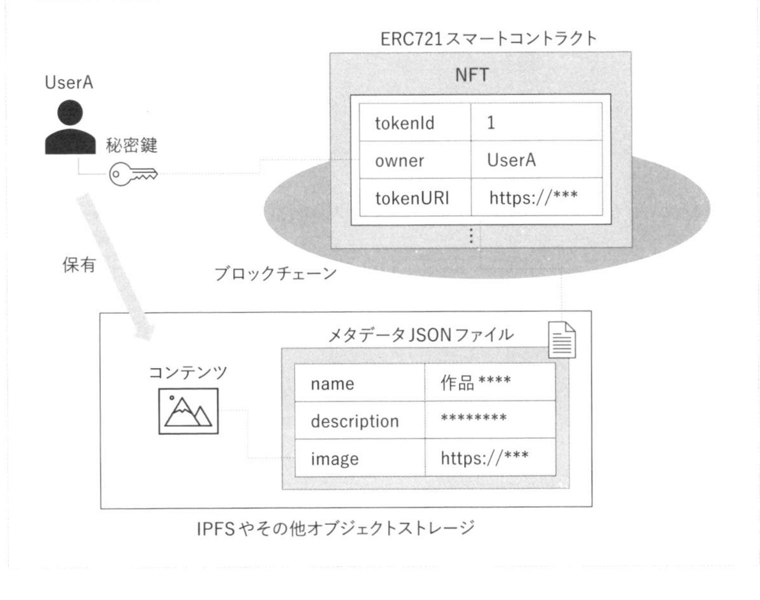

NFTは、一般的にERC-721やERC-1155といったイーサリアムのスマートコントラクト標準規格を使用して作成されます（図4.1）。これらのスマートコントラクトは、NFTに対して、「tokenId」と呼ばれる一意であることが保証されたIDを生成します。tokenIdは保有者のアカウントアドレス、NFTのメタデータと結びつけられ、それぞれのNFTを一意に識別するためのキーの役割を果たします。メタデータについては、tokenURIという形でメタデータを表現するJSONファイルへのリンクを保存することが一般的です。このURIは、メタデータが保存されている外部のサーバーや、IPFSなどの分散型ストレージネットワークへのリンクを提供します。この方法を用いると、メタデータの内容が複雑で大量のデータを必要とする場合でも、ブロックチェーン上で効率的にNFTを管理することが可能となります。

メタデータのJSONファイルについては、ERC-721規格の中で次の項目が定義されています（表4.1）。

表4.1　ERC-721 メタデータの項目

項目名	項目の内容
name	トークンの名前
description	トークンの説明
image	トークンの画像を表すURL

これらの基本的な属性に加えて、NFTの開発者は任意の追加属性をJSONオブジェクトに含めることが可能です。例として、OpenSeaマーケットプレイスでサポートされている追加の項目をあげます（表4.2）。

表4.2　OpenSeaにおける追加メタデータの項目

項目名	項目の内容
attributes	トークンの特性を表すキーと値のペアの配列。各属性はtrait_type、value、display_type、max_value、trait_countなど任意のフィールドを持つことができる
animation_url	トークンを表現するアニメーション（通常は動画やGIF）へのURL
external_link	トークンに関連する外部Webページへのリンク
background_color	トークンの背景色を表す16進数の色コード

このように、利用シーンやコンテンツの種類に応じてメタデータを定義・拡張することで、NFTが表現できる情報の範囲を拡張することができます。メタデータは、OpenSeaでサポートされている項目は他のマーケットプレイスでもサポートされていたり、EIPに拡張スキーマが提案されていたりと、NFTを作成するうえでは重要な要素となっています。

NFTに紐づくコンテンツは、一般的には容量の問題などからブロックチェーン外に保管※54されており、メタデータからはURLがポイントされるにとどまります。このような仕組みには、コンテンツを保管するサーバーの可用性やデータの消失などへの耐性に関して、NFTが保証するものではないということへの批判もあります。このような問題に対して、NFTが指し示すコンテンツを分散ストレージに保管するアプローチが多くのNFTではされています。たとえば、分散ストレージの代表格であるIPFS（InterPlanetary File System）を利用する場合には、ファイルに固有のハッ

※54　一方でブロックチェーン上にコンテンツやメタデータを保管するNFTも存在しています。Nouns DAOで発行されるNouns Tokenは、NFTのコンテンツとメタデータをオンチェーンで保管し、スマートコントラクトからJSON形式のメタデータやSVG画像が返却される仕組みとなっています。

シュが割り当てられ、このハッシュがそのままURLとなり、NFTのメタデータに記録されます。ファイルの内容が変更された場合は新しいハッシュが生成されるため、コンテンツの一貫性と永続性を保証することができます。さらにFilecoin※55のようなプロジェクトでは、分散ストレージを構成するノードのファイル保存に対して、暗号資産の報酬を与える仕組みを導入し、インセンティブを与える仕組みを構築している例もあります。

また、メタデータだけではなく、NFTをスマートコントラクトのレベルで拡張することで、多様な利用方法に対応する試みもされています。これについてはのちほど説明します。

4.2 NFTの配布パターンについて

では続いて、Web3アプリケーションを通じて、ユーザーにどのようにNFTを配布するのかを説明していきます。以下に、そのおもな方法をあげます。

1 エンドユーザー自身に作成させる

自らのコンテンツを表現するNFTのスマートコントラクトを自身でデプロイし、かつNFTを作成する方法です。一般的にはプラットフォーム側で、NFTコントラクトのデプロイや作成の機能を提供することが多くなります。

2 購入してもらう

既存のNFTを他の保有者から購入する方法です。一般的には暗号資産を対価として支払い、購入が成立することで保有者が自分に移転します。プラットフォーム側でマーケットプレイスの機能を用意する場合と、OpenSeaといった既存のマーケットプレイスで購入してもらう選択肢があります。

※55 https://filecoin.io/

3　フリーミント

NFTを不特定多数の人から自由に作成できるようにすることで、NFTを配布する方法です。デプロイされたNFTコントラクトにおいて、スマートコントラクトの所有者でなくても自身を保有者とするNFTを作成できる仕組み[※56]を構築したり、NFT作成を代替実施するAPIを用意したりすることで実施します。具体的には、アーティストやプラットフォームが新しい作品やコレクションをリリースする際に、NFTを配布するキャンペーンを行うような事例があげられます。多くの場合は、SNSをフォローすることやアカウントを作成することなどの条件付きだったり、期間限定であったりします。

4　エアドロップ

既存NFT保有者やプラットフォームの利用者、コミュニティメンバーなどに対して、特定のNFTを無償で配布する方法です。既存プラットフォームのキャンペーンや特定のプロジェクトサポート、初期投資者への感謝の意を表すために行われることも多いです。

5　報酬として配布する

ゲームなどDApps内でのアクティビティや達成度の報酬として、NFTを配布する方法です。たとえば、特定のゲームのミッションをクリアすることで獲得できるゲームアイテムなどがこれに該当します。

6　交換またはトレード

エンドユーザー同士でNFTの交換やトレードを行うことで、NFTを取得してもらう方法です。スマートコントラクトはエンドユーザーが直接呼び出すこともできるので、プラットフォームなどを介さず交換を行うこともできます。

※56　NFTを作成するためのトランザクションをエンドユーザーが発行する場合は、トランザクション手数料はエンドユーザー負担となります。

4.3　NFTの標準規格

NFTとして最も有名で標準的な規格はERC-721と言えます。一方で、複数種類のコンテンツを扱うケースや大量のトークンを扱うケースでは、ERC-1155というERC-20とERC-721の両方の性質を持つ規格が採用されるケースもあります。

ERC-20／ERC-721／ERC-1155の標準規格の特徴と応用事例を示します（表4.3）。

表4.3　NFTに関連する標準規格

標準	特徴	応用事例
ERC-20 （Fungible Token）	・最も一般的で広く利用されているトークン規格 ・各トークンは他の等価値のトークンと交換可能（fungible） ・おもに通貨や資産に対する代表として利用される	・暗号資産 ・ユーティリティトークン ・ステーブルコイン ・ガバナンストークン
ERC-721 （Non-Fungible Token）	・各トークンは固有の値と属性を持つ ・他のすべてのトークンとは異なる（non-fungible） ・各トークンは独自のメタデータを持つことができ、これを通じてアートワークや不動産などをリンクさせることができる ・アセット保有の証明や、保有者固有のデジタル資産として扱われる	・デジタルアート ・メタバース上の不動産 ・メディアコンテンツ（画像、動画） ・スニーカー、不動産などのReal World Asset（RWA）
ERC-1155 （Multi Token Standard）	・複数のトークンタイプを単一のコントラクトで管理可能 ・ERC-20とERC-721を組み合わせたような機能を持つ ・各トークンは独自性（non-fungible）を持つこともあり、同一性（fungible）を持つこともある ・ゲームアセットやコレクティブアイテムのような多様なデジタルアセットを効率的に管理できる	・カードゲーム、ゲームアイテム ・チケット

これまで説明してきたように、ERC-721はシンプルな規格となっていま

すが、実際のアプリケーションではNFTに対してさまざまな追加要件が発生します。たとえば、チケットをNFTで発行する場合は有効期限を持たせることが予想されますし、カードゲームではカードNFTに追加特典を付与したくなるかもしれません。このようなNFTに付随する追加要件を実現するためには、ERC-721を拡張し、オンチェーンでの機能実装をすることが考えられます。ERCにはこのようなERC-721を拡張する規格も多く提案されており、Finalと呼ばれる標準規格化されたステータスにいたるものも多くあります。

表4.4にあげるのは、標準規格化されたERC-721の拡張仕様です。

表4.4　ERC-721に関連するERCの一覧

標準	特徴
ERC-1046	・ERC-20トークンに関して、ERC-721と同様のtokenURIの機能を追加してERC-721と相互運用することを狙った規格
ERC-2309	・ERC-721をバッチ転送（たとえばtokenId 1~100を一気に、あるユーザーに転送するなど）した場合の標準的なイベントを定義している
ERC-2981	・ERC-721に対して、本Contractを継承させることでロイヤリティ情報を持たせる規格 ・支払いが強制される規格ではなく、マーケットプレイスなどでこの情報を尊重してロイヤリティ支払いがされることが狙い
ERC-3475	・オンチェーンに債権を表現するメタデータストレージを作成する規格 ・発行・償還の条件を定義し、ERC-20／721などのトークンと紐づけることで、発行・償還・二次流通などを管理可能とすることが狙い
ERC-3525	・ERC-721に対してSlotとValueというスカラー値を追加した規格 ・同じSlotにあるERC-721トークンに、互いに交換可能なValueを新たに定義することで、semi-fungible tokenを実現する
ERC-4400	・ERC-721を拡張し、tokenごとに保有者だけでなく消費者（consumer）を保持できるようにした規格 ・保有者とは別のユーザーに、NFTに紐づく権利やアクション（たとえばレンタルなど）を行えるようにすることが狙い
ERC-4519	・ERC-721を拡張し、物理的資産を表現するNFTのI/Fを定義している ・物理的資産のイーサリアムアドレスを保持し、IoTデバイスなどを念頭に置いた物理資産と保有者の追跡を可能とする規格
ERC-4906	・ERC-721を拡張し、メタデータが更新されたイベントを発行する規格
ERC-4907	・ERC-721を拡張し、保有者とは別のユーザーと有効期限を設定できる規格 ・保有者とは別のユーザーに、NFTに紐づく権利やアクションを有効期限付きで許可するなど、レンタルを念頭に置いている

ERC-4910	・ERC-721を拡張し、NFT間で階層的なロイヤリティ構造を定義する規格 ・本規格に準拠したNFTを売買することで、ロイヤリティを階層構造で定義された複数の受取人に支払うことが強制される
ERC-4955	・ERC-721のJSON メタデータのスキーマを拡張し、ベンダー固有のフィールドを追加するための標準規格
ERC-5007	・ERC-721のデータ構造に開始時間と終了時間を追加する規格 ・有効期限をNFTに持たせるような使い方が狙い
ERC-5169	・トークンの機能に関連する実行可能なスクリプトを指すためのscriptURIを追加する ・おもな目的は、スマートコントラクトの作者がクライアントスクリプトを通じてトークンにユーザー機能を提供したい場合に、そのスクリプトの場所を指定すること
ERC-5192	・トークンを「soulbound（魂に結びつけるもの）」として扱うための最小限のインターフェースを提供する。このようなトークンをSBTと呼ぶ ・SBTは単一のアカウントに束縛された非代替可能なトークンを指し、本人と結びついた強い証明性を持つとされる
ERC-5375	・NFTの作者情報と作者の同意に関する拡張 ・作者の名前、アドレス、および作者の同意の証明を提供するインターフェースをauthorInfoに提供する ・NFTを作成するユーザーが作者と一致するとは限らない状況のときに、authorInfoに作者の署名を含めた情報を入れる
ERC-5380	・所有者が他のアドレスにトークンの限定的な使用を許可する新しいインターフェースの提案 ・トレーディングカードなどにおいて、ゲーム内で保有していないが、レンタルなどでその機能の一部を利用するケースを想定 ・トークンの特定のプロパティを他のアドレスに付与（entitle）するためのインターフェースを備える
ERC-5484	・SBTの焼却（burn）を許可された主体のみ実施可能とする仕様 ・たとえば資格証明のようなものを発行団体側から無効化するようなケースを想定
ERC-5489	・NFTにハイパーリンクを埋め込むための規格 ・リッチテキスト、ビデオ、画像など「高度にカスタマイズされた添付物」としてハイパーリンクを使用し、NFT上でこれらの添付物を添付、編集、表示するインターフェースを提供する
ERC-5507	・ERC-20、ERC-721およびERC-1155トークンに初期トークンオファリングのための返金機能を追加する ・資金は、返金可能になるまでの所定時間が経過するまでエスクローに保持される
ERC-5606	・複数の関連するNFTをグルーピングする規格 ・デジタルアセットのインデックス化と所有権を可能にするマルチバースNFT標準として提案

ERC-5679	・NFTの作成（safeMint）と破棄（burn）に関する一貫した方法を定義する規格 ・ERC-721関連では、safeMint／burnの実装が本規格に適合したトークンとなる
ERC-5773	・ユーザーの出力端末により、出力される形式を変更するための規格 ・たとえばトークンがe-bookリーダーで開かれた場合はPDFアセットが表示され、マーケットプレイスで開かれた場合はPNGやSVGアセットが表示されるなどといった制御の標準規格
ERC-6059	・NFT同士でネストされた木構造の親子関係を定義できるようにする規格
ERC-6066	・NFTが署名を行った場合の署名の検証方法を規格化したもの ・たとえば「CEO」の役割をNFTで表現し、そのNFTがその他さまざまなトランザクションの署名を行うケースを想定している
ERC-6150	・NFTにファイルシステムのような階層化構造を付与する仕様 ・ディレクトリごとの転送などの実現が可能となる
ERC-6220	・NFTに選択的に部品を追加することを可能とする ・他のNFTを自分のNFTの部品として装備するような使い方ができるようになる
ERC-6239	・SBTのメタデータにW3Cで標準化されているResource Description Framework（RDF）を導入することで、ERC-721およびERC-5192を拡張する
ERC-6454	・NFTが転送可能かどうかを確認するインターフェースを新たに定義する
ERC-6672	・NFTに対して、複数回の「償還」を可能とする規格 ・例として、限定グッズ付きのコンサートチケットなど、1つのNFTに複数の特典が付いているユースケースを想定している

4.4 NFTマーケットプレイスの業界標準

NFTマーケットプレイスの実現にはいくつかの方法が考えられます。たとえば、クレジットカードによる決済の対価としてNFTが所定のアドレスに転送されるような仕組みも、NFTマーケットプレイスと呼ぶことができるでしょう。

本書においてはNFTマーケットプレイスを「スマートコントラクトを活用

し、トークンとの交換によりNFTを取得できる分散型のプラットフォーム」と定義し、以降特別な注釈がない限り、NFTマーケットプレイスとはこの定義を指すこととします。

2023年12月の時点で、NFTマーケットプレイスを実現するスマートコントラクトにERC-721のような標準規格はありません。NFTマーケットプレイスを展開するプラットフォーマーは、各々オリジナルのマーケットコントラクトを実装している状況です。

OpenSeaは2017年に設立され、NFTマーケットプレイスの中で主要なプレイヤーであり、自らのマーケットプレイスで利用しているスマートコントラクトを公開しています。2023年12月時点で最も取引量が多いBlurマーケットプレイスも、OpenSeaが採用しているマーケットプレイスコントラクトと似たような仕組みを実装しています。

本節では、実質的なNFTマーケットプレイスの業界標準として、OpenSeaが2021年まで採用していたWyvern Protocolというマーケットプレイスコントラクトと、Seaportと呼ばれる現在採用されているマーケットプレイスコントラクトの仕組みを紹介します。

4.4.1 マーケットプレイスコントラクトの概観

Wyvern ProtocolもSeaport Protocolも抽象的に見ると同様の構成となっており、

① NFTの売買注文書を発注者が署名する
② 発注者が注文書を中央デ--タベースに公開する
③ 決済者が署名付き注文書を取得し、スマートコントラクトに送付することで売買を成立させる

という流れになっています(図4.2)。

これを念頭において、Wyvern ProtocolおよびSeaport Protocolで実装されているマーケットコントラクトを具体的に説明していきます。

図4.2　NFTマーケットプレイス概略

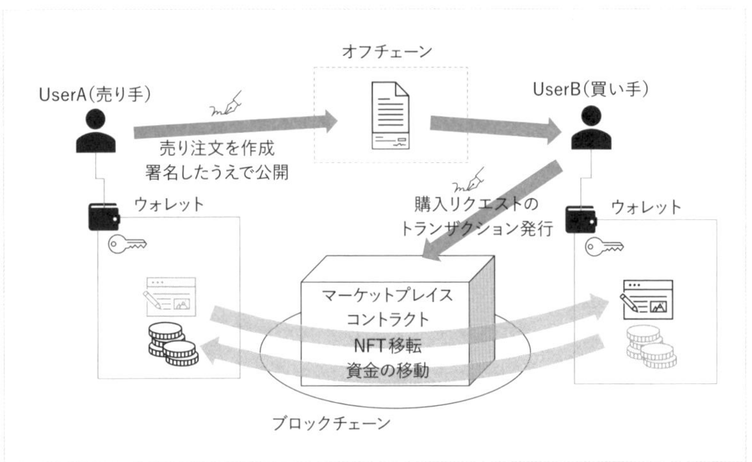

4.4.2　Wyvern Protocol

Wyvern Protocolは、2022年の初頭ごろまでOpenSeaマーケットプレイスで採用されていたNFT売買のプロトコルおよびそのコントラクト実装です。

ここでは、OpenSeaで実際に稼働していたWyvern Protocol v2のWyvernExchangeコントラクトおよびWyvernProxyRegistryコントラクト、AuthenticatedProxyコントラクトを念頭に説明します。この3つのコントラクトの役割は表4.5のようになります。

表4.5　Wyvern Protocolの各スマートコントラクト

コントラクト	役割	代表的なメソッド
Wyvern Exchange	マーケットプレイス機能の本体。注文データを受け付けてNFT売買処理を行う	atomicMatch：注文データを受け取り、NFT売買処理を行う approveOrder：注文データの作成者がこのメソッドを呼び出すことで、第三者がその注文を約定できるようになる cancelOrder：任意の署名付き注文データを売買が成立しないようにキャンセルとして記録する

WyvernProxy Registry	WyvernExchangeコントラクトにおいて、売買に伴うNFT移転をより安全な方法で行う仕組みを提供する。具体的にはユーザーの代わりに、そのユーザー専用のNFT移転コントラクト(AuthenticatedProxy)を作成する。WyvernExchangeコントラクトにおけるNFT移転において、NFT保有者に対応するAuthenticatedProxyが利用されるように取り持つ	registerProxy：NFT保有者がこのメソッドを呼び出すことで、対応するAuthenticatedProxyを作成する
Authenticated Proxy	NFT保有者ごとに作成される、NFT移転を取り持つコントラクト。WyvernProxyRegistryコントラクトから作成され、NFT保有者とWyvernExchangeコントラクトのみからの命令を受け付ける。NFT保有者はいつでもWyvernExchangeコントラクトからのアクセス権を取り消すことができる。NFT保有者は作成したAuthenticatedProxyに対して、NFTの操作をapproveする必要がある	Proxy：おもにWyvernExchangeコントラクトから呼び出され、NFTのtransferを代替処理する setRevoke:：NFT保有者からの呼び出しで、WyvernExchangeコントラクトからのアクセス権を剥奪する

具体的にNFTの出品および購入においては、図4.3のようなシーケンスで各コントラクトが連携し売買が成立していきます。

Wyvern Protocolでは、売主署名済みの売り注文データと、買主署名済みの買い注文データをatomicMatchに指定して売買を成立させる仕組みを取っており、atomicMatchは売主、買主のどちらでも発行できます。よって、買い注文データを先に公開し、売主がatomicMatchすることでオークションのような仕組みを実現することもできます。

図4.3　Wyvern Protocolにおける出品から購入までの基本的な処理の流れ

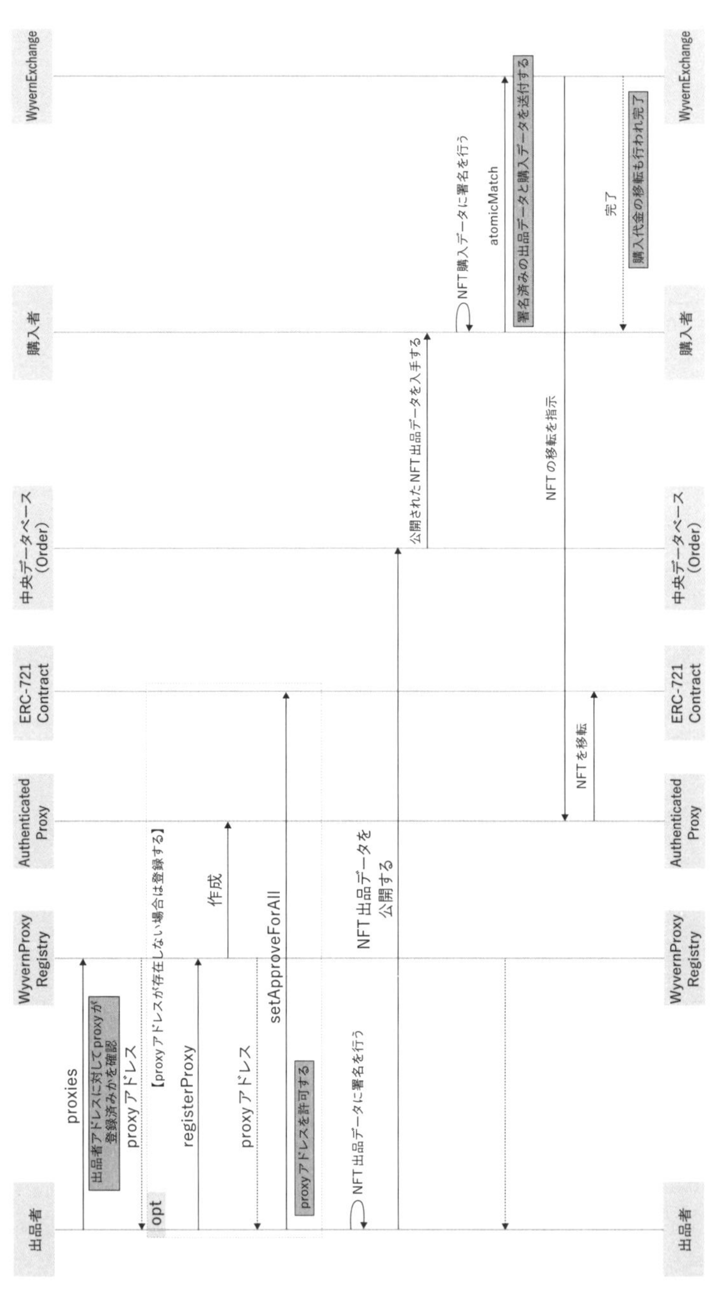

COLUMN

NFTマーケットプレイスにおける「分散」について

OpenSeaをはじめとした多くのNFTマーケットプレイスでは、注文データを公開するにあたり、中央データベースを利用しています。この構成については、中央データベースがなんらかの原因で利用不可になると、マーケットプレイスとしては機能しなくなるという指摘もあり、十分な分散システムではないという意見もあります。一方で、注文データの公開をオフチェーンで行うことにより、スケーラビリティやNFT売買における統制を可能にしている面もあります。Web3の議論において、よく非中央集権・完全な分散システムといった論調を目にすることもありますが、実プロジェクトにおいてオンチェーンでプロトコル化されているものは、アプリケーション全体の一部分であったりします。Web3関連のサービスの理解を深めるうえで、プロトコル化（＝オンチェーンにおけるコントラクト実装）の範囲がどこなのか見極めることが助けになると考えられます。なお、Zora[※57]といったプロジェクトでは注文データの公開もオンチェーンで行い、より完全な分散型NFTマーケットプレイスを目指す試みもされています。

4.4.3 Seaport Protocol

Seaport Protocolは2022年に入ってからWyvern Protocolに代わり、OpenSeaにおけるNFT売買で利用されるようになりました。これには以下のような理由があります。

- NFT売買にかかるガス代の圧縮
- 複数のNFTを一度の売買で購入できるような改善
- Wyvern Protocolで必須となっていたNFT売り手によるProxy配備の撤廃による初期手数料の削減

Seaport Protocolにおける主要なContractは表4.6になります。

※57 https://zora.co/

表4.6　Seaportプロトコルにおけるスマートコントラクト

コントラクト	役割	代表的なメソッド
Seaport	マーケット機能の本体。注文データを受け付けてNFT売買処理を行う	fulfillOrder：注文データを受け取り、NFT売買処理を行う fulfillAvailableOrders：複数の注文データを受け取り、有効な注文データの売買処理を一括で処理する cancel：複数の注文データを受け付け、一括で売買不可とする。cancelは発注者および指定があった場合は、Zoneコントラクトから受け付ける incrementCounter：注文データは設定されたカウントに対して、一定以上のカウントでないと売買不成立となる。売買不成立となるカウントを増やす
ConduitController	Seaportコントラクトにおいて、売買に伴うNFT移転をより安全な方法で行う仕組みを提供する。ConduitControllerで作成可能なConduitにはchannelと呼ばれるNFTなどの移転を許可するアドレスを設定でき、Conduit保有者はいつでもオープン・クローズが設定できる。NFT売買時にオプショナルで指定可能なconduitKeyと呼ばれるConduit識別子を提供すると、Conduit経由でのNFT移転となる。 NFT保有者は売買時に指定するConduitに対して、NFTの操作をapproveする必要がある	createConduit：conduitKeyと呼ばれるConduitの識別子とConduitの保有者を指定し、Conduitを作成する updateChannel：ConduitからNFTを操作できる対象（=channel）について、Open／Closeを切り替える
Zone	注文データにZoneのアドレスを含めることで、Zoneコントラクトからの注文キャンセルが可能になる。また制限付き注文の場合は、Seaportコントラクトにおける売買時にZoneコントラクトが呼び出され、指定された条件に合致しない売買をキャンセルさせることができる	validateOrder：制限付き注文データにZoneが設定されていた場合に、Seaportコントラクトから呼び出される

NFTの出品および購入においては、図4.4のようなシーケンスで各コントラクトが連携し売買が成立していきます。

図4.4　Seaportプロトコルにおける出品から購入までの基本的な流れ

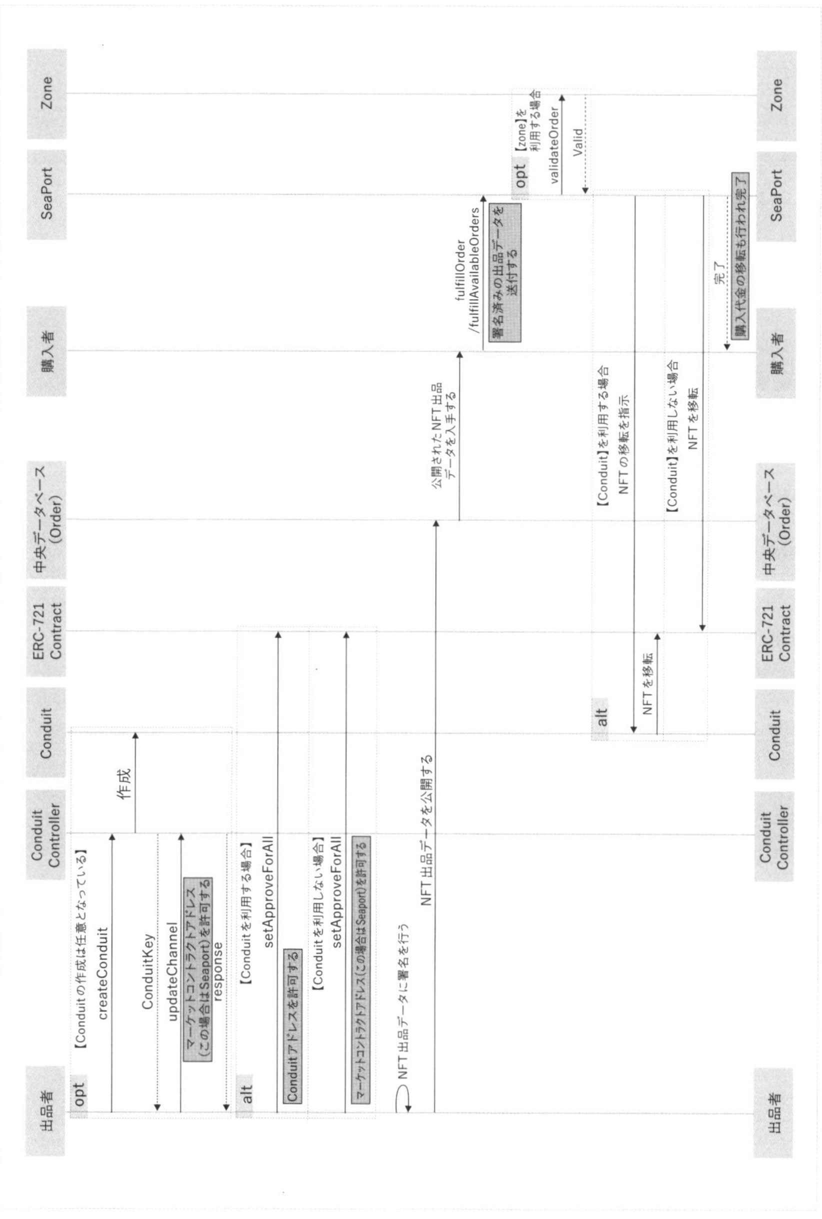

Seaport Protocolは、複数の注文データを一括で処理できるようになった点に加えて、Conduit、Zoneの仕組みで柔軟にNFT売買をコントロールで

きるようになったことも特徴としてあげられます。注文データも柔軟に組み立てることができ、複数のNFTを1つの注文内で売りに出すこともできます。また、売り対象をネイティブトークンやERC-20トークンとし、対価としてNFTを受け取るというような注文を作成することで、NFTオークションを実現することもできます。

次章では、このSeaport Protocolを利用してNFTマーケットプレイスを開発していきます。

参考資料：

Project Wyvern Ethereum Smart Contracts
https://docs.projectwyvern.com/

Seaport Overview
https://docs.opensea.io/reference/seaport-overview

Hyperstructures（ZoraのファウンダーであるJacobによるブログ）
https://jacob.energy/hyperstructures.html

Nouns DAO
https://nouns.wtf/

Nouns Tokenにおけるオンチェーンデータ保持のコントラクト
https://github.com/nounsDAO/nouns-monorepo/blob/master/packages/nouns-contracts/contracts/NounsDescriptorV2.sol

第5章

NFTマーケットプレイス開発

本章では、NFTを生成のうえ売買できるNFTマーケットプレイスの簡易なプロトタイプ開発を経て、NFTおよびNFTマーケットプレイス開発への理解を深めます。

5.1 NFTマーケットプレイスの全体設計

今回作成するNFTマーケットプレイスは、第3章で作成したサンプルアプリケーションを拡張し、開発を進めます。

本章の開発により、アプリケーションでNFTを作成し、売買できるようなマーケットプレイスを構築することを目標にしたいと思います。

まず、NFTマーケットプレイス機能を拡張するために、サンプルアプリケーションに追加するスマートコントラクトは次の2つになります。

- NFTコントラクト（OpenZeppelin v4.9.3 ERC 721）
- マーケットプレイスコントラクト（Seaport v1.5）

NFTコントラクトには、第3章でも言及したOpenZeppelinを利用します。OpenZeppelinでは、ERC-721で定義されているインターフェースの実装だけでなく、アクセスコントロールや参照機能の強化など、追加的な実装も提供してくれています。次節にて詳しく説明します。

マーケットプレイスコントラクトには、前章で説明したOpenSeaがオープンソースで公開しているSeaport contractを利用して開発を進めます。

マーケットプレイスへの出品情報はオフチェーンで保持する仕組みとし、簡易的にNext.jsのサーバーサイド機能を利用して保持することとします。OpenSeaをはじめとした多くのマーケットプレイスでも出品情報は中央データベースに保管されており、マーケットプレイスごとのバックエンドシステムに保持されています。

以上を踏まえたアプリケーションの全体構成は、図5.1の通りです。

図5.1　サンプルアプリケーション全体構成

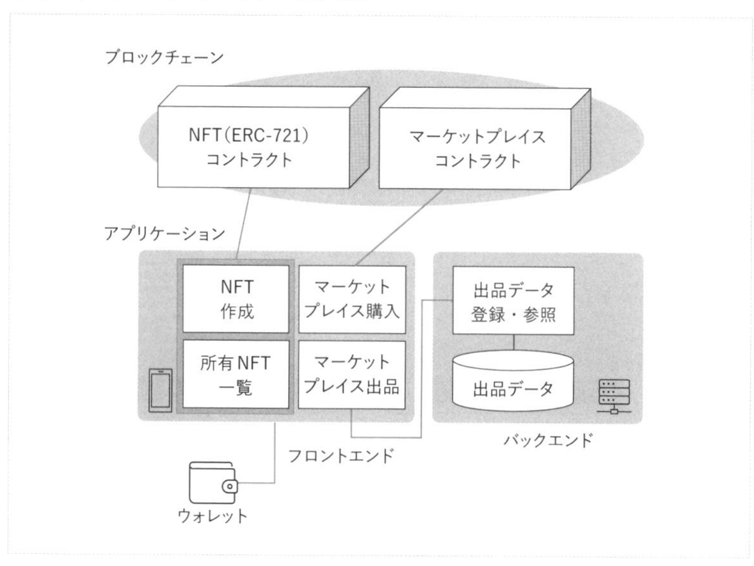

フロントエンドアプリケーションでは、おもに以下の機能を開発していきます（表5.1）。

表5.1　サンプルアプリケーション機能一覧

機能名	概要
NFT作成	NFTスマートコントラクトにトランザクションを発行し、発行者を保有者とするNFTを作成する
所有NFT一覧	NFTスマートコントラクトの情報を参照し、ユーザーが保有するNFTをリストアップする
マーケットプレイス出品	自身が保有するNFTの出品情報を作成し、中央データベースに出品登録する
マーケットプレイス購入	中央データベースに登録されている出品情報を閲覧し、好きなNFTを購入できるようにする

5.2 NFTマーケットプレイス開発の流れ

NFTマーケットプレイス開発は、NFTを取り扱うための開発とNFTを売買するための開発とに大きく2つに分けて進めていきます（図5.2）。

図5.2　全体システム構成と本章の節との対応

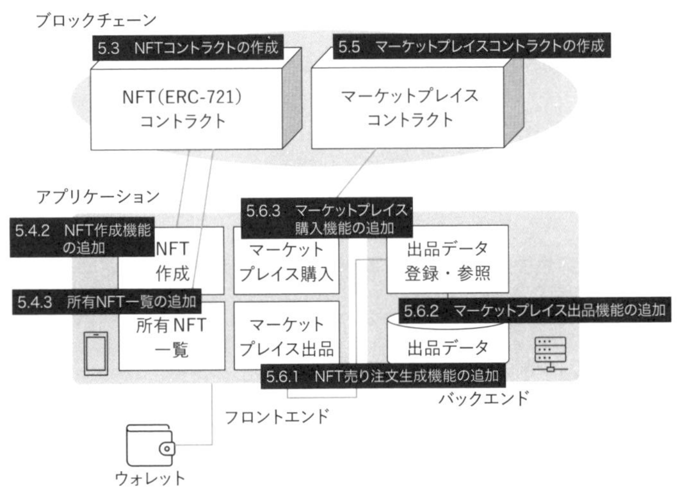

開発のための技術スタックには引き続き、スマートコントラクトの開発にHardhatを利用します。アプリケーションの開発には、Next.js上でUI ComponentライブラリであるMantineとブロックチェーンの接続にethers.jsを活用して開発を進めていきます。

また、NFTマーケットプレイス開発で新たにOpenSeaが公開するSeaportコントラクトライブラリと、アプリケーションでSeaportコントラクトと効率的にやり取りするためのライブラリであるseaport-jsを導入します。詳細は「5.6 NFT出品、購入機能の作成」で説明します。

5.3 NFTコントラクトの作成

ここからは、第3章で作成したブロックチェーン・アプリケーションにさまざまなソースコードを追加していきます。VSCodeでフォルダを開いて準備してください。

図5.3のように、左側のエクスプローラーに表示している“contracts”フォルダを右クリックし、「新しいファイル」を選択し、NFTのスマートコントラクトのソースを追加します。Solidityのコードになるので、ここでは「MyERC721.sol」としましょう。

図5.3　NFTスマートコントラクトを追加したあとのエクスプローラー

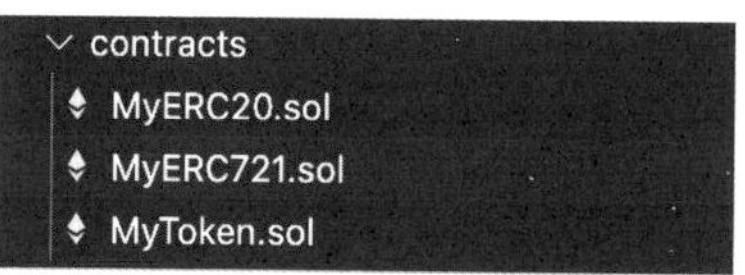

今回実装するNFTはOpenZeppelinを利用します。「MyERC721.sol」のコードは以下のようになります（リスト01）。

リスト01　ERC721コントラクトの追加（./contracts/MyERC721.sol）

```
// SPDX-License-Identifier: UNLICENSED
// Solidityのバージョンを定義
pragma solidity ^0.8.0;

// スマートコントラクトにRBACを追加する
import "@openzeppelin/contracts/access/AccessControl.sol";
// NFTにメタ情報格納先URIを返却する機能を提供する
import "@openzeppelin/contracts/token/ERC721/extensions/ERC721URIStorage.sol";
// 所有者ごとのtokenIdを返却する機能を提供する
import "@openzeppelin/contracts/token/ERC721/extensions/ERC721Enumerable.sol";

contract MyERC721 is ERC721URIStorage, ERC721Enumerable, AccessControl {
    // @dev tokenIdを自動インクリメントするためのカウンター , default: 0
    uint256 private _tokenIdCounter;
```

```
    // @dev このNFTを作成できる権限を表す定数
    bytes32 public constant MINTER_ROLE = keccak256("MINTER_ROLE");

    /**
     * @dev 継承したOpenZeppelin ERC721.solのコンストラクタが呼び出される
     * その後コントラクトをデプロイしたアカウントにMINTER_ROLEを付与しNFT作成が
     できるようにする
     * _nameはこのNFTの名前を示し、_symbolはこのNFTのトークンとしてのシンボルを
     示す
     * たとえば、このNFTを保有している場合 1<シンボル名>といった表記となること
     が一般的
     */
    constructor (string memory _name, string memory _symbol)
        ERC721(_name, _symbol) {
        // NFTスマートコントラクトをデプロイしたアカウントにNFT作成を可能とする
        ロールを付与する
        _grantRole(MINTER_ROLE, _msgSender());
        // ロール管理者のロールも付与しておく
        _grantRole(DEFAULT_ADMIN_ROLE, _msgSender());
    }
    /**
     * @dev このNFTを作成する関数
     * 呼び出しがされると、toに格納されたアドレスが作成されたNFTの保有者となる
     * _tokenURIには、作成するNFTのmetadataが示されるjsonファイルのURIを格納する
     * 前提条件:
     * - _to: NFTが受け取り可能である、つまり有効なアドレスであること
       (OpenZeppelin ERC721の実装によりチェックされる)
     */
    function safeMint(address to, string memory _tokenURI) public onlyRole(MINT
ER_ROLE) returns (uint256) {
        uint256 tokenId = _tokenIdCounter;
        _tokenIdCounter += 1;
        _safeMint(to, tokenId);
        _setTokenURI(tokenId, _tokenURI);
        return tokenId;
    }

    // 以下はオーバーライドした関数

    // NFTのmetadataを示すjsonファイルのURIを返却する。オーバーライドが求められ
    るが、今回はERC721URIStorageの標準実装のままとするため継承元呼び出しのみと
    なる
    function tokenURI(uint256 tokenId) public view override(ERC721, ERC721URISt
orage) returns (string memory) {
```

```
        return super.tokenURI(tokenId);
    }

    // OpenZeppelin ERC721で提供される、NFTの作成やtransferのときに呼び出される hook
    // ERC721EnumerableでNFT保有者ごとの保有NFTのインデックスが作成される処理が標準実装されているため、継承元呼び出しのみとなる
    // Contractの外部からは呼び出しができない、内部関数となる
    function _beforeTokenTransfer(address from, address to, uint256 tokenId, uint256 batchSize) internal override(ERC721, ERC721Enumerable) {
        super._beforeTokenTransfer(from, to, tokenId, batchSize);
    }

    // NFTをburn（焼却）するための関数でERC721URIStorageによりオーバーライドが強制される
    // 今回は、NFT焼却機能は外部提供しないため、継承元呼び出しのみとする
    // Contractの外部からは呼び出しができない、内部関数となる
    function _burn(uint256 tokenId) internal override(ERC721, ERC721URIStorage) {
        super._burn(tokenId);
    }

    // ERC-165で定義されている、スマートコントラクトが特定のインターフェースをサポートしているかを確認するための関数
    function supportsInterface(bytes4 interfaceId) public view virtual override(AccessControl, ERC721Enumerable, ERC721URIStorage) returns (bool) {
        return super.supportsInterface(interfaceId);
    }
}
```

ファイル作成後に、コンパイルして問題がないことを確認します（リスト02）。

リスト 02 Hardhatによるスマートコントラクトのコンパイル

```
% npx hardhat compile
```

ここで利用しているOpenZeppelinのコントラクトについて説明します。

表5.2　NFTコントラクトに利用しているOpenZeppelinコントラクト

利用しているOpenZeppelinコントラクト	概要
AccessControl	スマートコントラクトにロールベースのアクセスコントロール（RBAC）が追加できるようになる。たとえば、企業での給与情報について「一般社員」は自身の給与のみ確認可能だが、「人事責任者」は全員の給与テーブルを参照可能といった制御を実現する。具体的にはowner、operator、adminなどロールを示す定数を用意し、「onlyRole」という修飾子を関数に指定することでアクセスコントロールが実現できる
ERC721URIStorage	ERC-721規格において必須となる転送や保有者確認といったInterfaceの実装と、同じくERC-721規格においてはオプションとなっているmetadata extensionと呼ばれるNFTメタデータの情報を管理するInterfaceに対する実装を提供する。 このコントラクトを継承することで、転送、保有者確認、NFTのメタデータJSONファイルを示すURI取得といったNFTの基本的な機能を提供することが可能となる
ERC721Enumerable	ERC-721規格において、オプションとなっているenumerable extensionの実装を提供する。具体的には、現在作成されているNFTの総量を返却するtotalSupply、全量に対してx番目のtokenIdを返却するtokenByIndex、保有者ごとにx番目のtokenIdを返却するtokenOfOwnerByIndexの3つが実装されている

表5.2のように、ERC-721で定義されるほとんどの機能を、OpenZeppelinのERC721系のコントラクトを継承することで実現できます。一方で、NFT作成や削除については、ユースケースによって実装がそれぞれ異なるため、開発者に実装が委ねられています。OpenZeppelinでは_mintや_burnなどといった内部関数のみを提供しており、ユーザーから実行可能なNFT作成や削除といった処理は、これらの内部関数を組み合わせて実装することが一般的です。

続いて、作成したNFTコントラクトのテストコードを追加します。次のテストコードMyERC721.tsを./testフォルダ直下に新規作成してください（リスト03）。

リスト03　**MyERC721のテストコード（./test/MyERC721.ts）**

```
import { loadFixture } from "@nomicfoundation/hardhat-network-helpers";
import { expect } from "chai";
import { ethers } from "hardhat";
```

```
describe("MyERC721", function () {
  async function deployFixture() {
    const [owner, account1] = await ethers.getSigners();
    const MyERC721Factory = await ethers.getContractFactory("MyERC721");
    const MyERC721 = await MyERC721Factory.deploy('TestNFT', 'MYNFT');
    return { MyERC721, owner, account1 };
  }

  describe("初期流通量とNFT作成のテスト", function () {
    it("初期流通量は0", async function () {
      const { MyERC721 } = await loadFixture(deployFixture);
      expect(await MyERC721.totalSupply()).to.equal(0);
    });
    // MyERC721を作成するテスト
    it("MyERC721を作成するテスト", async function () {
      const { MyERC721, account1 } = await loadFixture(deployFixture);
      // NOTE: Contractに関して特に明示的なconnectメソッドの呼び出しがなければ、
      ownerアカウントによるTx発行となる
      await MyERC721.safeMint(account1.address, 'https://example.com/nft1.json');
      // account1が所有するNFT数が1つ増えていることの確認
      expect(await MyERC721.balanceOf(account1.address)).to.equal(1);
      // NFTコントラクト全体でも作成されたNFT総量が1つ増えていることの確認
      expect(await MyERC721.totalSupply()).to.equal(1);
    });
    // account1からは作成ができないことの確認
    it("account1からは作成ができないことの確認", async function () {
      const { MyERC721, account1 } = await loadFixture(deployFixture);
      // hardhat-chai-matcherの機能を使ってTxが意図したエラーでRevertされること
      を確認
      await expect(
        MyERC721.connect(account1).safeMint(account1.address, 'https://example.
com/nft1.json')
      ).to.be.revertedWith(/AccessControl: account .* is missing role .*/);
    });
  });
  // MyERC721をtransferするテスト
  describe("MyERC721をtransferするテスト", function () {
    it("MyERC721をtransferするテスト", async function () {
      const { MyERC721, owner, account1 } = await loadFixture(deployFixture);
      // account1を保有者とするNFTを作成する
      const txResp = await MyERC721.safeMint(account1.address, 'https://examp
le.com/nft1.json');
      // TransferイベントからtokenIdを特定する
```

```
    const logs = await MyERC721.queryFilter(MyERC721.filters.Transfer());
    const tokenId = logs.find( log => log.transactionHash == txResp.hash)!.
args[2];
    // account1からownerへtransfer
    await MyERC721.connect(account1).transferFrom(account1.address, owner.add
ress, tokenId);
    // NFTの保有者がownerに変更されることの確認
    expect(await MyERC721.ownerOf(tokenId)).to.equal(owner.address);
  });
  it("account1からowner保有のNFTはtransferができないことの確認", async functi
on () {
    const { MyERC721, owner, account1 } = await loadFixture(deployFixture);
    // ownerを保有者とするNFTを作成する
    const txResp = await MyERC721.safeMint(owner.address, 'https://example.
com/nft1.json');
    // TransferイベントからtokenIdを特定する
    const logs = await MyERC721.queryFilter(MyERC721.filters.Transfer());
    const tokenId = logs.find( log => log.transactionHash == txResp.hash)!.
args[2];
    // hardhat-chai-matcherの機能を使ってTxが意図したエラーでRevertされること
    を確認する
    await expect(
      MyERC721.connect(account1).transferFrom(owner.address, account1.addre
ss, tokenId)
    ).to.be.revertedWith('ERC721: caller is not token owner or approved');
  });
  it("NFT保有者がapproveすればaccount1からもNFTをtransferできることの確認",
async function () {
    const { MyERC721, owner, account1 } = await loadFixture(deployFixture);
    // ownerを保有者とするNFTを作成する
    const txResp = await MyERC721.safeMint(owner.address, 'https://example.
com/nft1.json');
    // TransferイベントからtokenIdを特定する
    const logs = await MyERC721.queryFilter(MyERC721.filters.Transfer());
    const tokenId = logs.find( log => log.transactionHash == txResp.hash)!.
args[2];
    // ownerが保有するすべてのNFTについて、account1による操作をapproveする
    await MyERC721.connect(owner).setApprovalForAll(account1.address, true);
    // approveされたaccount1が、owner保有のNFTをtransferする
    await MyERC721.connect(account1).transferFrom(owner.address, account1.add
ress, tokenId);
    // NFTの保有者がaccount1に変更されることの確認
    expect(await MyERC721.ownerOf(tokenId)).to.equal(account1.address);
  });
 });

});
```

テストコードの内容を説明します。

6行目のdeployFixtureは各テストにおいて、NFTコントラクトのデプロイとHardhatで用意してくれるテストアカウントを2つ返却するために用意しています。なお、getSignersメソッドにより返却されるテストアカウントの1番目のアカウントが、コントラクトのデプロイやコントラクトへのトランザクション発行においてデフォルトで利用されるアカウントとなります。

34行目付近の「account1からは作成ができないことの確認」というテストですが、MyERC721.solのsafeMintメソッドはOpenZeppelinのAccessControlコントラクトのonlyRole構文により、MINTER_ROLE※58が付与されたアカウントしか実施できない制御がされています。MINTER_ROLE はMyERC721コントラクトをデプロイしたアカウントに付与されており、ownerアカウントはMINTER_ROLEを保持しています。一方、account1アカウントはMINTER_ROLEを保持していないので、ownerアカウントはsafeMintを実施できますが、account1はsafeMintを実施できないことになります。

なお、ロールの付与はAccessControlコントラクトのgrantRoleを呼び出すことで設定ができます。ただし、grantRoleを実行できるのはDEFAULT_ADMIN_ROLE※59というロールが付与されているアカウントであることに注意してください(もう少し細かく言うと、grantRoleできる管理用ロール自体も変更できます。詳しくはOpenZeppelinのAccessControlのドキュメント※60を参照してください)。

次に、68行目付近のテスト「NFT保有者がapproveすればaccount1からもNFTをtransferできることの確認」に注目してください。通常NFTをtransfer = NFTの保有者を変更するには、そのNFTの保有者である必要があります。ただし、ERC-721で用意されているSetApprovalForAllを利用すれば、自分が保有しているNFTの転送など、その他の処理を他のアカウントに許可することができます。

テストが正常に実行され、すべてのテストがパスしていることを確認して

※58 OpenZeppelin AccessControlコントラクトの機能を利用して、MyERC721コントラクトで定義したロールの1つです。本文中の説明の通り、NFT作成が可能なアカウントを制御するためのロールとなっています。

※59 AccessControlコントラクト自体に最初から定義されているロールです。DEFAULT_ADMIN_ROLE自体を含めて、すべてのロールの許可と取り消しを実行できる権限を持つロールとなっています。

※60 https://docs.openzeppelin.com/contracts/4.x/access-control#role-based-access-control

ください（リスト04）。

リスト04 Hardhatによるテスト実行

```
% npx hardhat test ↵
(...省略...)
MyERC721
    初期流通量とNFT作成のテスト
      ✓ 初期流通量は0 (60ms)
      ✓ MyERC721を作成するテスト
      ✓ account1からは作成ができないことの確認 (62ms)
    MyERC721をtransferするテスト
      ✓ MyERC721をtransferするテスト (57ms)
      ✓ account1からowner保有のNFTはtransferができないことの確認 (44ms)
      ✓ NFT保有者がapproveすればaccount1からもNFTをtransferできることの確認
        (58ms)
(...以下略...)
```

最後に、開発用ブロックチェーンネットワークに作成したNFTコントラクトをデプロイするコードを追記します。次に示す太字部分を./scripts/deploy-local.tsに追記してください（リスト05）。

リスト05 デプロイスクリプト（./scripts/deploy-local.ts）

```
import { ethers } from "hardhat";

async function main() {
  const myToken = await ethers.deployContract("MyToken");
  await myToken.waitForDeployment();
  console.log(`MyToken deployed to: ${myToken.target}`);

  const myERC20 = await ethers.deployContract("MyERC20");
  await myERC20.waitForDeployment();
  console.log(`MyERC20 deployed to: ${myERC20.target}`);

  // NFT Contractをデプロイする
  const myERC721 = await ethers.deployContract("MyERC721", ['MyERC721',
  'MYERC721']);
  await myERC721.waitForDeployment();

  console.log(`myERC721 deployed to: ${myERC721.target}`);
}
```

```
// We recommend this pattern to be able to use async/await everywhere
// and properly handle errors.
main().catch((error) => {
  console.error(error);
  process.exitCode = 1;
});
```

Hardhatの開発用ブロックチェーンネットワークが起動していなければ、以下のコマンドを実行して起動しましょう（リスト06）。

リスト06 Hardhatによる開発用ブロックチェーンネットワークの起動

```
% npx hardhat node⏎

Started HTTP and WebSocket JSON-RPC server at http://127.0.0.1:8545/

Accounts
========
WARNING: These accounts, and their private keys, are publicly known.
Any funds sent to them on Mainnet or any other live network WILL BE LOST.

Account #0: 0xf39Fd6e51aad88F6F4ce6aB8827279cffFb92266 (10000 ETH)
Private Key: 0xac0974bec39a17e36ba4a6b4d238ff944bacb478cbed5efcae784d7bf4f2ff80

Account #1: 0x70997970C51812dc3A010C7d01b50e0d17dc79C8 (10000 ETH)
Private Key: 0x59c6995e998f97a5a0044966f0945389dc9e86dae88c7a8412f4603b6b78690d
(...以下略...)
```

開発用ブロックチェーンネットワークは起動したままとし、別のターミナルを起動するなどして、以下のコマンドを実行することでNFTコントラクトを開発用ブロックチェーンネットワークにデプロイします（リスト07）。

リスト07 スマートコントラクトのデプロイ

```
% npx hardhat run --network localhost scripts/deploy-local.ts⏎
```

正常に完了すると、ブロックチェーンネットワーク側のNFTコントラクトのデプロイが完了したメッセージが表示されます（addressやTransactionなどの値は各自の環境で変わります）（リスト08）。

リスト08 ブロックチェーンネットワークの出力

```
eth_sendTransaction
  Contract deployment: MyERC721
  Contract address:    0xe7f1725e7734ce288f8367e1bb143e90bb3f0512
  Transaction:         0x449195be9158fd912b16d9df9afdc91c0b249ae5894d56b9de4583
                       0ccf037c48
  From:                0xf39fd6e51aad88f6f4ce6ab8827279cfffb92266
  Value:               0 ETH
  Gas used:            3695380 of 30000000
  Block #2:            0x622b07305f592f688ca81b55511f0dec6ece41353d0590acf5fd2f
                       aaf072d183
```

「Contract address」にNFT Contractのアドレスが記載されています。Webアプリケーションから接続する際に必要となるのでメモをしておいてください。

これで、NFTコントラクトの作成は完了となります。

5.4 アプリケーションへのNFT関連機能の追加

これから前節で追加したNFTコントラクトを操作し、NFTを作成する機能および自分が保有するNFTを確認する機能をフロントエンドアプリケーションに追加していきます。その前に、下準備として以下を作成します。

- アプリケーションメニューの作成
- NFTのページやこのあと追加するマーケットプレイスのページに遷移するためのナビゲーションメニュー
- どのページからもMetaMask Walletに接続できるボタンの準備

リスト09は、./frontendをワーキング・ディレクトリとして作業を行っている前提です。

5.4.1 アプリケーションメニューの作成

まずは、どのページからもMetaMaskに接続し、コントラクト実行処理ができるようにReact Context APIを利用して、MetaMaskとの接続情報をアプリケーション全体で保持できるようにします。./frontendフォルダ直下にcontextというフォルダを新規作成し、次のファイルを追加してください(リスト09)。

リスト09 MetaMask接続情報の状態保持(./frontend/context/web3.context.tsx)

```
'use client';
import { Signer } from "ethers";
import React, { Dispatch, createContext, useState } from "react";

// アプリケーション全体のステートとして、MetaMaskのプロバイダー情報を保持する
export const Web3SignerContext = createContext<
  {
  signer: Signer | null;
  setSigner: Dispatch<Signer>;
  }
>({
  signer: null,
  setSigner: () => { }
});



// アプリケーションの各ページ、コンポーネントにステートへのアクセスを提供する
export const Web3SignerContextProvider = ({
  children,
}: {
  children: React.ReactNode;
}) => {
  const [signer, setSigner] = useState<Signer | null>(null);
  return (
  <Web3SignerContext.Provider value={{ signer, setSigner }}>
    {children}
  </Web3SignerContext.Provider>
  );
};
```

続いて、アプリケーションのナビゲーションメニューのコンポーネントを作成します(リスト10)。

リスト10 ナビゲーションメニューの追加
(./frontend/components/common/NavbarLinks.tsx)

```
import {
  NavLink
} from "@mantine/core";
import {
  IconHome2
} from "@tabler/icons-react";
import Link from "next/link";
import { useState } from 'react';

export const NavbarLinks = () => {
  // ナビゲーションメニューに表示するリンク
  const links = [
  {
    icon: <IconHome2 size={20} />,
    color: "green",
    label: 'Home',
    path: "/"
  }
];

  const [active, setActive] = useState(0);
  const linkElements = links.map((item, index) => (
  // Mantineのナビゲーションリンクのためのコンポーネントを利用
  <NavLink
    component={Link}
    href={item.path}
    key={item.label}
    active={index === active}
    label={item.label}
    leftSection={item.icon}
    onClick={() => setActive(index)}
  />
  ))
  return (
  <div>
    {linkElements}
  </div>
  );
};
```

このコンポーネントは、MantineのNavLinkコンポーネントを利用して、アプリケーション内でのページ遷移を実現します。Linksに各ページへのリンクを記載していくことで、縦にリンクメニューが表示されます。いまはホーム画面だけなので、中身は1つだけとなっています。

続いて、このナビゲーションメニューを画面左側、MetaMaskとの接続を行うボタンをアプリケーションヘッダーとして、画面上部に配置したアプリケーションメニューを作成します（リスト11）。

リスト11 アプリケーションメニューの追加（./frontend/components/common/AppMenu.tsx）

```
'use client';
import { AppShell, Burger, Button, Flex, Title } from '@mantine/core';
import { useDisclosure } from '@mantine/hooks';
import { NavbarLinks } from './NavbarLinks';
import { useContext, useEffect, useState } from 'react';
import { ethers } from 'ethers';
import { Web3SignerContext } from '@/context/web3.context';
import {
  IconWallet
} from "@tabler/icons-react";

export function AppMenu({ children }: { children: React.ReactNode }) {
  // モバイルの場合、アプリメニューがハンバーガーメニューとして開閉できるようになる
  const [opened, { toggle }] = useDisclosure(false);
  // アプリケーション全体のステータスとしてWeb3 providerを取得、設定する
  const { signer, setSigner } = useContext(Web3SignerContext);
  const [account, setAccount] = useState<string | null>(null);

  // signerが設定、変更されたら、アカウントを更新
  useEffect(() => {
  async function fetchAddress() {
    if (signer) {
    const address = await signer.getAddress()
    setAccount(address);
    }
  }
  fetchAddress();
  }, [signer]);

  // ボタンを押下したときに実行される関数
  const handleButtonClick = async () => {
```

```
  const { ethereum } = window as any;
  if (ethereum) {
    // Ethereumプロバイダーを取得
    const lProvider = new ethers.BrowserProvider(ethereum);
    // Ethereumプロバイダーから、アカウントを取得、React Context APIで作成した
    アプリケーション全体ステートに設定
    const lSigner = await lProvider.getSigner();
    setSigner(lSigner);
  }
}
  return (
  // MantineのApplication headerやmenuを作成するコンポーネントを利用
  <AppShell
    header={{ height: 50 }}
    navbar={{ width: 200, breakpoint: 'sm', collapsed: { mobile: !opened } }}
    padding="md"
  >
    {/* アプリケーションヘッダー */}
    <AppShell.Header
    style={{
      padding: '5px'
    }}>
    <Flex
      mih={40}
      gap="sm"
      justify="flex-start"
      align="center"
      direction="row"
      wrap="wrap"
    >
      <Burger opened={opened} onClick={toggle} hiddenFrom="sm" size="sm" />
      <Title style={{ paddingLeft: '5px' }} order={1} size="h3" >sample app
      </Title>
      {/* MetaMask Walletと接続するボタン、接続済みの場合はWalletアドレスが短縮
して表示される */}
      { signer ?
      <Button
        radius="xl"
        variant="default"
        leftSection={<IconWallet />}
        style={{ marginLeft: 'auto' }}>
        {account?.slice(0, 6) + '...' + account?.slice(-2)}
      </Button>
      :
```

```
        <Button onClick={handleButtonClick} style={{ marginLeft: 'auto' }}>
          Connect
        </Button>
        }
      </Flex>
      </AppShell.Header>

      {/* アプリケーション ナビゲーションメニュー（左側に表示） */}
      <AppShell.Navbar p={{ base: 5 }}>
      <NavbarLinks />
      </AppShell.Navbar>

      {/* アプリケーションメイン画面、URLごとのページが表示されます */}
      <AppShell.Main>
      {children}
      </AppShell.Main>
    </AppShell>
  )
}
```

最後に、ここまでで作成したソースコードをアプリケーション全体のレイアウトとして提供するために./frontend/app/layout.tsxのファイルを修正します。既存の内容はいったん削除し、次に示す通りに書き換えてみてください（リスト12）。

リスト12 アプリケーションレイアウトの修正（./frontend/app/layout.tsx）

```
import '@mantine/core/styles.css';
import './globals.css'
import type { Metadata } from 'next'

import { MantineProvider, ColorSchemeScript } from '@mantine/core';
import { AppMenu } from '@/components/common/AppMenu';
import { Web3SignerContextProvider } from '@/context/web3.context';

export const metadata: Metadata = {
  title: 'Blockchain Sample App',
  description: 'This is a sample app that demonstrates Web3 Blockchain featur
es.',
};

export default function RootLayout({
  children,
```

```
  }: {
  children: React.ReactNode
  }) {
  return (
  <html lang="en">
    <head>
    <ColorSchemeScript />
    </head>
    <body>
    {/* Mantineを利用するための設定 */}
    <MantineProvider defaultColorScheme="dark">
      {/* MetaMask情報をアプリ全体で共有するための設定 */}
      <Web3SignerContextProvider>
      {/* アプリ全体で共通のレイアウトを適用する */}
      <AppMenu>
        {children}
      </AppMenu>
      </Web3SignerContextProvider>
    </MantineProvider>
    </body>
  </html>
  );
}
```

ここまでのファイル追加により、フォルダ構成は次のようになっているはずです（図5.4）。

図5.4　アプリケーションメニューコンポーネントの追加

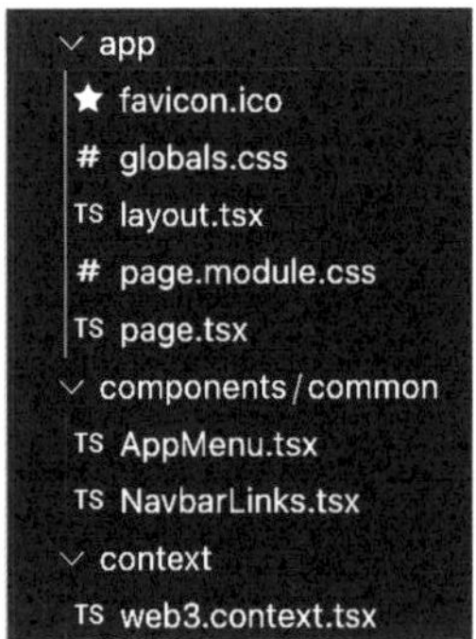

この状態で、アプリケーションを起動してみましょう（リスト13）。

リスト13 サンプルアプリケーションの実行

```
% npm run dev⏎
```

http://localhost:3000にWebブラウザで接続すると、図5.5のような画面が表示されます。

図5.5 メニュー追加後のサンプルアプリケーション

これで下準備は完了したので、NFT関連機能を追加していきます。

5.4.2 NFT作成機能の追加

NFTの機能を作成するにあたって、abiをスマートコントラクトのレポジトリからコピーします。./artifacts/contracts以下のすべてのフォルダを./frontend/abi以下にコピーしてください。

以下のようにコピーがされていることを確認します（図5.6）。

図5.6 NFTスマートコントラクトのabiのコピー

なお、スマートコントラクトのabiは「npx hardhat compile」コマンドを実行することで再作成できます。スマートコントラクトのファイルを修正した場合は、npx hardhat compileコマンドを再実行してabiも再作成してください。

続いて、NFT機能を実装するページをサンプルアプリケーションに追加します。

まずは、blockchainApp/frontend/appディレクトリ配下に「mynft」というディレクトリを追加してみましょう。次に、「mynft」ディレクトリの直下に「page.tsx」という空ファイルを作成します（図5.7）。

図5.7　mynftページ追加後

追加したmynft/page.tsxにNFTの作成機能を実装していきます。次のコードを新規作成したpage.tsxに追加します（リスト14）。

リスト14　MyNFTページの追加（./frontend/app/mynft/page.tsx）

```
'use client'
import { ethers } from 'ethers';
import { useContext, useEffect, useRef, useState } from 'react';
import artifact from '../../abi/MyERC721.sol/MyERC721.json';
import { Web3SignerContext } from '@/context/web3.context';
import { Alert, Avatar, Button, Card, Container, Group, SimpleGrid, Stack,
Text, TextInput, Title } from '@mantine/core';
import { IconCubePlus } from '@tabler/icons-react';

// デプロイしたMyERC721 Contractのアドレスを入力
const contractAddress = '0xe7f1725e7734ce288f8367e1bb143e90bb3f0512';
// NOTICE:各自アドレスが異なるので、確認・変更してください！【5.3節リスト08を参照】

export default function MyNFT() {

  // アプリケーション全体のステータスとしてWeb3 providerを取得、設定
  const { signer } = useContext(Web3SignerContext);

  // MyERC721のコントラクトのインスタンスを保持するState
  const [myERC721Contract, setMyERC721Contract] = useState<ethers.Contract | nu
ll>(null)

  // MyERC721のコントラクトのインスタンスをethers.jsを利用して生成
```

```
useEffect(() => {
// MyERC721コントラクトの取得
const contract = new ethers.Contract(
  contractAddress,
  artifact.abi,
  signer
);
setMyERC721Contract(contract);
// NFT作成フォームのデフォルト値として、現在のアカウントアドレスを設定
const fillAddress = async () => {
  if (ref.current) {
  const myAddress = await signer?.getAddress();
  if (myAddress) {
    ref.current.value = myAddress!;
  }
  }
}
fillAddress();
}, [signer]);

// Mintボタンを押したときにMyERC721Contractにトランザクションを発行し、NFTを
作成し自分のWalletに送信
const ref = useRef<HTMLInputElement>(null);
// NFT作成中のローディング
const [loading, setLoading] = useState(false);
// NFT作成処理
const handleButtonClick = async () => {
setLoading(true);
try {
  const account = ref.current!.value;
  // MyERC721コントラクトにNFT作成（safeMint）トランザクションを発行
  await myERC721Contract?.safeMint(account, 'https://example.com/nft.json');
  // 成功した場合はアラートを表示する
  setShowAlert(true);
  setAlertMessage(`NFT minted and sent to the wallet ${account?.slice(0, 6) +
'...' + account?.slice(-2)}. Enjoy your NFT!`)
} finally {
  setLoading(false);
}
};

// NFT作成のSuccess Alert
const [showAlert, setShowAlert] = useState(false); // Alertの表示管理
const [alertMessage, setAlertMessage] = useState(''); // Alert message
```

```
  return (
  <div>
    <Title order={1} style={{ paddingBottom: 12 }}>My NFT Management</Title>
    {/* アラート表示 */}
    {
    showAlert ?
      <Container py={8}>
      <Alert
        variant='light'
        color='teal'
        title='NFT Minted Successfully!'
        withCloseButton
        onClose={() => setShowAlert(false)}
        icon={<IconCubePlus />}>
        {alertMessage}
      </Alert>
      </Container> : null
    }
    <SimpleGrid cols={{ base: 1, sm: 3, lg: 5 }}>
    {/* NFT作成フォーム */}
    <Card shadow='sm' padding='lg' radius='md' withBorder>
      <Card.Section>
      <Container py={12}>
        <Group justify='center'>
        <Avatar color='blue' radius='xl'>
          <IconCubePlus size='1.5rem' />
        </Avatar>
        <Text fw={700}>Mint Your NFTs !</Text>
        </Group>
      </Container>
      </Card.Section>
      <Stack>
      <TextInput
        ref={ref}
        label='Wallet address'
        placeholder='0x0000...' />
      <Button loading={loading} onClick={handleButtonClick}>Mint NFT</Button>
      </Stack>
    </Card>
    </SimpleGrid>
  </div>
  );
}
```

コードについて少し説明を加えます。NFTの作成は、MyERC721コントラクトのsafeMintというメソッドを実行することで可能です。safeMintは2つの引数を取ります。1つ目は、作成するNFTの保有者となるアドレスです。2つ目は、作成するNFTのメタデータJSONファイルが保管されるURI（tokenURI）です。上記コードでは、「Mint NFT」というボタンを押下した際に呼ばれるhandleButtonClickというメソッド内でsafeMintの呼び出しを行っており、引数の値のうち保有者のアドレスはテキストフィールドから取得するようにしています。

ナビゲーションメニューに、作成したNFT機能のページへのリンクを追加します（リスト15）。リスト16に示す太字部分を./frontend/components/common/NavbarLinks.tsxファイルに追記してください。

まずは、import文を修正してメニュー表示のためのアイコンを追加します。

リスト15 ナビゲーションメニューへのMyNFTページ追加のためのインポート文修正

```
import {
  NavLink
} from "@mantine/core";
import {
  IconHome2,
  IconCards
} from "@tabler/icons-react";
```

リスト16 MyNFTページへのリンク追加（./frontend/components/common/NavbarLinks.tsx）【11行目以下に追記】

```
export const NavbarLinks = () => {
  // ナビゲーションメニューに表示するリンク
  const links = [
  {
    icon: <IconHome2 size={20} />,
    color: "green",
    label: 'Home',
    path: "/"
  },
  {
    icon: <IconCards size={20} />,
    color: "green",
    label: 'My NFT',
    path: "/mynft"
```

```
    }
];
```

ページの実装は以上です。以下のコマンドを実行して、アプリケーションを再実行し、動作確認してみましょう（リスト17）。

リスト17 サンプルアプリケーションの実行

```
% npm run dev⏎
```

http://localhost:3000/mynft にアクセスして、作成したNFTページを表示してください。図5.8のような画面が表示されます。メニューバーのMy NFTメニューをクリックすることでもアクセスできます。

図5.8 NFT作成機能が追加されたサンプルアプリケーション

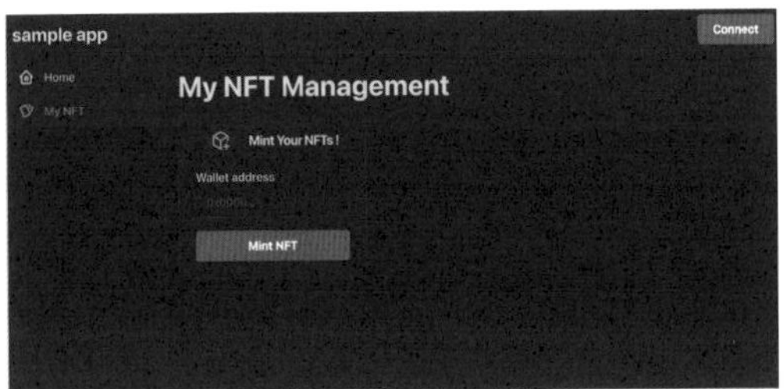

動作確認として、第3章でインポートしたテスト用アカウント（Account2）をMetaMaskで選択した状態で、「Connect」ボタンを押下してWalletを接続します。そうすると、Mint Your NFTsフォームのWallet addressフィールドにAccount #0のアドレスが補完されます。先ほど説明したようにWallet addressフィールドには、作成するNFTの保有者となるアドレスを入力します。現在の状態でNFT作成をすると、Account #0を保有者とするNFTが作成されるということになります。

では、「Mint NFT」ボタンを押して、NFTの作成を試してみましょう。図5.9のようにMetaMaskのポップアップが表示され、NFT作成のトランザクション（MyERC721コントラクトのsafeMint）を署名のうえ、ブロックチェーンネットワークに送信するかどうかが確認されます。

図5.9　MetaMaskからsafeMintトランザクションを発行する際のポップアップ

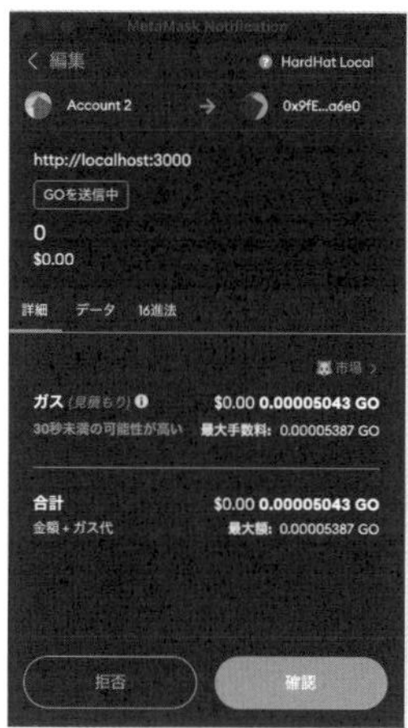

「確認」ボタンを押すことでNFTが作成され、Wallet addressフィールドに指定したアドレスに送信されます。Web画面上で図5.10のような成功メッセージが表示されていれば、トランザクションの実行に成功しています。

図5.10　NFT作成成功直後の画面

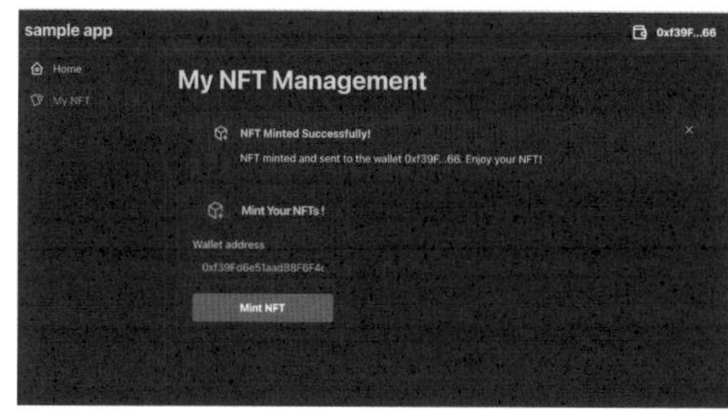

開発用ブロックチェーンネットワークのターミナルにも以下のようなメッセージが表示され、NFT作成のトランザクションがブロックチェーンネットワークに送信されたことが確認できます（リスト18）。

リスト18　ブロックチェーンネットワークの出力

```
eth_sendRawTransaction
  Contract call:        MyERC721#safeMint
  Transaction:          0xee181bb869cc5ddc8acdbe4130d2c43485f89ee19c6fcdd12bf949
                        0e7e0f89cd
  From:                 0xf39fd6e51aad88f6f4ce6ab8827279cfffb92266
```

```
To:                 0xe7f1725e7734ce288f8367e1bb143e90bb3f0512
Value:              0 ETH
Gas used:           152538 of 152538
Block #4:           0x53668f8b15e527aeb40f71840de7f6c043e26356dad6aaeac2a2ad
                    67ccc80f19
```

このあと、自分が保有するNFTを一覧化する機能をWebアプリケーションに作成しますが、その前にMetaMaskを使って簡単にNFTが作成され、自分が保有しているのかを簡易的に確認する方法を紹介します。

MetaMaskを開くと、中央に「NFT」というタブがあるので、ここを押下します（図5.11）。

下部の「＋ NFTをインポート」というボタンをクリックすると、図5.12のようなダイアログが開きます。

図5.11　MetaMaskでのNFT参照方法

図5.12　MetaMaskでのNFTインポートダイアログ

入力フィールドに表5.3の値を入力します。

表5.3　MetaMaskでのNFTインポートダイアログの入力項目

アドレス	今回作成し、開発用ブロックチェーンネットワークにデプロイしたMyERC721コントラクトのアドレス【5.3節リスト08参照】
トークンID	0

MyERC721コントラクトではトークンIDが作成順に0からインクリメン

トされます。最初に作成したNFTのトークンIDが0となるので、0を指定します。

「インポート」ボタンを押すと図5.13のように、先ほど作成したNFTがMetaMaskで確認できるようになります※61。

図5.13　MetaMaskにNFTをインポートしたときの画面

COLUMN

TypeChainとTypeScript

ここまで実装してきて、もしかすると気になっている方もいるかもしれませんが、

```
await myERC721Contract?.safeMint(account, "https://example.com/nft.json");
```

といった、スマートコントラクトの呼び出しメソッドについては、TypeScriptでよくある補完が効かず、少し不便に感じたのではないでしょうか。

この課題の解決策を提供してくれるのが、TypeChain※62というライブラリです。TypeChainは、スマートコントラクトごとに固有のメソッドやプロパティを、TypeScriptの静的型情報にマッピングする機能を提供してくれま

※61　本サンプルアプリケーションでは、NFTのメタデータをダミーデータとしているため、アプリ画面上に表示される画像とMetaMask上に表示される画像は一致しません。

※62　https://github.com/dethcrypto/TypeChain

す。HardhatにはTypeChainを呼び出すプラグインが存在しており、第3章でHardhatを導入した際にあわせてインストールされています。

Hardhatの設定ファイル./hardhat.config.tsに、リスト19の太字部分を追記してTypeChainを設定し、リコンパイルしてみましょう。

リスト19 Hardhat設定ファイルの編集(./hardhat.config.ts)

```
import { HardhatUserConfig } from "hardhat/config";
import "@nomicfoundation/hardhat-toolbox";

const config: HardhatUserConfig = {
  solidity: "0.8.19",
  typechain: {
    outDir: 'frontend/types',
    target: 'ethers-v6',
    alwaysGenerateOverloads: false, // コントラクトにおける関数のオーバーロードがない場合でも、"deposit(uint256)"のような完全なシグネチャを生成するか
    // externalArtifacts: ['externalArtifacts/*.json'], // Typeファイルの生成に追加したい外部のArtifactsがある場合は指定する
  },
};

export default config;
```

リコンパイルは以下のように実行します(リスト20)。

リスト20 Hardhatによるスマートコントラクトのリコンパイル

```
% npx hardhat clean↵
% npx hardhat compile↵
```

すると、図5.14のように指定したパスに型情報が自動生成されます。

先ほど作成したMyNFT画面のコードを、TypeChainで生成されたコードを利用するように変更してみます。リスト21に示す取消線部分は削除し、太字部分を追記してください。この修正により、自動生成された型情報をインポートして利用できるようになります。

図5.14　スマートコントラクトの型情報ファイル

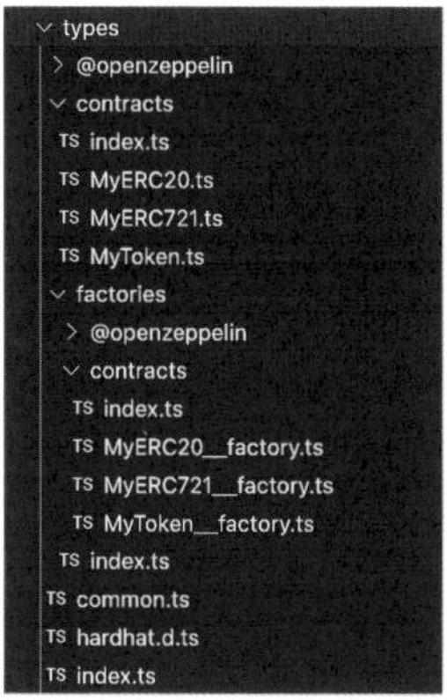

```
types
  @openzeppelin
  contracts
    index.ts
    MyERC20.ts
    MyERC721.ts
    MyToken.ts
  factories
    @openzeppelin
    contracts
      index.ts
      MyERC20__factory.ts
      MyERC721__factory.ts
      MyToken__factory.ts
    index.ts
  common.ts
  hardhat.d.ts
  index.ts
```

リスト21　MyNFTページのスマートコントラクトを型情報ありに変更（./frontend/app/mynft/page.tsx）

```
'use client'
import { ethers } from 'ethers';
import { useContext, useEffect, useRef, useState } from 'react';
import artifact from '../../abi/MyERC721.sol/MyERC721.json';
import { Web3SignerContext } from '@/context/web3.context';
import { Alert, Avatar, Button, Card, Container, Group, SimpleGrid, Stack,
Text, TextInput, Title } from '@mantine/core';
import { IconCubePlus } from '@tabler/icons-react';
import { MyERC721, MyERC721__factory } from "@/types";

// デプロイしたMyERC721 Contractのアドレスを入力
const contractAddress = '0xe7f1725e7734ce288f8367e1bb143e90bb3f0512';
// NOTICE: 各自アドレスが異なるので、確認・変更してください【5.3節リスト08を参照】

export default function MyNFT() {

  // アプリケーション全体のステータスとしてWeb3 providerを取得、設定
  const { signer } = useContext(Web3SignerContext);

  // MyERC721のコントラクトのインスタンスを保持するState
  const [myERC721Contract, setMyERC721Contract] = useState<MyERC721ethers.Contr
act | null>(null)

  // MyERC721のコントラクトのインスタンスをethers.jsを利用して生成
  useEffect(() => {
    // MyERC721コントラクトの取得
```

```
    const contract = new ethers.Contract(
      contractAddress,
      artifact.abi,
      signer
    );
    const contract = MyERC721__factory.connect(contractAddress, signer);
    setMyERC721Contract(contract);
(...以下略...)
```

自動生成される型情報の中にABIも含まれており、factoryクラスを利用することで、直接ABIのJSONファイルをインポートしなくてもethers.jsのContractクラスを取り扱えるようになります。

5.4.3 所有NFT一覧の追加

Webアプリケーション上で自分が保有するNFTを一覧で確認できる機能を追加していきます。編集するファイルは先ほどと同じmynft/page.tsxとなります。太字部分のコードを該当行に追加してください(リスト22)。

まずは、表示するNFTを表す型を定義します。

リスト22 **MyNFTページへのNFT型情報の追加(./frontend/app/mynft/page.tsx)【12行目~】**

```
type NFT = {
  tokenId: bigint,
  name: string,
  description: string,
  image: string,
};
```

次に、MyERC721コントラクトにアクセスして、自分が保有するNFTのリストを取得する処理を追加します

まずは、保有NFTが0個だった場合のエラーハンドリングのため、ethers.jsのisError関数をインポートしておきます。Import行に太字部分を追記してください(リスト23)。

リスト23 MyNFTページへのisError関数のインポート
(./frontend/appp/mynft/page.tsx)【67行目～】

```
import { ethers,isError } from "ethers";
```

続いて、自身が保有するNFTの一覧を取得する処理を追加します。太字部分を該当行数に追記してください（リスト24）。

リスト24 NFT一覧取得処理の追加（./frontend/app/mynft/page.tsx）【67行目～】

```
// 保有するNFTの一覧を生成
  const [myNFTs, setMyNFTs] = useState<NFT[]>([]);
  // MyERC721コントラクトを呼び出して、自身が保有するNFTの情報を取得
  useEffect(() => {
    const fetchMyNFTs = async () => {
      const nfts = [];
      if (myERC721Contract && myERC721Contract.runner) {
        const myAddress = signer?.getAddress()!
        // 自分が保有するNFTの総数を確認
        let balance = BigInt(0);
        try {
          balance = await myERC721Contract.balanceOf(myAddress)
        } catch (err) {
          if (isError(err, "BAD_DATA")) {
            // balanceOfにおいて、対応アドレスの保有NFTが0のときは、BAD_DATAエ
            ラーが発生するためハンドリング
            balance = BigInt(0);
          } else {
            throw err;
          }
        }
        for (let i = 0; i < balance; i++) {
          // ERC721Enumerableのメソッドを利用して、インデックスから自身が保有す
          るNFTのtokenIdを取得
          const tokenId = await myERC721Contract.tokenOfOwnerByIndex(myAddress, i);
          // NOTE：本来は下記のようにtokenURIからJson Metadataを取得しNFTのコン
          テンツ情報にアクセス

          // const tokenURI = await myERC721Contract.tokenURI(tokenId);
          // const response = await fetch(tokenURI);
          // const jsonMetaData = await response.json();
          // NOTICE: 下記は画面表示のためのダミーデータ
          const jsonMetaData = {
            name: `NFT #${tokenId}`,
```

```
            description: 'Lorem ipsum dolor sit amet, consectetur adipiscing elit, sed do eiusmod tempor incididunt ut labore et dolore magna aliqua.',
            image: `https://source.unsplash.com/300x200?glass&s=${tokenId}`
          }
          nfts.push({ tokenId, ...jsonMetaData });
        }
        setMyNFTs(nfts);
      }
    };
    fetchMyNFTs();
  }, [myERC721Contract, signer]);

  return (
    <div>
(...以下略...)
```

ここでは、まずbalanceOfというERC721標準規格のメソッドを呼び出して、自分が持っているNFTの総量を取得します。続いて、ERC721規格のenumeration拡張に含まれるtokenOfOwnerByIndexを使うことで、tokenIdを取得していっています。メタデータを取得するtokenURIをはじめとして、ERC721で定められている多くのメソッドがこのtokenIdを引数に必要としています。

最後に、リスト化したNFTを表示する部分をコーディングします。まずは、NFTを表示するために必要なMantineコンポーネントを追加します。太字部分を追記し、コンポーネントをインポートします（リスト25）。

リスト25 NFT一覧表示コード追加のためのインポート行を修正（./frontend/app/mynft/page.tsx）

```
import { Alert, Avatar, Button, Card, Container, Group, SimpleGrid, Stack, Text, TextInput, Title, Image, Badge } from "@mantine/core";
```

続いて、SimpleGridタグの最後に太字部分を追記し、カード型コンポーネントのNFT一覧が表示されるようにしてください（リスト26）。

リスト26 NFT一覧表示コードの追加（./frontend/app/mynft/page.tsx）【152行目～】

```
        {/* NFT一覧 */}
        {
```

```
          myNFTs.map((nft, index) => (
            <Card key={index} shadow="sm" padding="lg" radius="md" withBorder>
              <Card.Section>
                <Image
                  src={nft.image}
                  height={160}
                  alt="No image"
                />
              </Card.Section>
              <Group justify="space-between" mt="md" mb="xs">
                <Text fw={500}>{nft.name}</Text>
                <Badge color="blue" variant="light">
                  tokenId: {nft.tokenId.toString()}
                </Badge>
              </Group>
              <Text size="sm" c="dimmed">
                {nft.description}
              </Text>
            </Card>
          ))
        }
      </SimpleGrid>
    </div>
  );
}
```

それでは、アプリケーションで確認してみましょう。以下のコマンドを実行して、アプリケーションを再実行してください（リスト27）。

リスト27 サンプルアプリケーションの実行

```
% npm run dev⏎
```

図5.15のようにMintし、自分のWalletに送付されたNFTが一覧化されていれば成功です。

Mint直後は即時に反映されないので、少し待ってから画面をリロードしてみてください。

図5.15　サンプルアプリケーションにおけるNFT一覧画面

5.5　マーケットプレイスコントラクトの作成

前節までで、NFTの作成と確認はできました。いよいよ、ここにマーケットプレイス機能を作成していきます。まずは、マーケットプレイスでNFTを売買するためのスマートコントラクトを、OpenSeaが公開するSeaportコントラクトを利用して実装していきます。

blockchainAppディレクトリ直下で、以下のコマンドを実行して、Seaportコントラクトの Version1.5 をインストールします（リスト28）。

リスト28　Seaportのインストール

```
% npm install git+https://github.com/ProjectOpenSea/seaport.git#1.5
```

続いて、次の2つのファイルを新規作成し、記載の通りにコードを追加します（リスト29、リスト30）。

リスト29　Seaportコントラクトの追加（./contracts/MySeaport.sol）

```
// SPDX-License-Identifier: UNLICENSED
// Solidityのバージョンを定義
pragma solidity ^0.8.0;
```

```
// Seaport contractをそのまま利用する
import "seaport/contracts/Seaport.sol";
```

リスト30 ConduitControllerコントラクトの追加 (./contracts/MyConduitController.sol)

```
// SPDX-License-Identifier: UNLICENSED
// Solidityのバージョンを定義
pragma solidity ^0.8.0;

// SeaportのConduitController contractをそのまま利用する
import "seaport/contracts/conduit/ConduitController.sol";
```

Seaportコントラクトは Solidity の version 0.8.17を利用しているため、Hardhatの設定ファイルに太字部分を追記することで修正します（リスト31）。

リスト31 Hardhat設定ファイルの編集 (./blockchainApp/hardhat.config.ts) 【10行目から追記】

```
const config: HardhatUserConfig = {
  solidity: {
    compilers: [
      {
        version: "0.8.19"
      },
      // Seaportコントラクトが0.8.17依存のため下記を追加
      {
        version: "0.8.17",
        settings: {
          viaIR: true,
          optimizer: {
            enabled: true,
            runs: 1000,
          },
        },
      }
    ]
  },
 (...以下略...)
```

それでは、コンパイルしてみましょう（リスト32）。ローカルマシンのスペックによっては少し時間がかかるかもしれません。

リスト32 Hardhatによるスマートコントラクトのコンパイル

```
% npx hardhat compile⏎
```

次のような成功のメッセージが出れば完了です（リスト33）。

※artifactsやtypingの数は、コンパイルしたタイミングにより異なるので気にしないでください。

リスト33 コンパイルの実行結果

```
Generating typings for: 21 artifacts in dir: frontend/types for target: ethers
-v6
Successfully generated 68 typings!
Compiled 23 Solidity files successfully
```

最後にデプロイスクリプトを修正して、ローカル環境のテスト用ブロックチェーンネットワークにSeaportコントラクトをデプロイしてみましょう。以下の太字で示すコードを、デプロイスクリプトのmain関数の末尾に追加してください（リスト34）。

リスト34 Seaportコントラクトのデプロイ処理の追加（./scripts/deploy-local.ts）【15行目〜】

```
  // ConduitControllerコントラクトをデプロイする
  // Seaportコントラクトのデプロイに、ConduitControllerのアドレスが必要なため先
  にデプロイ
  const conduitController = await ethers.deployContract("ConduitController");
  await conduitController.waitForDeployment();
  const conduitControllerAddress = await conduitController.getAddress()
  // Seaportコントラクトをデプロイ
  const seaport = await ethers.deployContract("Seaport", [conduitControllerAddr
ess]);
  await seaport.waitForDeployment();

  console.log(`Seaport deployed to: ${seaport.target}`);
```

次のコマンドでデプロイしてください（リスト35）。ローカル環境のテスト用ブロックチェーンネットワークが起動していない場合は、起動しておい

てください。

リスト35 スマートコントラクトのデプロイ

```
% npx hardhat run --network localhost scripts/deploy-local.ts
```

リスト36のようなアウトプットがあれば、デプロイに成功しています。

リスト36 デプロイ結果の確認

```
eth_sendTransaction
  Contract deployment: ConduitController
  Contract address:    0x9fe46736679d2d9a65f0992f2272de9f3c7fa6e0
  Transaction:         0x3b127344ac8509b0f587d81ce9df2d9bb4ae1428931ec9d8584f26
                       9c90310048
  From:                0xf39fd6e51aad88f6f4ce6ab8827279cfffb92266
  Value:               0 ETH
  Gas used:            3468899 of 30000000
  Block #3:            0x01cf8076e6fa83d5f8bc11fb601b22a52a307218f767b94c9c5998
                       ba8051d69e
(...省略...)
eth_sendTransaction
  Contract deployment: Seaport
  Contract address:    0xcf7ed3acca5a467e9e704c703e8d87f634fb0fc9
  Transaction:         0xaa77ef93e37bef2086e13cb67ac3a1b0489b95913d29a1b0406e3c
                       28ac048430
  From:                0xf39fd6e51aad88f6f4ce6ab8827279cfffb92266
  Value:               0 ETH
  Gas used:            4808693 of 30000000
  Block #4:            0x12b6f9a4d7779a5f5681028fc5d73b8eebbc5838e5c36209573332
                       0f5bcb0230
```

マーケットプレイスのスマートコントラクトの準備は以上です。

今回はサンプルアプリケーションということもあり、前章で説明したConduitやZoneといったコントラクトの作成は省略し、NFTの売り注文の約定を担うマーケットプレイス機能のみをデプロイしています。

5.6 NFT出品、購入機能の作成

いよいよ、サンプルアプリケーションにNFTをマーケットプレイスに出品する機能や、購入する機能を作成していきます。

まずは、OpenSeaが公開しているseaport-jsというライブラリをインストールします。このライブラリにより、Seaportコントラクトを非常に簡単に扱えるようになります。seaport-jsは旧版であるethers.js v5を利用するので、あわせてethers.js v5.7.2もインストールしておきます（リスト37）。

リスト37 追加パッケージのインストール

```
% npm install ethersV5@npm:ethers@5.7.2↵
% npm install @opensea/seaport-js@2.0.7↵
```

前章で説明したように、Seaportコントラクトの役割は、出品者が署名した売り注文データを購入者から受け取り、購入が成り立つ場合はNFTと売価であるネイティブトークンを交換することです。これを前提として、アプリケーションに作成する機能を整理すると、表5.4のようになります。

表5.4 NFT出品・購入の機能一覧

機能	説明
NFT売り注文生成	自分が保有しているNFTに対して、売り注文データを作成し署名処理を行う。seaport-jsが提供する機能を利用する。 このときに合わせて、NFTを移転できる権限をSeaportコントラクトに付与することになる
NFT売り注文の公開	Next.jsのAPI routerの機能を利用して、簡易的な売り注文公開機能を作成する。 一般的には、中央データベースに保管されサービサーから公開されるものとなる
NFT購入	seaport-jsが提供する機能を利用して、売り注文を取得した購入者がNFTを購入できる機能を追加する

5.6.1 NFT売り注文生成機能の追加

ここでは、前節で作成した自分のNFTを一覧化するページに売り注文を作成する機能を追加しています。seaport-jsを利用することで簡単に追加することができます。

まずは、必要なモジュールをインポートします。./frontend/app/mynft/page.tsxを修正して、太字部分を追記してください（リスト38）。

リスト38 NFT売り注文作成機能追加のためのインポート追加（./frontend/app/mynft/page.tsx）【8行目〜】

```
import { Alert, Avatar, Button, Card, Container, Group, SimpleGrid, Stack,
Text, TextInput, Title, Image, Badge, Modal } from "@mantine/core";
import { IconCubePlus } from "@tabler/icons-react";
import { MyERC721, MyERC721__factory } from "@/types";
import { useDisclosure } from "@mantine/hooks";
import { ethers as ethersV5 } from "ethersV5"
import { Seaport } from "@opensea/seaport-js";
import { ItemType } from "@opensea/seaport-js/lib/constants";
import { CreateOrderInput } from "@opensea/seaport-js/lib/types";
```

続いて、NFT一覧を取得する処理のあとに、太字で示すコードを追記し、NFTの売り注文を出せるようにします（リスト39）。

リスト39 NFT売り注文作成処理の追加（./frontend/app/mynft/page.tsx）【113行目〜】

```
  // NFT売り注文作成

  // Seaport Contractのアドレスを入力
  const seaportAddress = "0xcf7ed3acca5a467e9e704c703e8d87f634fb0fc9";
// NOTICE：各自アドレスが異なる可能性があります。deploy-local.tsスクリプトの出力を参考に変更してください【5.5節リスト36参照】
  // Seaportのインスタンスを保持するState
  const [mySeaport, setMySeaport] = useState<Seaport | null>(null)

  // Seaportインスタンスを作成して保持
  useEffect(() => {
    // Seaportインスタンスの初期化
    const setupSeaport = async () => {
      if (signer) {
```

```
        // NOTE : seaport-jsはethers V6をサポートしていないため、V5のprovider/si
        gnerを作成
        const { ethereum } = window as any;
        const ethersV5Provider = new ethersV5.providers.Web3Provider(ethereum);
        const ethersV5Signer = await ethersV5Provider.getSigner();
        // ローカルにデプロイしたSeaport Contractのアドレスを指定
        const lSeaport = new Seaport(ethersV5Signer, {
          overrides: {
            contractAddress: seaportAddress,
          }
        });
        setMySeaport(lSeaport);
      }
    }
    setupSeaport();
  }, [signer]);

  // 売り注文作成モーダルの表示コントロール
  const [opened, { open, close }] = useDisclosure(false);
  // NFT売却における価格データを保持する
  const refSellOrder = useRef<HTMLInputElement>(null);
  // NFT作成中のローディング
  const [loadingSellOrder, setLoadingSellOrder] = useState(false);
  // 売りに出すNFTのtokenIdを保持する
  const [ sellTargetTokenId, setSellTargetTokenId ] = useState<string | null>(n
ull);

  //モーダルオープン
  const openModal = (tokenId: string) => {
    // 売却対象のNFTのtokenIdを保持しておく
    setSellTargetTokenId(tokenId);
    open();
  }

  // NFT売り注文作成処理
  const createSellOrder = async () => {
    try {
      setLoadingSellOrder(true);
      // フォームに入力した価格を取得
      const price = refSellOrder.current!.value;
      // 売り注文作成のための入力データを作成
      const firstStandardCreateOrderInput = {
        offer: [
          {
```

```
              itemType: ItemType.ERC721,
              token: contractAddress,
              identifier: sellTargetTokenId
            }
        ], // 上記はMyERC721を売りに出していることを示している
        consideration: [
          {
            amount: ethers.parseUnits(price, 'ether').toString(),
            recipient: await signer?.getAddress()!,
            token: ethers.ZeroAddress // its mean native token.
          }
          // 上記は売りに出したNFTの売価と受取人を指定している
        ],
        // 下記のように手数料やロイヤリティを指定することもできる
        // fees: [{ recipient: signer._address, basisPoints: 500 }]
        } as CreateOrderInput;
        // 売りの注文を作成する
        const orderUseCase = await mySeaport!.createOrder(
        firstStandardCreateOrderInput
        );
        // executeAllActionsの返り値で返却されるorderは、NFT売却者が(offerer)が署名
        した売り注文データとなっている
        const order = await orderUseCase.executeAllActions();
        console.log(order); // For debugging
        // 成功した場合はアラートを表示する
        setShowAlert(true);
        setAlertMessage(`NFT (${sellTargetTokenId}) is now for sale`);
      } finally {
        setLoadingSellOrder(false);
        setSellTargetTokenId(null);
        close();
      }
    };
      return (
      <div>
    (...以下略...)
```

次に、上記のNFT売り注文を作成するロジックを呼び出すための、画面コントロールを追加します。NFTのカードに対して売り注文作成ボタンを追加するため、リスト40で示す太字部分のコードを追記してください。

リスト40 NFT売り注文作成ボタンの追加（./frontend/app/mynft/page.tsx）【237行目〜】

```
{/* NFT一覧 */}
{
  myNFTs.map((nft, index) => (
  <Card key={index} shadow="sm" padding="lg" radius="md" withBorder>
    <Card.Section>
    <Image
      src={nft.image}
      height={160}
      alt="No image"
    />
    </Card.Section>
    <Group justify="space-between" mt="md" mb="xs">
    <Text fw={500}>{nft.name}</Text>
    <Badge color="blue" variant="light">
      tokenId: {nft.tokenId.toString()}
    </Badge>
    </Group>
    <Text size="sm" c="dimmed">
    {nft.description}
    </Text>
    <Button
    variant="light"
    color="blue"
    fullWidth
    mt="md"
    radius="md"
    onClick={() => {openModal(nft.tokenId.toString())}}
    >
    Sell this NFT
    </Button>
  </Card>
  ))
}
</SimpleGrid>
<Modal opened={opened} onClose={close} title="Sell your NFT">
<Stack>
  <TextInput
  ref={refSellOrder}
  label="Price (ether)"
  placeholder="10" />
  <Button loading={loadingSellOrder} onClick={createSellOrder}>Create sell
  order</Button>
</Stack>
</Modal>
```

追記したソースコードでは、Seaportインスタンスを作成し、NFTのtokenIdや売値を指定して、createOrderメソッドを呼び出しています。

createOrderメソッドの返却値は売り注文作成のためのactionのセットになっており、executeAllActionsでそのactionを一括実行することができます。初回に実行されるactionは、次のようになっています。

① Seaportコントラクトに自分が保有するNFTの操作を許可するTxの発行（SetApprovalForAll）
② 売り注文の署名処理

①については初回のみとなり、以後、別のNFTを売りに出す際は②のみの実行となります。

executeAllActionsメソッドの返却値として、署名済みの売り注文データを取得できれば、NFT売り注文の作成は成功です。

それでは実際に動かしてみましょう※63。以下のコマンドを実行して、アプリケーションを再実行します（リスト41）。

リスト41 サンプルアプリケーションの実行

```
% npm run dev↵
```

http://localhost:3000/mynftにアクセスしたら表示される、自身が保有するNFTカード内の「Sell this NFT」ボタンを押します（図5.16）。

図5.16 サンプルアプリケーションでのNFT出品

すると、売り価格を入力するフォームが表示されます（図5.17）。単位は

※63 このあとの処理の流れは、第4章の図4.4のConduitを利用しない場合のフローに該当します。振り返って確認してみると理解がより深まると思います。

etherです。Hardhatのテストアカウントは10000etherを保有しているので、10000以下の数値を入力するとよいでしょう。実際の売り注文に含まれる売り価格の単位はwei（1etherの1000000000000000000倍）となります。

図5.17　出品時の料金入力ダイアログ

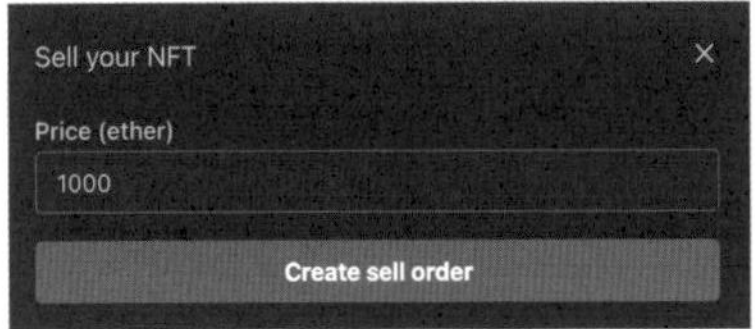

「Create sell order」ボタンを押下すると、初回のみ図5.18のようにSeaportコントラクトへのNFT操作許可のトランザクションを送信しようとします。

トランザクションの完全な詳細を表示すると、SetApprovalForAllをSeaportコントラクトアドレスに対して実行しようとしていることを確認できます（図5.19）。

図5.18　MetaMaskでのNFT操作許可の確認ポップアップ

図5.19　MetaMaskでのsetApprovalForAll確認画面

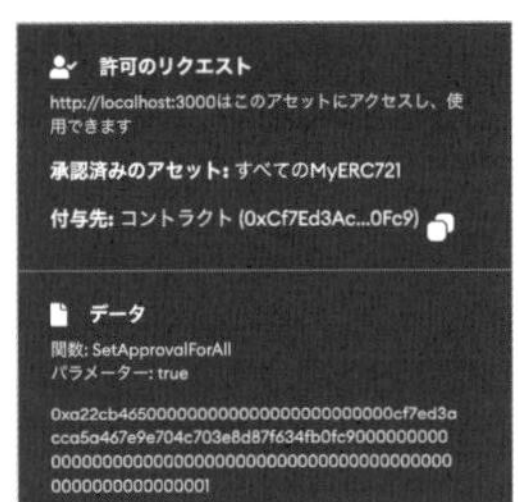

SetApprovalForAllはMetaMaskにて警告が出ているように、信頼するアドレスのみに実施するようにします（図5.20）。SetApprovalForAllは、NFTコントラクト内であなたが保有するすべてのNFTに対する操作許可を与えます。

SetApprovalForAllの実行が終わると、次は売り注文への署名が実施されます。署名対象のデータをMetaMaskのポップアップ内で確認することができます（図5.21）。StartAmountには、先ほどWebアプリケーションで指定した売り価格がwei単位で表示されていることが確認できます（図5.22）。

図5.20　MetaMaskにおける SetApprovalForAllの警告ポップアップ

図5.21　MetaMaskにおける出品情報署名の確認ポップアップ

図5.22　MetaMaskにおける署名内容の確認画面

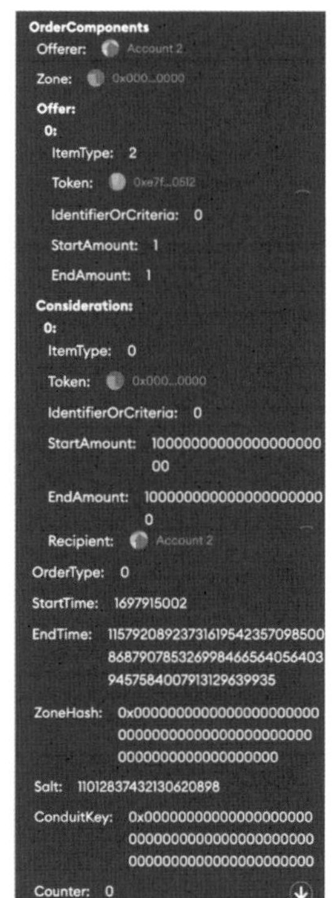

最後に署名を実施すると、図5.23のようにブラウザのDevtool内Consoleに署名された売り注文のデータが出力されるので、確認してみてください。

図5.23　ブラウザDevToolにおけるコンソール

```
                                                      page.tsx:189
   {parameters: {…}, signature: '0xcd0c9f474cfaffecbab5dc7111c7afe7017
 ▼ 69dc32a9a5cea…9e30285c519f8f8428332131a6d824753167fd3606fc00f52'}
     i
   ▶ parameters: {offerer: '0xf39Fd6e51aad88F6F4ce6aB8827279cffFb92266
     signature: "0xcd0c9f474cfaffecbab5dc7111c7afe701769dc32a9a5ceafb0
   ▶ [[Prototype]]: Object
```

以上でNFT売り注文の作成は完了です。しかし、ここまででは売り注文のデータは自分の手元にしかない状態ですので、これを購入者に公開する必要があります。

5.6.2　マーケットプレイス出品機能の追加

NFT売り注文はプラットフォームの中央データベースに格納され、NFTマーケットプレイスのアプリケーションで参照できるような仕組みが一般的です。今回のサンプルアプリケーションでは、Next.jsのRoute Handlers[※64]の機能を利用して簡易的な売り注文の登録、参照、削除のAPIを実装します。ただし、PostgreSQLやMongoDBといったデータベースマネジメントシステムは利用せず、オンメモリにデータ保持する非常に簡易的なものとします。そのため、Next.jsの再起動やホットリロードで消えてしまうものなので、あくまでサンプルとして見ていただければと思います。

まずは簡易的なAPIを作成するため、./frontend/appフォルダ直下に「api」というフォルダを新規作成してください。さらに、作成した/frontend/app/apiフォルダ直下にも「order」というフォルダを新規作成します。最後に、./frontend/app/api/order/route.tsというファイルを新規作成してください。

次のコードを新規作成したファイルに追記し、売り注文の登録、参照、削除の3つのAPIを実装します（リスト42）。

※64　https://nextjs.org/docs/app/building-your-application/routing/route-handlers

リスト42 **NFT売り注文公開APIの作成（./frontend/app/api/order/route.ts）**

```
import { OrderWithCounter } from '@opensea/seaport-js/lib/types';
import { NextResponse } from 'next/server';

// 売り注文の中央データベース
const orderDatas: Array<OrderWithCounter> = [];

// 売り注文（seaport-jsのsell order）を登録・公開するPOST API
export async function POST(request: Request) {
  const data = await request.json() as OrderWithCounter
  orderDatas.push(data);
  return NextResponse.json({ message: 'SUCCESS' });
};

// 公開中売り注文（sell order）の一覧を取得するAPI
export async function GET() {
  return NextResponse.json(orderDatas);
}

// 登録された売り注文（sell order）の削除を行うAPI
export async function DELETE(request: Request) {
  const { searchParams } = new URL(request.url)
  const id = searchParams.get('id')
  // indexの指定が正しくなければエラー
  if (!id || isNaN(+id)) return NextResponse.json({ message: 'ERROR No index'
}, { status: 400 });
  const res = orderDatas.splice(+id!, 1);
  // 削除ができていなければエラー
  if (res.length != 1) return NextResponse.json({ message: 'ERROR Not Found' },
{ status: 404 });
  return NextResponse.json({ message: 'SUCCESS' });
}
```

route.tsをapp/api/orderというパスのディレクトリに置くことで、/api/orderというパスにAPIができます。ローカルですと、http://localhost:3000/api/order というURLでアクセスができるようになります。

UI側に、追加したAPIを呼び出す処理を追加します。まずは、先ほどの売り注文作成の直後に、売り注文登録APIを呼び出して公開する処理を追加しましょう。createSellOrder関数の売り注文作成処理の直後に、次に示す太字部分のコードを追加します（リスト43）。

リスト43 NFT売り注文公開処理の追加（./frontend/app/mynft/page.tsx）【190行目〜】

```
// 作成した売り注文公開APIを実行する
fetch('/api/order', {
method: 'POST',
headers: {
  'Content-Type': 'application/json'
},
body: JSON.stringify(order)
})
// 成功した場合はアラートを表示する
setShowAlert(true);
setAlertMessage(`NFT (${sellTargetTokenId}) is now for sale`);
```

先ほどと同じ手順で、売り注文の作成と公開をしてみてください。MetaMaskでの売り注文の署名が完了したあとに、売り注文がAPIで公開されている状態になります。

以下のように売り注文の参照APIを実行して、公開された売り注文を取得してみましょう（リスト44）。

リスト44 売り注文取得APIの実行

```
% curl localhost:3000/api/order↵
```

次のような出力がされれば成功です（リスト45）。

リスト45 APIの実行結果の確認


```
[{"parameters":{"offerer":"0xf39Fd6e51aad88F6F4ce6aB8827279cffFb92266","zone
":"0x0000000000000000000000000000000000000000","zoneHash":"0x000000000000000
0000000000000000000000000000000000000000000000000","startTime":"169513900
5","endTime":"11579208923731619542357098500868790785326998466564056403945
7584007913129639935","orderType":0,"offer":[{"itemType":2,"token":"0xe7f17
25e7734ce288f8367e1bb143e90bb3f0512","identifierOrCriteria":"0","startAmou
nt":"1","endAmount":"1"}],"consideration":[{"itemType":0,"token":"0x000000000
0000000000000000000000000000000","identifierOrCriteria":"0","startAmount":"10-
00000000000000000","endAmount":"1000000000000000000","recipient":"0xf39Fd6e51
aad88F6F4ce6aB8827279cffFb92266"}],"totalOriginalConsiderationItems":1,"salt":"
0x000000000000000000000000000000000000000000000000577d0120650e7a22","conduitKey
":"0x0000000000000000000000000000000000000000000000000000000000000000","counter
":"0"},"signature":"0xb3ede995e7ff118d9853432ef50003a35afd17ef2540c13e9f63065cc
f95803b59724fdb055781c3585ecd094bf455f5b32b233851d292eb92d0545ae1fff011"}]
```

5.6.3 マーケットプレイス購入機能の追加

最後に、公開された売り注文を一覧参照できるようにするとともに、売り注文に対して購入ができるようにしてみます。./frontend/app直下に「order」というフォルダを新規作成してください。以下のように公開中NFT売り注文ページをorderというリンクで参照できるように、./frontend/app/orderフォルダ直下にpage.tsxというファイルを新規作成のうえ、次のコードを追加します（リスト46）。

リスト46 公開中NFT売り注文ページの追加（./frontend/app/order/page.tsx）

```
"use client"

import { useContext, useEffect, useState } from "react";
import { Button, Card, Group, SimpleGrid, Stack, Text, TextInput, Title, Image,
Badge, Modal, Center, Container, Alert } from "@mantine/core";
import { OrderWithCounter } from "@opensea/seaport-js/lib/types";
import { ethers } from "ethers";
import { ethers as ethersV5 } from "ethersV5"
import { IconCubePlus, IconUser } from "@tabler/icons-react";
import { Seaport } from "@opensea/seaport-js";
import { Web3SignerContext } from "@/context/web3.context";

export default function SellOrders() {
  // アプリケーション全体のステータスとしてWeb3 providerを取得、設定
  const { signer } = useContext(Web3SignerContext);

  const [sellOrders, setSellOrders] = useState<Array<OrderWithCounter>>([]);
  // 公開中売り注文の一覧取得
  const fetchSellOrders = async () => {
  const resp = await fetch('/api/order', {
    method: 'GET',
    headers: {
    'Content-Type': 'application/json'
    },
  })
  const datas = await resp.json();
  console.log(datas);
  setSellOrders(datas);
  }
  useEffect(() => {
```

```
fetchSellOrders();
}, []);

// Seaport Contractのアドレスを入力
const seaportAddress = "0xcf7ed3acca5a467e9e704c703e8d87f634fb0fc9";
// NOTICE: 各自アドレスが異なるので、確認・変更してください【5.5節リスト36参照】
// SeaportのインスタンスStateを保持するState
const [mySeaport, setMySeaport] = useState<Seaport | null>(null)
// Seaportインスタンスを作成して保持
useEffect(() => {
// Seaportインスタンスの初期化
const setupSeaport = async () => {
  if (signer) {
  // NOTE: seaport-jsはethers V6をサポートしていないため、V5のprovider/signer
  を作成
  const { ethereum } = window as any;
  const ethersV5Provider = new ethersV5.providers.Web3Provider(ethereum);
  const ethersV5Signer = await ethersV5Provider.getSigner();
  // ローカルにデプロイしたSeaport Contractのアドレスを指定
  const lSeaport = new Seaport(ethersV5Signer, {
    overrides: {
    contractAddress: seaportAddress,
    }
  });
  setMySeaport(lSeaport);
  }
}
setupSeaport();
}, [signer]);
// NFT購入処理
const buyNft = async (index: number, order: OrderWithCounter) => {
try {
  // 売り注文に対して買い注文を作成
  const { executeAllActions: executeAllFulfillActions } = await mySeaport!.fu
lfillOrders({
  fulfillOrderDetails: [{ order }],
  accountAddress: await signer?.getAddress()
  });

  // 買い注文をSeaportコントラクトに発行
  const transaction = await executeAllFulfillActions();
  console.log(transaction); // For debugging
  // 売り注文の削除
  const query = new URLSearchParams({id: index.toString()});
```

```
    fetch('/api/order?' + query, {
    method: 'DELETE',
    headers: {
      'Content-Type': 'application/json'
    },
    body: JSON.stringify(order)
    });
    // アラートメッセージを設定して終了する
    setAlert({color: 'teal', title: 'Success buy NFT', message: 'Now you own 
the NFT!' });
    fetchSellOrders();
  } catch (error ) {
    setAlert({color: 'red', title: 'Failed to buy NFT', message: (error as {mes
sage: string}).message});
  }

};

  const [ alert, setAlert ] = useState<{color: string, title: string, message: 
string} | null>(null);

return (
  <div>
  <Title order={1} style={{ paddingBottom: 12 }}>Sell NFT Orders</Title>
    {
    alert ?
      <Container py={8}>
      <Alert
        variant="light"
        color={alert.color}
        title={alert.title}
        withCloseButton
        onClose={() => setAlert(null)}
        icon={<IconCubePlus />}>
        {alert.message}
      </Alert>
      </Container> : null
    }
    <SimpleGrid cols={{ base: 1, sm: 3, lg: 5 }}>
    {/* NFT一覧 */}
    {
      sellOrders.map((order, index) => (
      <Card key={index} shadow="sm" padding="lg" radius="md" withBorder>
        <Card.Section>
```

```
          <Image
            src={`https://source.unsplash.com/300x200?glass&s=${index}`}
            height={160}
            alt="No image"
          />
          </Card.Section>
          <Group justify="space-between" mt="md" mb="xs">
          <Text fw={500}>{`NFT #${order.parameters.offer[0].identifierOrCriter
ia}`}</Text>
          <Badge color="red" variant="light">
            tokenId: {order.parameters.offer[0].identifierOrCriteria}
          </Badge>
          </Group>
          <Group mt="xs" mb="xs">
          <IconUser size="2rem" stroke={1.5} />
          <Text size="md" c="dimmed">
            {order.parameters.consideration[0].recipient.slice(0, 6) + '...' + or
der.parameters.consideration[0].recipient.slice(-2)}
          </Text>
          </Group>
          <Group mt="xs" mb="xs">
          <Text fz="lg" fw={700}>
            {`Price: ${ethers.formatEther(BigInt(order.parameters.considerati
on[0].startAmount))} ether`}
          </Text>
          <Button
            variant="light"
            color="red"
            mt="xs"
            radius="xl"
            style={{ flex: 1 }}
            onClick={() => { buyNft(index, order); }}
          >
            Buy this NFT
          </Button>
          </Group>
        </Card>
        ))
      }
      </SimpleGrid>
    </div>
  )
}
```

fetchSellOrdersメソッドでは、作成した売り注文参照APIを実行して公開された売り注文を取得し、アプリケーションで保持しています。公開されている売り注文のデータは、Mantineのカードコンポーネントにより、アプリケーション上で一覧表示されるようになります。カードコンポーネント内には「Buy this NFT」ボタンを設置しており、ボタンが押されるとbuyNftメソッドが呼び出されます。buyNftでは、対応する売り注文に対してSeaportインスタンスのfulfillOrdersメソッドを呼び出しています。fulfillOrdersメソッドは返却値として、購入処理に必要なactionのセットが返ります。createOrderと同様の要領で、executeAllFulfillActionsを呼び出すことで購入処理が完了します。

Seaportコントラクトは、支払いをネイティブトークンにするかERC20にするかを選択できたり、ERC721やERC1155のどちらも購入できたりと、さまざまなパターンの注文を処理できます。また、注文を1つずつ約定するメソッドと、複数の注文を一括で処理できるメソッドをそれぞれ持っているなど、幅広いパターンでのNFT購入が可能となっています。seaport-jsにも注文を1件ずつ処理するfulfillOrderメソッドと、複数の注文を同時に処理できるfulfillOrdersメソッドが提供されており、注文データの中身から適切なSeaportコントラクトのメソッドを呼び分けしてくれたり、ERC20での購入の場合はERC20への承認処理をactionに追加してくれたりと便利なメソッドになっています。

今回のサンプルアプリケーションでは1件ずつの購入となっていますが、複数購入が可能なfulfillOrdersメソッドを利用しています。興味があれば、複数の売り注文に対する購入が可能なようにサンプルアプリケーションを拡張することも試してみるとよいでしょう。

それでは、ここまでの内容で動作確認してみます。リスト47のようにメニューバーにもリンクを追加しておきましょう。

まずは太字で示すコードを追記し、リンクに表示するアイコンのインポートを追加してください。

リスト47 **ナビゲーションメニューへの公開中NFT売り注文ページ追加のためのインポート（./frontend/components/common/NavbarLinks.tsx）**

```
import {
  NavLink
} from "@mantine/core";
import {
  IconHome2,
  IconCards,
  IconShoppingCartBolt
} from "@tabler/icons-react";
```

続いて、以下に示す太字部分コードを追記し、公開中NFT売り注文ページへのリンクを追加します（リスト48）。

リスト48 **ナビゲーションメニューへの公開中NFT売り注文ページへのリンク追加（./frontend/components/common/NavbarLinks.tsx）【12行目～】**

```
export const NavbarLinks = () => {
  // ナビゲーションメニューに表示するリンク
  const links = [
  {
    icon: <IconHome2 size={20} />,
    color: "green",
    label: 'Home',
    path: "/"
  },
  {
    icon: <IconCards size={20} />,
    color: "green",
    label: 'My NFT',
    path: "/mynft"
  },
  {
    icon: <IconShoppingCartBolt size={20} />,
    color: "green",
    label: 'Buy NFT',
    path: "/order"
  }
  ];
(...以下略...)
```

次のコマンドでアプリケーションを再実行しておき、売り注文の公開まで済ませておいてください(リスト49)。

リスト49 サンプルアプリケーションの実行

```
% npm run dev
```

その状態でhttp://localhost:3000/order にアクセスすると、図5.24のように公開中の売り注文が確認できます。

図5.24 サンプルアプリケーションにおけるNFT購入画面

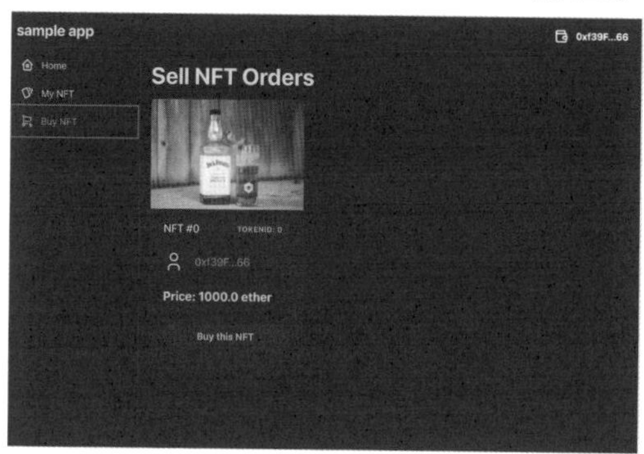

ここで、購入時にNFTの移転と購入代金の移転がされるかを確認したいので、売り注文の作成者とは別のアカウントに変えておきます。MetaMask拡張を開いて図5.25のようにアカウントの選択から、購入者とは別のアカウントに切り替えておいてください。

MetaMaskでアカウントを切り替えたあとは、サンプルアプリケーションの画面をリロードし、MetaMaskを再接続してみてください。右上のアカウントアドレスの値が切り替え先のアカウントのものになっていることが確認できたら、「Buy this NFT」ボタンを押してみてください。すると、図5.26のように、購入のトランザクション発行の確認ポップアップが表示されます。

図5.25　MetaMaskにおけるアカウント切り替え

図5.26　MetaMaskにおける購入トランザクション発行の確認ポップアップ

今回のサンプルアプリケーションでは、SeaportコントラクトのfulfillAvailableAdvancedOrdersメソッドが呼び出されることが確認できます。「確認」ボタンを押してトランザクションを発行してみてください。すると、成功のアラートメッセージが表示されます（図5.27）。

図5.27　購入成功時の画面

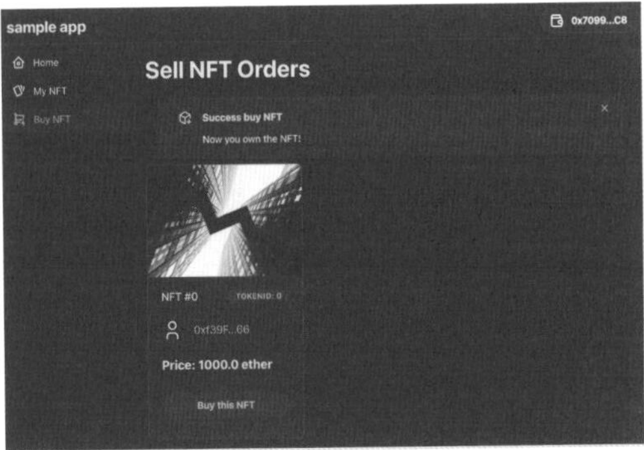

Hardhatのテスト用ネットワークの出力にも、次のようなSeaportコントラクトの呼び出しが記録されます（リスト50）。

リスト50 ブロックチェーンネットワークの出力

```
eth_sendRawTransaction
  Contract call:        Seaport#fulfillAvailableAdvancedOrders
  Transaction:          0xf096d431fb62aa57e0d3448a2dd06a508a71d3b25de14fb720f34d
                        e06f1d9630
  From:                 0x70997970c51812dc3a010c7d01b50e0d17dc79c8
  To:                   0xcf7ed3acca5a467e9e704c703e8d87f634fb0fc9
  Value:                1000 ETH
  Gas used:             142646 of 151561
  Block #8:             0xfa20ffbc582feeb0ab283796367d483b8e20bc04599594fe26aed5
                        89c8066bc3
```

My NFTページに遷移すると、購入したNFTについて自分が保有するものとして表示されているのを確認できると思います。また、MetaMaskの残高表示も購入代金分だけ少なくなっていることが確認できます(図5.28)。

図5.28 購入成立のトランザクションと減少している残高

これで、NFTマーケットプレイスの基本的な機能が完成しました。

5.7 NFTとクリエイターのロイヤリティ

Web3によるコンテンツ流通の話題が出るときによく語られる文脈として、クリエイターが主体となったプラットフォーム、クリエイターエコノミーといった論説があります。具体的には、二次流通におけるクリエイター収益＝ロイヤリティは、クリエイターエコノミーを実現する特長として語られることも多いという印象です。本節では、二次流通時のクリエイターロイヤリティがどのような仕組みで徴収されるかという一例を説明します。

ロイヤリティ情報をNFTに保持する方法として、現時点で最も議論が進んでいる規格と言えるのが、ERC-2981（Royalty Standard）[※65]です。これはOpenSeaなどのマーケットプレイスでも採用されています。ただし、ERC-2981の重要な特性として「ロイヤリティ情報を提供する」だけで、「ロイヤリティの徴収を強制するものではない」ということがあげられます。

それでは、具体的にサンプルアプリケーションのNFTをERC-2981に対応させてみます。今回もOpenZeppelinが公開するERC-2981のライブラリ[※66]を利用してみます。

まずは、インポートとコントラクトの継承を行います。以下に示す太字部分を追記してください（リスト51）。

リスト51 ERC2981 Royalty Infoコントラクトの追加（./contracts/MyERC721.sol）

```
// SPDX-License-Identifier: UNLICENSED
// Solidityのバージョンを定義
pragma solidity ^0.8.0;

// スマートコントラクトにRBACを追加する
import "@openzeppelin/contracts/access/AccessControl.sol";
// NFTにメタ情報格納先URIを返却する機能を提供する
import "@openzeppelin/contracts/token/ERC721/extensions/ERC721URIStorage.sol";
// 所有者ごとのtokenIdを返却する機能を提供する
import "@openzeppelin/contracts/token/ERC721/extensions/ERC721Enumerable.sol";
// ロイヤリティ情報の機能を提供する
```

※65 https://eips.ethereum.org/EIPS/eip-2981
※66 https://docs.openzeppelin.com/contracts/4.x/api/token/erc721#ERC721Royalty

```
import "@openzeppelin/contracts/token/common/ERC2981.sol";

contract MyERC721 is ERC721URIStorage, ERC721Enumerable, AccessControl,
ERC2981{
(...以下略...)
```

続いて、NFT作成処理を修正し、ロイヤリティの情報を保持するように変更します。同じく、以下に示す太字部分を追記します（リスト52）。

リスト52 NFT作成処理でのロイヤリティ追加（./contracts/MyERC721.sol）【39行目～】

```
    function safeMint(address to, string memory _tokenURI) public onlyRole(MI
NTER_ROLE) returns (uint256) {
        uint256 tokenId = _tokenIdCounter.current();
        _tokenIdCounter.increment();
        _safeMint(to, tokenId);
        _setTokenURI(tokenId, _tokenURI);
        _setTokenRoyalty(tokenId, to, 500);
        // NFTの作成者（=クリエイター）に5%のロイヤリティ設定
        return tokenId;
    }
```

最後に、ERC2981コントラクトのインターフェースを持つことを公開するように関数を修正します。以下の太字部分を追記してください（リスト53）。

リスト53 ERC2981のインターフェースを持つことの公開（./contracts/MyERC721.sol）【70行目～】

```
    function supportsInterface(bytes4 interfaceId) public view virtual override
(AccessControl, ERC721Enumerable, ERC721URIStorage, ERC2981) returns (bool) {
        return super.supportsInterface(interfaceId);
    }
```

修正は非常にシンプルで、safeMintしたときにERC2981コントラクトが提供するsetTokenRoyaltyを呼び出しているだけです。このメソッドを呼び出すことで、NFTにリスト54のような情報が保持されます。なお、royaltyFractionは万分率となっており、10000を設定することで100%となります。よって、5%のロイヤリティを設定したい場合は500を設定することになります。

リスト54 ロイヤリティ情報のスキーマ

```
struct RoyaltyInfo {
    address receiver;          // ロイヤリティの受け手
    uint96 royaltyFraction;    // ロイヤリティ割合（万分率）
}
```

コントラクト側の対応は以上です。

ロイヤリティの支払いを強制する場合は、次の2つの対応が必要になります。

- NFT出品者側でERC-2981のroyaltyInfoを参照し、売り注文データの手数料支払い項目にクリエイターへのロイヤリティ支払いのデータを追加する。
- マーケットプレイスで売り注文の公開を受け付ける際に、手数料支払い項目にroyaltyInfoに従ったデータが設定されているかValidationする。

このことからわかるように、ERC-2981はあくまでロイヤリティに関して、「誰に」「どの割合で」支払えばよいのかという情報を保持するのみで、ロイヤリティ支払いについてはマーケットプレイス任せとなっています。実際に、ERC-2981を設定していても、ロイヤリティ支払いを無視するマーケットプレイスも存在しています。そのため、OpenSeaも以前はロイヤリティ支払いがされるマーケットプレイスのみにTransferを許可するための“Operation filter registry”という仕組みを提供し、自身のマーケットプレイスではロイヤリティ支払いを強制していましたが、2023年8月にロイヤリティ支払いを任意とするよう方針を変更[※67]しました。この決定はクリエイターの反発も招いており、オンチェーン・オフチェーンでのロイヤリティ支払いについては、今後も議論がされていくものと考えられます。

※67　https://opensea.io/blog/articles/creator-fees-update

5.8 NFTとNFTマーケットプレイスにおける注意点

ここまでで、簡単なNFTマーケットプレイスをサンプルアプリケーションに実装していくことができたと思います。最後に、NFT・NFTマーケットプレイスを開発・利用するうえで注意する点を説明します。

まず1点目が、SetApprovalForAllの実行に関する注意点です。NFTマーケットプレイスの多くでは、NFTを売買する際にNFTの移転をマーケットプレイスコントラクトが代替するために、ユーザーからコントラクトアドレスに承認（SetApprovalForAll）を取得します。いったん承認されたアドレスについては、承認したユーザーのNFTを自由に移転することができます。この仕様を狙って、主要なNFTマーケットプレイスを模したフィッシングサイトが横行しており、不正に承認を得たうえでNFTを盗むといった攻撃がされています。特にSetApprovalForAllは、そのNFTコントラクト内で所有するすべてのNFTに対して許可を行うので、複数のNFTが標的になることがあります（図5.29）。

図5.29　フィッシングサイトでの不正なSetApprovalForAll実施の概要

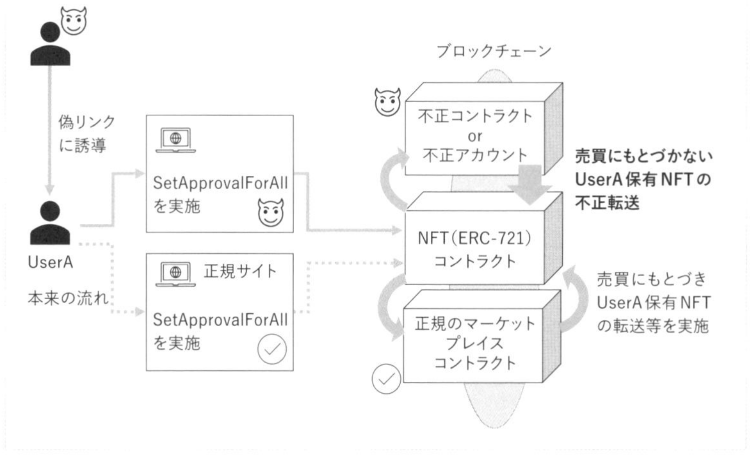

MetaMaskではSetApprovalForAllの際に、「どのサイトから」「どのアドレスに対して」SetApprovalForAllを許可するのかが表示されます（図5.30）。これをよく確認し、不正なコントラクトに許可を与えていないかどうかを確認する必要があります。また、マーケットプレイス側もコントラクトアドレスの情報を開示し、ユーザーが正しいアドレスかどうかを確認できるようにすることが望ましいでしょう。

図5.30　MetaMaskにおけるSetApprovalForAllの確認画面（図5.19再掲）

2点目が、売り注文の署名に関する注意点です。前述した通り、NFTの売り注文は売主が署名したうえ、オフチェーンでやり取りされ、購入者から売買が成立する仕組みです。攻撃手法としては、フィッシングサイトで売値0など不正な条件での売り注文をユーザーに署名させ、攻撃者が売買を成立させてしまうというような事例[※68]が発生しています。こちらもSetApprovalForAllと同じような対策となりますが、売り注文の署名時には、MetaMaskで確認ポップアップが出てきます（図5.31）。署名を要求したサイトと署名の内容についてはしっかりと確認するようにしたほうがよいでしょう。また、マーケットプレイス側としては、価格0だったりといった悪質な注文については出品制限するような対策が考えられます（図5.32）。

※68　https://coinpost.jp/?p=322628

図5.31　署名要求サイトの確認（図5.21再掲）

図5.32　MetaMaskにおける署名対象出品データの確認方法（図5.22再掲）

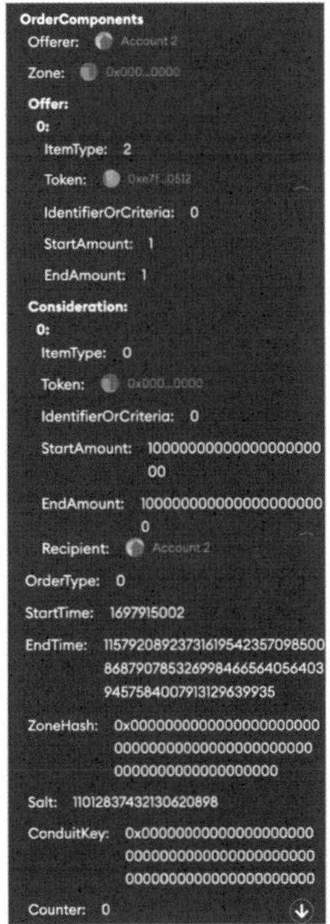

参考資料：

OpenZeppelin Access Control

https://docs.openzeppelin.com/contracts/4.x/api/access#AccessControl

OpenZeppelin ERC721

https://docs.openzeppelin.com/contracts/4.x/erc721

OpenZeppelin ERC721URIStorage

https://docs.openzeppelin.com/contracts/4.x/api/token/erc721#ERC721URIStorage

OpenZeppelin ERC721Enumerable

https://docs.openzeppelin.com/contracts/4.x/api/token/erc721#ERC721Enumerable

NFTプロジェクト「DigiDaigaku」創業者のTwitterアカウント乗っ取り、高額NFTなど流出被害に
https://coinpost.jp/?p=404344

第 6 章

DAO開発入門

本章では、DAOの基本的な概念や歴史、設計原則、主要技術要素を学び、DAOのコア機能である投票システムの概要を理解します。

6.1 DAOの全体像

6.1.1 DAOの概要

DAO（Decentralized Autonomous Organization）は、スマートコントラクトを通じて、ブロックチェーン上で運営される分散型の組織やコミュニティです。DAOの運営は、一般的にはスマートコントラクトによって行われ、そのルールやポリシーはDAOの参加者たちが共同で決定します。スマートコントラクトは、実行したい処理やガバナンスのルール、ポリシーをプログラムで定義し、自動的に実行することができるため、従来の中央集権的な組織構造の欠点を克服できます。

そして、この共同で決定するプロセスこそが、ガバナンスと呼ばれるものです。具体的には、DAOの参加者たちは、DAOの運営方針やDAOが行うプロジェクトの選定や資金の配分など、さまざまな意思決定を行います。これらの意思決定は一般的には投票によって行われ、自分の持つ投票権を使って、自分の意思を表現します。

ここで重要なのが、ガバナンストークンです。ガバナンストークンは文字通り、ガバナンス（組織運営）に参加するためのトークンで、このトークンを持っていることで投票権を得られます。つまり、ガバナンストークンを多く持っているほど、DAO内での影響力が大きくなります。これは、一般的な株式会社で言うところの株式と同じような概念で、株式を多く持っているほど株主総会での投票権が大きくなるのと同じです。

また、ガバナンストークンは、DAOの参加者がDAOの運営に積極的に参加するためのインセンティブでもあります。つまり、ガバナンストークンを持つことでDAOの運営に直接関与し、その成功に対して報酬を得ることが可能となります。これにより、DAOの参加者たちは自分たちの持つガバナンストークンが価値を持ち続けるために、より良い意思決定を行うように動機付けられます。

さらに、ガバナンストークンにより、グローバルなスケールでの参加と協働が可能になります。DAOはブロックチェーン上に存在するため、地理的な制約を受けず、世界中のどこからでも参加することが可能です。また、ガバナンストークンを通じて投票や意思決定を行うことで、時間や場所を問わずに組織の運営に参加することができます。

DAOの利点は一般的には、以下のようなものが考えられます。

1. **透明性**：ブロックチェーン上でのやり取りや意思決定プロセスが公開されるため、参加者はいつでもこれらの情報を確認することができます。これは、従来の組織の運営に比べて高い透明性を実現しています。
2. **効率性**：DAOの運営は、スマートコントラクトによって自動化されます。これにより、人間が直接介入することなく、効率的に運営を行うことが可能です。また、スマートコントラクトによる自動化は、人間のミスを防ぐだけでなく、不必要な手間やコストを削減することも可能です。
3. **柔軟性**：各DAOは、自分たちの目的や価値観に応じてガバナンスモデルを自由に設計することができます。これにより、各DAOは自身の特性に最適な運営方法を選択することができ、その結果、より効率的で効果的な運営を実現することが可能です。
4. **民主性**：DAOの運営は、ガバナンストークンを持つすべての参加者による投票によって行われます。これにより、一部の人間が組織の運営を一方的に決定することがなく、すべての参加者が組織の運営に対して影響をおよぼすことができます。これは、従来の組織の運営に比べて、より民主的で公平な運営を実現しています。

ただし、一方で課題も存在します。

1. **法規制**：DAOは新しい組織形態であるため、法的な枠組みや規制が十分に整備されていません。これは、DAOが地理的な制約を超えて活動することが可能であるため、どの国の法律が適用されるのか、また、DAOのメンバーが違法行為をした場合に誰が責任を負うのかなど、多くの法的な問題が存在します。
2. **セキュリティ**：スマートコントラクトにセキュリティ上の脆弱性が存

在すると、大きな損失が発生する可能性があります。具体的な事例としては、2016年に発生した「The DAO」のハッキング事件があります。この事件では、スマートコントラクトの脆弱性を突いたハッカーによって、当時で約6,000万ドル相当のETHが盗まれました。この事件は、DAOのセキュリティ上のリスクを世界中に知らしめるきっかけとなりました。

3. **DAO運営ノウハウの未成熟**：DAOの運営には新しい組織運営のノウハウが必要であり、これらのノウハウはまだ十分に蓄積されていないという現状もあります。具体的には、どのように効率的に意思決定を行うのか、また、DAOの参加者間の対立が発生した場合にどのように解決するのかなど、新たな運営モデルに対応するための知識や経験がまだ十分に広まっていないという課題があります。
4. **DAO参加のための障壁**：DAOに参加するには、通常、MetaMaskなどのウォレットの設定や暗号資産の購入が必要です。これは技術的知識を要求され、特に初心者にとっては大きな障壁となります。ユーザーインターフェースが直感的でないと、参加をためらわせる要因となります。これらの障壁を解消することで、より多くの人々がDAOに参加し、新しい組織形態の発展に貢献することが可能となります。

このような利点や課題がある中で、現実的にはスマートコントラクト上ですべてを実現するのではなく、Discordなどのオンラインコミュニケーションツールを利用して運用されることが多い状況です。スマートコントラクトは効率的な運営を可能にしますが、その一方で、ユーザー間の直接的なコミュニケーションやディスカッションを行うには限界があるためです。

また、これらのツールを通じて行われるディスカッションは、DAOの意思決定プロセスにおける重要な一部となります。DAO参加者は、Discordなどのプラットフォームで行われるディスカッションを通じて、自分の意見や提案を他の参加者に伝え、フィードバックを得ることができます。このプロセスを通じて提案は洗練され、より多くの参加者からの支持を得ることが可能となります。

そして、ディスカッションを経た提案は、最終的にスマートコントラクトで投票されます。この提案というのは、DAOごとに多種多様で、多くの貢献をした特定のアカウントに対してトークンを付与することや、応援したいプロジェクトに対する資金提供を行うことなど、さまざまなパターンがあります。こういったプロセスにより、DAOの運営は参加者全体によって行われ、その過程は透明性を保ちながらも効率的に行われることが可能になります。

また、DAOの基盤となる組織運営のルール、トークンの発行・配布、資金管理などは、スマートコントラクトを通じてブロックチェーン上で自動化されていることが一般的です。これにより、誰がどのタイミングでどのような意思決定をしたかが明確になるなど、高い透明性が確保されます。さらに、人間の介入を最小限に抑えることで、組織運営の効率性も向上します。つまり、現実的なDAO運営では、ブロックチェーン技術とオンラインコミュニケーションツールが組み合わされ、相互に補完しながら透明性と効率性を両立した組織運営を実現しています。また、トークンによるインセンティブは、参加者が組織の運営に積極的に参加し、貢献する動機付けとなります。

6.1.2 DAOの設計原則

DAOの設計原則として、3つ取り上げます。分散ガバナンス、トークンベースの投票と報酬、透明性・不変性です。これらにより、DAOが効率的かつ公平に運営されることを支えており、ブロックチェーン技術の特徴を最大限活用しています。

① **分散ガバナンス**：DAOの中心的な設計原則の1つは、分散型ガバナンスです。これは、権限と意思決定を一元的な権力ではなく、参加者全体に分散させることを意味します。分散型ガバナンスの採用により、組織内での権力の独占や不公平な意思決定が防がれ、より民主的で公平な運営が実現されます。また、分散型ガバナンスは、組織の持続可能性や柔軟性にも寄与し、外部からの攻撃や内部からの不正行為に対して、より強固な構造を提供します。

② **トークンベースの投票と報酬**：基本的にはDAOの意思決定は、トークンベースの投票システムにより実現されます。トークンホルダーは、保有するトークン数に応じて投票権を持ち、組織の方向性や政策に関

する決定に参加できます。これにより、組織の利益を最大化するためのインセンティブが提供され、参加者がアクティブに運営に関与することが促されます。

③ **透明性・不変性**：透明性と不変性は、DAOの信頼性と効率性を保証する重要な設計原則です。ブロックチェーン技術を用いたDAOは、取引履歴や投票結果、資金の移動などがすべて公開されており、誰でも確認できます。これにより、参加者は組織の運営状況や資金の使途を把握しやすくなり、不正行為が検出されやすくなります。また、ブロックチェーン上のデータは不変性が保証されており、改竄や削除が困難なため、運営の透明性が確保され、信頼性が向上します。

6.1.3 DAOの主要な技術要素

DAOを実現するための主要な技術要素を以下に記載します。これらの技術要素を複数利用し、組み合わせ、カスタマイズすることで、DAOは独自の機能や特性を持つ組織として構築され、効率的かつ民主的な運営を実現します。

① **スマートコントラクト**：自動化された取引や契約を実行するためのプログラムで、DAOの基盤となる技術要素です。スマートコントラクトを用いて、投票や資金の配分、報酬の支払いなどが実現されます。

② **トークン規格**：DAO内においてトークンを発行し、配布する際に利用されます。代表的なトークン規格には、ERC-20（代替可能トークン：FT）、ERC-721（代替不可能トークン：NFT）、ERC-1155（多機能トークン）などがあります。これらの規格を活用して、DAO内での貢献に応じてトークンを配布することが可能です。

③ **ガバナンストークン**：DAOの運営において中心的な役割を果たすトークンです。ガバナンストークンは、一般的にERC-20規格に準じて作成され、DAO内での投票権や意思決定権を持つトークンとして機能します。このトークンを通じて、参加者は組織の方向性や政策に影響を与えることができます。また、ガバナンストークンは組織への貢献に対する報酬としても提供され、組織への参加や活動を促すイン

センティブとして機能します。

④ **投票機能**：DAOの意思決定プロセスにおいて重要な役割を果たす技術要素です。これは、DAOの参加者がプロジェクトや提案に対して投票し、その結果にもとづいて決定が下される仕組みです。投票システムにはさまざまな種類が存在し、1人1票制やトークンウェイト制（持っているトークン量に応じた投票権）などがあります。また、「スナップショット」※69のようなオフチェーン投票ツールも利用されることがあります（図6.1）。これらの投票システムを活用することで、民主的で効率的な意思決定が実現されます。

図6.1 「スナップショット」画面

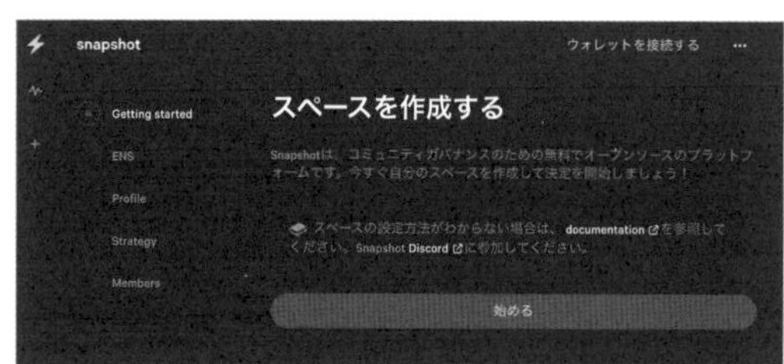

⑤ **トレジャリー**：DAOの資金管理において重要な役割を果たす技術要素です。これは、DAOの資金が集められ、保管され、投票によって配分される仕組みです。トレジャリーにはさまざまな資産（暗号資産やERC-20、ERC-721などをベースとした独自トークン）が含まれ、投票や提案によって安全、効率的、適切に管理されます。

※69 https://snapshot.org

6.2 DAOに関する規格、動向

6.2.1 DAOに関する規格、標準実装

DAOは比較的新しい技術分野であり、その標準規格は確定されているものはないのが現状です。さまざまなコミュニティやプロジェクトの中で定義され、実装されています。ただし、標準的な実装やフレームワーク、DAOの作成や管理を容易にするためのツール（Aragon[※70]など）が存在しています（図6.2）。

図6.2　Aragon画面

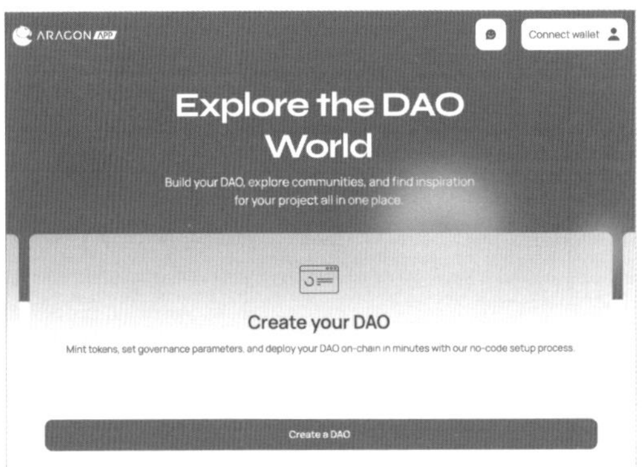

代表的なものとして、DAOの分散ガバナンス、トークンベースの投票機能の標準的な実装がOpenZeppelin[※71]にて、提供されています。OpenZeppelinの実装を利用することで、DAOを立ち上げたい開発者が個別にスマートコントラクトを実装するのではなく、効率的に実装することが可能となります。また、セキュリティ面でも考慮された実装となっているため、本書でも利用します。

ERC-4824（Common Interfaces for DAOs）[※72]などがDraftとして提案さ

※70　https://app.aragon.org/
※71　https://docs.openzeppelin.com/contracts/4.x/api/governance
※72　https://eips.ethereum.org/EIPS/eip-4824

れています。

6.2.2 OpenZeppelinによる投票機能の標準実装

ガバナンスのコアとなる投票機能の標準的な実装コードが、OpenZeppelinにて、Governorとして提供されています。Compound[※73]というレンディングプラットフォームにおいて、利用されているガバナンスのプロトコル（Governor Alpha[※74] & Governor Bravo[※75]）が基となっています。Compoundにおいては、COMPトークン（ERC-20）がガバナンストークンとして機能しますが、OpenZeppelinの実装では、自身で作成したERC-20や、ERC-721を利用した独自のオンチェーン上での投票システムを開発することが可能になります。これには投票の提案作成機能や投票実行、そして投票が完了した際の実行機能が含まれます。詳細は後述します。

参考として、定義されている関数を以下に記載します（表6.1）。

表6.1 OpenZeppelinにおけるGovernor関数

モジュール	属性名	説明
コアモジュール	name	インスタンスの名前を返す
	version	インスタンスのバージョンを返す。デフォルトは1
	clock	ERC6372を参照して、時計の値を返す
	CLOCK_MODE	EIP-6372にもとづいて、時計のモードを返す。デフォルトはブロック数ベースでの時計になるが、タイムスタンプベースでの時計に変更することも可能
	hashProposal	提案の詳細から提案IDを再構築するためのハッシュ関数
	state	特定の提案IDの現在の状態を返す
	proposalSnapshot	提案のスナップショットのタイムポイントを返す
	proposalDeadline	提案の投票締め切りのタイムポイントを返す
	proposalProposer	提案を作成したアカウントを返す

※73 https://compound.finance/

※74 Compoundの初期ガバナンスプロトコル

※75 Governor Alphaに対していくつか改良を加えているプロトコル
https://www.comp.xyz/t/governor-bravo-development/942

ユーザー設定モジュール	votingDelay	提案が作成されてから投票が開始されるまでの遅延を返す
	votingPeriod	投票の期間を返す
	quorum	提案が成功するために必要な最小投票数を返す
投票モジュール	hasVoted	アカウントが提案に投票したかどうかを返す
	propose	新しい提案を作成する
	execute	成功した提案を実行する
	cancel	提案をキャンセルする
	castVote	投票を行う
	castVoteWithReason	理由とともに投票を行う
	castVoteWithReasonAndParams	理由と追加パラメータを持つ投票を行う
	castVoteBySig	ユーザーの署名を使用して投票を行う
	castVoteWithReasonAndParamsBySig	理由と追加パラメータおよびユーザーの署名を使用して投票を行う
その他	COUNTING_MODE	UIによる投票オプションの表示と結果の解釈に使用される、投票のカウント方法の説明を返す

6.2.3 その他のDAOに関係する規格

DAOに関係する標準規格について紹介します。以下の規格は、いずれもまだReview（提案された規格がピアレビュー段階）やDraftのステータス（提案された規格が初期の開発段階）であり、今後、さらなる議論と改善のうえで、標準的な規格になることが期待されます（表6.2）。

表6.2　提案されているDAO関連の規格

標準	ステータス	特徴
ERC-5247	Review	オンチェーンでスマートコントラクト提案を作成および実行するためのインターフェース。DAOにおける提案を作成および実行するインターフェースを指定し、それらにターゲットコントラクトアドレス、送信されるEtherの値、およびガス制限などの情報を含めることとしている

ERC-4824	Draft	オンチェーンとオフチェーンのメンバーシップと提案を関連付ける。DAO定義があいまいで相互運用性が欠けていることに対し、この規格は標準のdaoURIを提供し、DAOの発見、提案のシミュレーション、ツール間の相互運用性を向上させ、将来のDAO規格の基盤を提供する
ERC-5805	Draft	DAOの投票権を表現するトークンの標準化を提案する規格。多くのDAOでは投票権をトークンで表現するが、標準化されていないため問題が生じている。この規格は、投票の委任と追跡方法を標準化し、多様な時間追跡関数を考慮することで、これらの問題を解決しようとしている。特に、ユーザーが投票権を委任し、投票重みとバランスを区別できるようにし、またマルチチェーン環境での時間追跡の問題も対処する
ERC-1202	Draft	スマートコントラクトでの投票実装用APIを提供するEIP。この規格は、標準化された投票にもとづく一般的なUIとアプリケーションの構築、代理投票／自動投票の許可、投票結果の標準的なオンチェーン記録、トークン標準との互換性、およびイーサリアムエコシステム内での相互運用性の向上を目的としている
ERC-6506	Draft	提案に対する投票を促進するための契約の設計を提供する。この契約は、投票者に対して投票を行うインセンティブを提供し、その投票が検証されるまで資金をエスクロー（一時預かり）する。背景として、いくつかのDAOでは賄賂（インセンティブ）を使って投票を促進しているが、これにはいくつかの問題があり、効率が悪かったり、信頼性に欠けたりする。ERC-6506は、これらの問題を解決し、投票を促進し、投票がどのように行われ、資金がどのように管理されるかを明確にすることを目的としている

6.3 ガバナンストークンと投票機能

OpenZeppelinの実装を参照し、ガバナンストークンと投票システムがどのように実装されているのかを解説していきます。

6.3.1 OpenZeppelinによる投票システム

OpenZeppelinのGovernorは、Compound Financeと協力し、モジュールとして利用可能な投票機能を提供しています。OpenZeppelinは独自のコントラクトを容易に作成、デプロイするために、コントラクトウィザード[※76]というオンラインのツールを提供しています。このツールを利用することで、ERC-20、ERC-721、ERC-1155、Governorの独自コントラクトが作成可能となっています。

モジュールとして利用できる利点としては、プロジェクトごとの要件、プロジェクトのさまざまな人数規模やプロジェクトのフェーズによって、ガバナンストークンや投票ポリシー、投票メカニズム、セキュリティ要件など、変更、設計が可能になる点です。

また、優れたユーザーインターフェースを持つDAO作成サービスとして、Tally[※77]というサービスがあります。Tallyは、OpenZeppelinをベースにした投票システムを利用することが可能です。提案を容易に作成でき、また自身の投票力や、どの程度投票がされているのかなど、直感的でわかりやすいインターフェースで確認することができます。

6.3.2 投票システムを設計および実装する際の重要な要素

投票システムを具体的に実装していく際の重要な要素を紹介します。また、すべてに影響しますが、これらを設計実装する際には、関連する法律と規則を遵守する必要があり、法律の専門家と協力して、法律と規則の要件を確認し、遵守することも重要です（図6.3）。

※76　https://wizard.openzeppelin.com/#governor
※77　https://docs.tally.xyz/

図6.3　モジュール型での投票システムの考慮事項

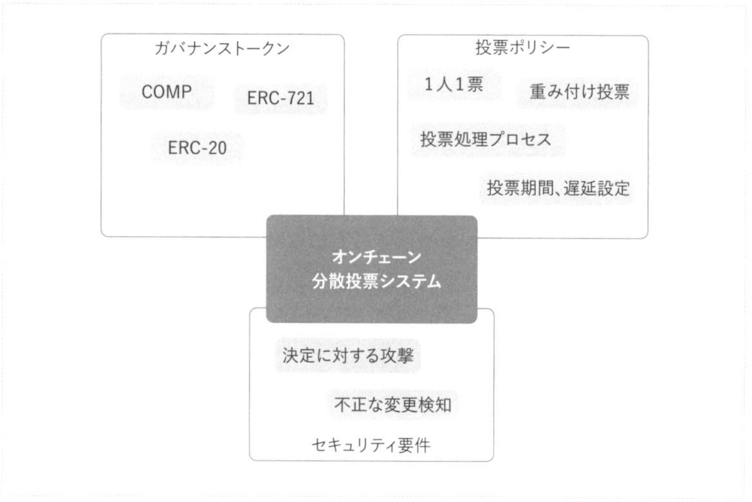

6.3.3　ガバナンストークン

ガバナンストークンとして、ERC-20やERC-721（NFT）などのトークンを選定することは重要です。

- **トークンの選定**
  トークンはそれぞれ異なる特性と機能を持っています。どのトークン規格がDAOの目的に適しているかを検討する必要があります。NounsDAO[※78]はNFTを所有することで、ガバナンスに参加することができます（図6.4）。
- **トークン発行量**
  トークンの発行量はガバナンスの構造と機能に影響を与えます。総発行量や初期配布、および将来のトークン発行の可能性を検討することが重要です。
- **投票権の表現**
  トークンは投票権として表現されることが多く、一般的には1トークンで1票の原則が適用されます。

※78　https://nouns.wtf/

- **トークンの流動性**

  ガバナンストークンの流動性は、投票プロセスとガバナンスの健全性に影響を与えます。トークンの流動性を確保し、広範なステークホルダーが参加できるようにすることが重要です。

- **トークンの委任とロックアップ**

  投票権の委任やトークンのロックアップは、投票プロセスとガバナンスのエンゲージメントを強化するために重要です。トークンの委任とロックアップのメカニズムを設計し、投票参加を促進することが重要です。第7章で実装するDAOのサンプルアプリケーションにおいても、委任を行う機能をERC-20に実装します。

図6.4　NounsDAO

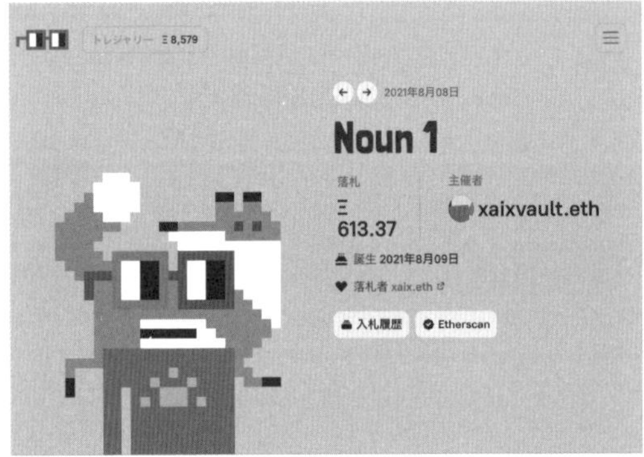

6.3.4　投票ポリシー

投票ポリシーの決定は、ブロックチェーンベースの投票システムのプロセスや透明性などに重要な影響を与えます。

- **投票方式**

  1人1票方式や重み付け投票（1トークン1票または他の計算方法）など、異なる投票方式の利点と欠点を検討することが重要です。

- **投票資格**

  投票に参加する資格を明確に定義することが必要です。トークンの保有が投票参加資格となる場合があります。

- **投票期間**

  投票期間の長さは、投票のアクセス可能性と参加に影響を与えます。短すぎると参加が困難になり、長すぎると効率が低下する可能性があります。

- **提案と議論のプロセス**

  提案がどのように行われ、議論とレビューがどのように促進されるかを明確に定義することが重要です。提案を行う前にDiscordなどのコミュニケーションツールを活用し、議論を実施のうえ、提案が作成される場合があります。

- **投票の結果と承認基準**

  提案に対する投票の結果をどのような計算と基準で承認されるのかを明確に定義することが重要です。最低投票数や、提案成功・承認の定量的な基準（過半数での賛成多数で可決など）の定義は重要です。

6.3.5 セキュリティ

ブロックチェーンベースのガバナンスシステムでは、セキュリティが重要な懸念事項です。以下の要因に注意を払うことが重要です。

- **スマートコントラクトのセキュリティ**

  スマートコントラクトはコードが公開されており、かつ、変更できないため、脆弱性やバグは事前にできるだけ摘み取る必要があります。セキュリティ専門会社などにより、スマートコントラクトのコード監査サービスが提供されている場合がありますので、その活用も検討する必要があります。

- **不正な変更の検出**

  イベントロギング：スマートコントラクトには、重要な変更や操作をトラッキングするためのイベントロギング機能を組み込むことができます。イベントはブロックチェーンに記録され、不正な変更を検出しやすくします。

  アクセス制御：重要な関数に対するアクセス制御を厳格に設定し、権限のあるアカウントのみがこれらの関数を実行できるようにします。これは、不正な変更を未然に防ぐ助けとなります。

モニタリングとアラート：スマートコントラクトの活動を定期的に監視し、不審な活動が検出された場合にアラートを生成するモニタリングシステムを設定することも重要です。

- **投票と提案の操作**

1人の攻撃者が多数の偽のアカウントを作成し、投票を操作するシビル攻撃を防ぐ方法を検討する必要があります。また、長期的なロックアップの要件を設定することで、短期的な悪意のある攻撃を減らすことが可能になります。

- **アップグレード可能なコントラクト**

スマートコントラクトの安全性を保つためには、発見されたセキュリティの問題点を修正できるように、コントラクトをアップグレード可能に設計することが重要です。以下の手法を利用することで、スマートコントラクトのアップグレードを効果的に行うことができます。

プロキシパターン：アップグレード可能なコントラクトの設計において、一般的な方法です。このパターンでは、プロキシコントラクトが永続的なデータストレージを保持し、実際のビジネスロジックは別のコントラクト（実装コントラクト）に格納されます。アップグレード時には、新しい実装コントラクトをデプロイし、プロキシコントラクトが新しい実装コントラクトを指すように更新します。この方法で、データを保持したままでコントラクトのロジックをアップグレードできます。

データとロジックの分離：データとビジネスロジックを別々のコントラクトに分離することで、ビジネスロジックコントラクトをアップグレードしてもデータが保持されるようにします。新しいロジックコントラクトは既存のデータコントラクトを参照し、データを読み書きします。

参考資料：

Next Generation Smart Contract Governance

https://blog.openzeppelin.com/governor-smart-contract

UPGRADING SMART CONTRACTS

https://ethereum.org/en/developers/docs/smart-contracts/upgrading/#what-is-a-smart-contract-upgrade

第 7 章

DAO システム開発

本章では、DAOの開発プロセスや、具体的な開発手順を学びます。実際に簡易なプロトタイプ開発を経験することで、DAOシステム開発を理解します。

7.1 DAOの全体設計

7.1.1 DAO開発プロセスの概要

DAOのシステム開発は以下のような流れで進めます。本書ではおもに、①～④を中心にしつつ、ブロックチェーン部分だけでなく、簡易的なフロントエンドを含めて包含的に解説します。Hardhatで実際のSolidity言語を利用したプロトタイプ開発を行います。

① **DAOの目的定義とインセンティブ設計**：DAOプロジェクトの基本的なアイデアや目的を明確にし、どのようなガバナンスモデルやインセンティブの設計、機能を持たせるかを検討します。

② **開発ツールとフレームワークの選定**：システムの開発に適したツールやフレームワークを選択します。おもなDAOツールにはAragonなどがあります。独自の拡張をする場合、Solidityなどのスマートコントラクト言語を利用し、TruffleやHardhatのような開発環境を選定します。

③ **スマートコントラクトの設計と実装**：選択したフレームワークを基に、スマートコントラクトを設計し、実装します。この段階では、標準規格（ERC-20、ERC-721、ERC-1155）や標準的な実装を用いて、ガバナンストークンや投票機能を設計、実装します。OpenZeppelinのような標準実装プロジェクトは、DAO開発者が既存の実績あるコンポーネントを活用することで、セキュリティリスクを軽減し、開発時間を短縮することができます。

④ **テストとデバッグ**：開発したスマートコントラクトの機能やセキュリティを確認するため、開発環境における単体テストや、テストネット上でテストを実施し、バグや脆弱性を修正します。

⑤ **セキュリティ監査**：プロダクションレベルでのスマートコントラクト開発の場合は特に、独立した第三者機関によるセキュリティ監査を受

け、スマートコントラクト自体や、必要に応じてWebアプリケーションシステムの安全性を検証します。

⑥ **メインネットへのデプロイ**：テストと監査が完了したら、メインネットにスマートコントラクトをデプロイし、DAOが実際に稼働できるようにします。

⑦ **コミュニティの構築と運営**：プロジェクトの成功にはコミュニティの構築と運営が不可欠です。Discordなどのコミュニケーションツールを活用し、参加者との連携を図ります。

7.1.2 DAOの全体システム構成　～アーキテクチャの構成～

Webアプリケーションを含めたDAOシステム全体のシステム構成を説明します。

DAOの全体システム構成をレイヤで分ける場合、大きく分けると、ブロックチェーンレイヤとアプリケーションレイヤで考えることができます。

ブロックチェーンレイヤでは、ガバナンストークンとしてのERC-20トークンコントラクト、DAOの分散ガバナンスのコアとなる提案や投票機能を司るGovernorコントラクト、ガバナンスプロセスの管理や調整のためのTimelockControllerコントラクトに分かれます（図7.1）。

アプリケーションレイヤでは、それぞれのコントラクトに紐づく機能を実行するためのインターフェースやバックエンドシステム、データベースを提供します。

本書で開発するサンプルアプリケーションは、簡略化のためバックエンドシステムやデータベースは除外し、フロントエンドアプリケーションからブロックチェーンレイヤのコントラクトへアクセスする構成とします。

図7.1　サンプルアプリケーション全体システム構成

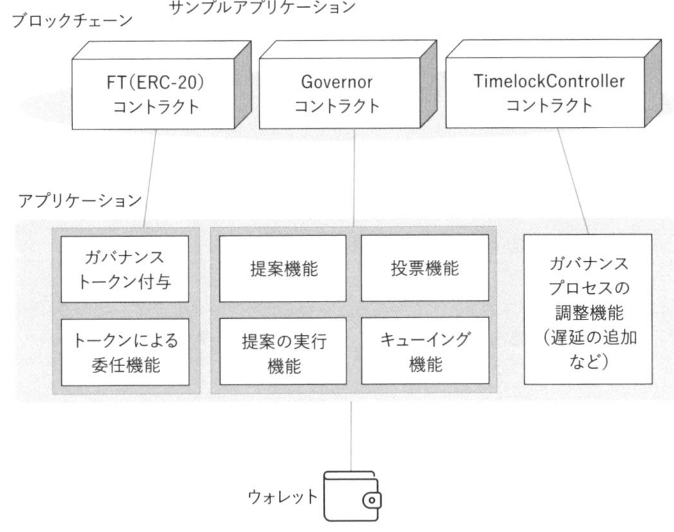

7.2　DAO開発に向けた設計

DAOの目標・目的を定義し、機能を整理し、設計することを通じて、DAO開発の理解を深めていきましょう。

7.2.1　背景や目的

DAOを開発する前の最初の重要なステップは、その利用者、目的、およびインセンティブの設計を明確にすることです。これは、組織を設計するプロセスに非常に類似しています。明確な目的定義は、DAOがなにを達成しようとしているのか、そして誰のために価値を提供しようとしているのかを理解するために重要です。一方、インセンティブの設計は、コミュニティメンバーや参加者がDAOに参加し、貢献する動機を提供します。本書では、目的を以下のように定義します（表7.1）。

表7.1　サンプルアプリケーションの背景や目的の例

背景	あなたは、とある企業内に所属するエンジニアです。日々、最新技術が更新されていく中で、1人ではキャッチアップするのに非常に負担を感じています。そこで、所属部署内での情報交換、情報共有活動を促進させたいと考えています
DAOの目的	部署内での情報共有活動の促進
DAOのコミュニティ、参加者	部署内の全メンバーを初期メンバーとします。また、関連部署のメンバーも参加する可能性があります

7.2.2　インセンティブ設計

インセンティブは、コミュニティのエンゲージメントと参加を促進し、DAOの目的達成に向けた行動を奨励します。インセンティブの設計は、メンバーの貢献を評価し、報酬を提供するメカニズムを含むため、組織設計の重要な側面となります。ガバナンスモデルとして、トークンの保有量に応じて投票ができるモデルとします（表7.2）。

表7.2　サンプルアプリケーションのインセンティブ設計の例

貢献度に応じた報酬	部署内チャットでの情報共有の投稿数や、貢献活動（ドキュメント作成、セミナー開催）に応じて、ERC-20トークンを付与
投票権	部署内での決定事項について、トークンの保有量に応じて投票権を持たせる
スキルバッジ	トークンが一定数貯まることでバッジを付与し、特典と交換可能とする

7.2.3　必要な機能の整理

ここまでに定義したサンプルアプリケーションを実装するために必要な機能は、表7.3のようなものが考えられます。トークンの付与や、投票機能をスマートコントラクトにより自動化することで、ブロックチェーンの中で透明かつ自動的に運用可能となります。

本章では、DAOのガバナンスのコアとなる提案の作成機能、投票機能、および実行機能の実装を行います。また、トークンの付与を実行する提案を行うことで、今回のサンプルアプリケーションでの投票の結果、トークン付与が自動で実行されることも確認します（図7.2）。

表7.3　サンプルアプリケーションの機能の例

機能名	内容
トークン付与機能	参加者が情報を共有することなどの貢献に応じて、自動的にトークンが付与される機能。スマートコントラクトにより自動化
貢献者ダッシュボード機能	参加者の貢献度を可視化するダッシュボード。ブロックチェーンに記録されたデータにもとづいて自動更新される。本サンプルアプリケーションでは実装しない
提案を作成する機能	参加者が新しい提案を作成できる機能。サンプルアプリケーションでは、特定の人にトークンを与えるための投票作成に利用する
トークンベースの投票機能	提案に対して、トークンを持っている量に応じて投票権が増減される仕組み。スマートコントラクトで自動化。Governorコントラクトを利用して実装する
提案の実行機能	提案が投票結果を基に承認された場合に実行する機能。スマートコントラクトで自動化。Governorコントラクトを利用して実装する
バッジマーケット機能	バッジと報酬を交換できるマーケットプレイス。本サンプルアプリケーションでは実装しない
リワード機能	一定期間（年次、四半期）などで最もトークンを獲得した人にバッジを与える機能。本サンプルアプリケーションでは実装しない

図7.2　サンプルアプリケーションで実装する範囲での処理フロー

7.2.4 ガバナンスモデル設計

以下のようにガバナンスモデルを設計します。サンプルアプリケーションでは簡易的な動作確認を目的としているため、投票期間などはテストを主目的とした短期間での設計としますが、実際の設計時においては、利用目的などに応じて個別設計をしてください。

- **ガバナンストークン**：第3章で作成したERC-20トークンを利用します。ガバナンストークンは、DAOのガバナンス機能に参加するためのトークンで、トークンの保有量に応じて投票権が得られます。
- **トークンの発行**：第3章で作成したERC-20トークンの設計を踏襲し、トークンの発行量の上限は設けず、貢献に応じてトークンを払い出す設計とします。これにより、貢献度に応じた報酬を与える要件を満たします。
- **投票権**：1トークンで1票としての重み付け投票を行う設計とします。
- **投票の委任**：投票の委任ができる設計とします。これにより、他の参加者に投票権を委任し、ガバナンスプロセスに参加できます。一方で、自分自身がガバナンスプロセスに参加する際は、自分で自分に対して委任することとします。
- **投票の開始**：提案が作成されたら即時、投票開始することとし、遅延は設けない設計とします。
- **投票期間**：投票期間は2ブロック分の期間とします。
- **最低投票数**：最低投票数は設けない設計とします。
- **投票の選択肢**：提案に対する投票は、賛成、反対、棄権の3つとします。
- **提案の承認**：提案に対して反対より賛成が多い場合、提案が承認される設計とします。提案の内容自体が特定のアカウントへのトークンの付与である場合、提案が賛成多数で承認され、トークンの付与が実行されます。

7.2.5 ガバナンスモデル拡張設計

前項は、ERC-20またはOpenZeppelinのGovernorおよび拡張を利用することで実現が可能ですが、今回のサンプルアプリケーションでは、TimelockControllerにより実現できる以下の内容についても設計として追加拡張したいと思います。

- **キューイングステップ**：提案が賛成多数で承認されたあと、提案が適切なものであるかどうかを検討するフローとして、キューイングステップの追加をします。キューイングステップは提案の実行前に追加の確認のためのステップを提供し、エラーや不正な提案を防ぎます。
- **実行までの遅延**：提案が賛成多数で承認されたあと、DAOメンバーにて提案の影響を理解し、必要に応じて対応するために、実行までの遅延を追加できることとします。これにより、メンバーは提案の影響を理解し、対応する時間を持てるようになります。

7.2.6 投票シーケンス

サンプルアプリケーションにおける投票のシーケンスを記載します（図7.3）。また、それぞれのステータスの内容は、表7.4にて説明します。

まず、実行を希望する内容を含めた提案を作成すると、提案はPendingステータスに遷移します。このステータスは提案がシステムに登録され、投票が開始される準備ができたことを示します。その後、即時、提案はActiveステータスに遷移し、投票が開始されます。投票期間（設計では2ブロック経過）が完了されるまでの間で、メンバーは提案に投票を行います。投票期間終了時点で賛成多数である場合、提案はSucceededステータスに遷移し、提案が成功します。次に、TimelockControllerの機能を活用し、提案はQueuedステータスに移行します。TimelockControllerは、提案の実行前に一定の待機時間を設けることで、メンバーに提案の内容をレビューする時間を提供します。一定の遅延後に提案を実行することができるようになり、提案に含まれる実行を希望する内容が自動的に処理されます。

サンプルアプリケーションにおける実行を希望する内容は、指定アカウントに対してガバナンストークンであるERC-20トークンの払い出しをする処理となります。

図7.3　サンプルアプリケーションでの投票シーケンス

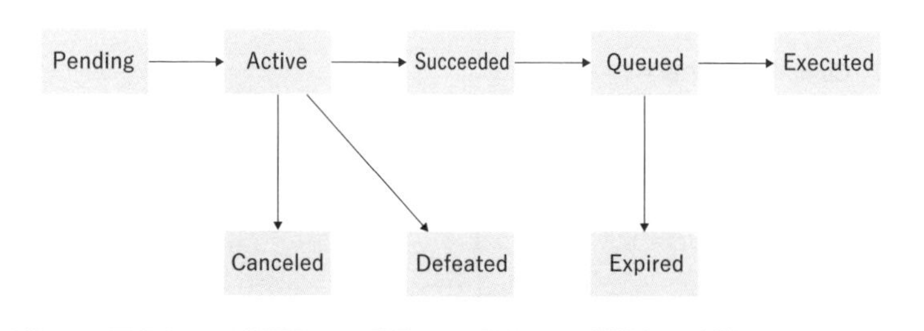

表7.4　Proposal Statusの遷移

提案ステータス	内容	遷移先ステータス
Pending	提案が作成されていてもまだアクティブではない状態	Active（投票が開始される）
Active	提案がアクティブで投票が受け付けられる状態	Canceled（提案作成者によってキャンセル） Defeated（投票に失敗） Succeeded（投票に成功）
Canceled	提案がキャンセルされた状態	—
Defeated	提案が失敗した状態	—
Succeeded	提案が成功した状態	Queued（実行キューに追加）
Queued	提案が実行のキューに入れられた状態	Expired（期限切れ） Executed（実行済み）
Expired	提案が期限切れとなった状態	—
Executed	提案が実行された状態	—

また、第6章でも紹介したCompoundというレンディングプラットフォームにおいて、利用されているガバナンスのプロトコルにおける投票のステータス変更プロセスは、コミュニティからの徹底的なレビューを確保できるように設計されています（図7.4）。提案が作成されると、投票がはじまる前に2日間のレビュー期間を経て、その後、3日間投票が行われます。提案が多

数派の票で少なくとも400,000票を受け取ると、Timelockにキューイングされ、2日後に実行することができます。このプロセス全体は少なくとも1週間かかります。この構造化されたアプローチにより、ステークホルダーは提案をレビューし、投票し、そして制御された安全な方法で実行されるのを見るために十分な時間を持つことができます。

図7.4　Compoundでの投票シーケンス
(https://docs.compound.finance/v2/governance/)

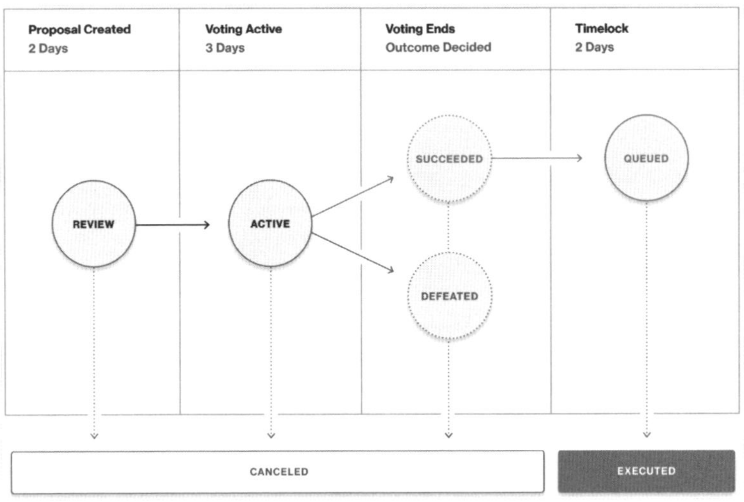

7.2.7　アプリケーションレイヤ設計

アプリケーションとしては、第5章で作成したブロックチェーンアプリケーションに、サンプルアプリケーションとしての機能を追加で実装していきます。また今回作成するサンプルアプリケーションは、Next.jsの再起動やホットリロードで提案一覧が消えてしまうようなものなので、実際にはデータベースやファイルに書き込むなど永続化する仕組みが必要です。ここでは説明のわかりやすさのため、このようにしています。

7.3 DAO開発

7.3.1 DAOの開発の流れ

DAOのサンプルアプリケーションを以下の流れで開発していきます。大きくブロックチェーンのスマートコントラクトの開発と、アプリケーションの実装の2つを開発します。

開発のための技術スタックには、引き続きスマートコントラクトの開発にHardhatを利用し、アプリケーションの開発にはNext.js上でUI ComponentライブラリであるMantineとブロックチェーンの接続にethers.jsを活用して開発を進めていきます。サンプルアプリケーションの全体システム構成と節とのマッピングは、図7.5のようになっています。

図7.5 全体システム構成と本章の節とのマッピング

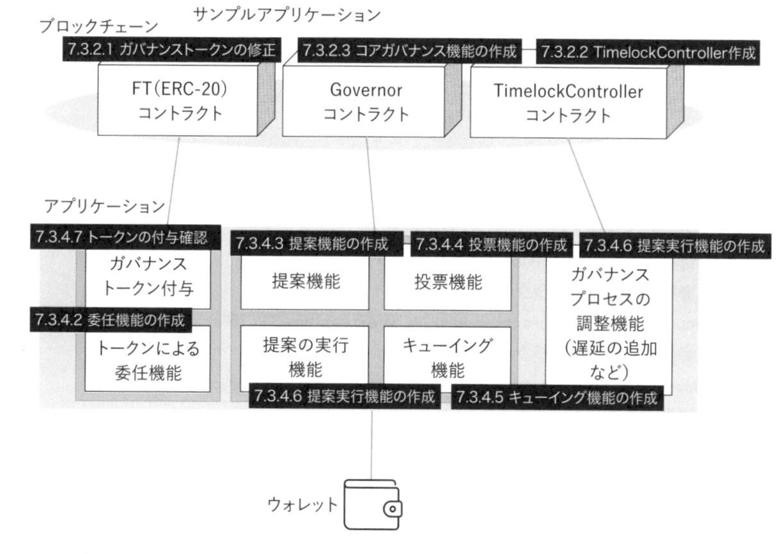

7.3.2 スマートコントラクトの実装

7.3.2.1 ガバナンストークンの修正

投票権としても扱うガバナンストークンは、第3章で作成したERC-20のMyERC20を利用することとします。ただし、保持するトークン数と投票力を紐づけるために、既存のトークンコントラクトに対して、修正が必要となります。また、トークンを作成（mint）できるように、mintメソッドを作成する必要があります。その際、誰でもトークンを作成できるようにはせず、特定の役割を持ったアカウントだけが実行できるようアクセス制御の機構を追加します。また、トークンを作成する役割を持ったアカウントを追加できるようにgrantMinterRole関数も追加しています。

VSCodeでblockchainAppフォルダを開いて準備してください。

左側のエクスプローラーに表示されている“contracts”フォルダにある「MyERC20.sol」を開きます。太字部分を追記、修正します（リスト01）。

リスト01 My ERC20.solのコード修正箇所（./contracts/MyERC20.sol）

```
// SPDX-License-Identifier: Unlicense
pragma solidity ^0.8.0;

// OpenZeppelinのERC-20をインポート
import "@openzeppelin/contracts/token/ERC20/ERC20.sol";
// オーナー権限を管理するコントラクトを追加
import "@openzeppelin/contracts/access/Ownable.sol";
// 投票に必要な拡張コントラクトを追加
import "@openzeppelin/contracts/token/ERC20/extensions/ERC20Permit.sol";
// 投票に必要な拡張コントラクトを追加
import "@openzeppelin/contracts/token/ERC20/extensions/ERC20Votes.sol";
// アクセス制御するコントラクトを追加
import "@openzeppelin/contracts/access/AccessControl.sol";

// インポートしたERC-20を継承してMyERC20を作成する
contract MyERC20 is ERC20, Ownable, ERC20Permit, ERC20Votes, AccessControl {

  bytes32 public constant MINTER_ROLE = keccak256("MINTER_ROLE");
```

```
// トークンの名前と単位を渡す
constructor() ERC20("MyERC20", "ME2") ERC20Permit("MyERC20") {
    // トークンを作成者に1000000渡す
    _mint(msg.sender, 1000000);
    Ownable(msg.sender);
    _grantRole(MINTER_ROLE, msg.sender);
}

/**
* @dev トークンを発行 (Mint)
* この関数は MINTER_ROLE を持つアドレスだけが呼び出すことができる
* @param to トークンの受け取り先アドレス
* @param amount 発行量
*/
function mint(address to, uint256 amount) public {
    require(hasRole(MINTER_ROLE, msg.sender), "Caller is not a minter");
    _mint(to, amount);
}

/**
 * @dev トークンを発行 (Mint) する内部関数
 * ERC20とERC20Votesでオーバーライドが必要
 * @param to トークンの受け取り先アドレス
 * @param amount 発行量
 */
function _mint(
    address to,
    uint256 amount
) internal override(ERC20, ERC20Votes) {
    super._mint(to, amount);
}

/**
 * @dev トークンの転送後に呼び出される内部関数
 * ERC20とERC20Votesでオーバーライドが必要
 * @param from 送信元アドレス
 * @param to 送信先アドレス
 * @param amount 転送量
 */
function _afterTokenTransfer(
    address from,
    address to,
    uint256 amount
) internal override(ERC20, ERC20Votes) {
```

```
        super._afterTokenTransfer(from, to, amount);
    }

    /**
     * @dev トークンを焼却（Burn）する内部関数
     * ERC20とERC20Votesでオーバーライドが必要
     * @param account 焼却するトークンの所有者アドレス
     * @param amount 焼却量
     */
    function _burn(
        address account,
        uint256 amount
    ) internal override(ERC20, ERC20Votes) {
        super._burn(account, amount);
    }

    /**
     * @dev MINTER_ROLE を新たなアドレスに割り当てる
     * この関数はコントラクトのオーナーだけが呼び出すことができる
     * @param minterAddress MINTER_ROLE を割り当てるアドレス
     */
    function grantMinterRole(address minterAddress) public onlyOwner {
        _grantRole(MINTER_ROLE, minterAddress);
    }
}
```

ファイル作成後に、コンパイルして問題がないことを確認します（リスト02）。

リスト02 Compileコマンド

```
% npx hardhat compile ⏎
```

ここで、追加でインポートしたOpenZeppelinのコントラクトを説明します（表7.5）。Permitはトークンの承認に署名を使用し、Votesは投票権の委任に署名を使用します。これにより、ユーザーはトランザクションを省略し、ガスコストを節約でき、より簡潔なインタラクションを体験できます。

表7.5　ERC-20に追加した拡張機能

ERC20Permit	ERC-2612で定義されているEIP-20拡張機能。 トークンの許可を管理する新しい「permit」機能を導入する。これにより、msg.senderを使わずに署名メッセージで許可を変更できる。トークン保有者自身がトランザクション発行をせずとも、署名メッセージを提供することでトークンの移転許可を他のアカウントに代理実施してもらうことが可能になる。これは、トランザクションを簡素化し、ユーザーエクスペリエンスを向上させることを目的としている。 permit (owner, spender, value, deadline, v, r, s) を用いることで、署名メッセージを使用して承認を設定することができる
ERC20Votes	ERC20トークンを拡張し、複合的な投票と委任の機能をサポートするもの。この拡張機能を使用すると、トークンホルダーはトークンを基に投票権を持つことができる。 トークンホルダーはdelegate (delegatee) 関数を使って、他のアカウントに自分の投票権を委任することができる。delegates (address) 関数を使って、対象のアカウントがどの委任先アカウントに自分の投票権を委任しているかを確認できる。 このあとのサンプルアプリケーションでも実装のうえ、利用する。 delegateBySig (delegatee, nonce, expiry, v, r, s) を使って、署名を通じて投票権の委任も可能

また、投票の時間はブロック数でデフォルトでは設定されますが、ブロックのタイムスタンプで設定するよう変更も可能です。今回は、Hardhatでのテスト環境ではタイムスタンプを扱いづらいこともあり、ブロック数での設定とします。参考までに、タイムスタンプへの変更は、MyERC20.solファイル内末尾に以下のコードを追加し、//のコメントアウトを外すことで対応が可能です（リスト03）。

リスト03　MyERC20.solのコードでのタイムスタンプへの変更方法

```
/**
    * @dev タイムスタンプベースのチェックポイント（および投票）を実装するための時計を返す
    * ERC6372ベースで、ブロックベースではなくタイムスタンプベースのGovernorに使用される
    * Hardhatでのテストネットワークではテストできないため、利用しない
    * @return 現在のタイムスタンプ（秒）
    */
    // function clock() public view override returns (uint48) {
    //       return uint48(block.timestamp);
    // }


    /**
```

第7章　DAOシステム開発

```
* @dev このGovernorがタイムスタンプベースで動作することを示すモード情報を返す
* ERC6372ベースで、ブロックベースではなくタイムスタンプベースのGovernorに使用される
* Hardhatでのテストネットワークではテストできないため、利用しない
* @return タイムスタンプベースのモードを示す文字列
*/
// function CLOCK_MODE() public pure override returns (string memory) {
//     return "mode=timestamp";
// }
```

7.3.2.2 TimelockController作成

次に、投票システムで投票結果後の処理を時限的に行う機能を追加するためのTimelockControllerコントラクトを作成します。また、VSCodeでblockchainAppフォルダを開いて準備してください。

左側のエクスプローラーに表示されている"contracts"フォルダを右クリックし、「新しいファイル」を選択してTimelockControllerのソースを追加します。Solidityのコードとなるので、ここでは「MyTimelockController.sol」としましょう（図7.6）。

図7.6 VSCode上でのコントラクトファイル一覧

今回実装するTimelockControllerはOpenZeppelinを利用します。「MyTimelockController.sol」のコードは以下のようになります（リスト04）。

リスト04 MyTimelockController（./contracts/MyTimelockController.sol）

```
// SPDX-License-Identifier: MIT
pragma solidity ^0.8.9;

// OpenZeppelinライブラリからTimelockControllerをインポート
import "@openzeppelin/contracts/governance/TimelockController.sol";

/**
```

```
 * @dev MyTimelockControllerは、OpenZeppelinのTimelockControllerを拡張したコントラクトです。
 * TimelockControllerは一定時間遅延後にトランザクションを実行可能にするスマートコントラクトです。
 */
contract MyTimelockController is TimelockController {
    /**
     * @dev コンストラクタでTimelockControllerを初期化
     * @param minDelay トランザクションが遅延される最小時間（秒）
     * @param proposers 提案を行えるアドレスのリスト
     * @param executors 実行を行えるアドレスのリスト
     * @param admin 管理者のアドレス
     */
    constructor(
        uint minDelay,
        address[] memory proposers,
        address[] memory executors,
        address admin
    ) TimelockController(minDelay, proposers, executors, admin) {}
}
```

ファイル作成後に、コンパイルして問題がないことを確認します（リスト05）。

リスト05 Compileコマンド

```
% npx hardhat compile↵
```

ここで利用しているTimelockControllerのコントラクトについて説明します。

表7.6 TimelockControllerの概要説明

利用しているOpenZeppelinコントラクト	概要
TimelockController	TimelockControllerは、あとで詳細説明するGovernorコントラクトと連携し、提案の遅延（おもにはレビュー期間）や実行を管理する。 コンストラクタ関数での引数としてminDelay変数（最小遅延時間）により、提案を実行するまでの遅延を設定することができる。 また、proposersには提案できるアカウントのリストを定義し、executorsには提案を実行できるアカウントのリストを定義することができる

表7.6のように、投票時において遅延時間などを司る機能は、OpenZeppelinのTimelockControllerコントラクトを継承することで実現することができます。自身で実現したい遅延時間を設計のうえ、定義することで、実現したいユースケースに対応することができます。

7.3.2.3 コアガバナンス機能の作成

最後に、投票システムのコア機能を実現するためのGovernorコントラクトを作成します。VSCodeでblockchainAppフォルダを開いて準備してください。

左側のエクスプローラーに表示されている"contracts"フォルダを右クリックし、「新しいファイル」を選択してGovernorのソースを追加します。Solidityのコードとなるので、ここでは「MyGovernor.sol」としましょう(図7.7)。

図7.7 VSCode上でのコントラクトファイル一覧

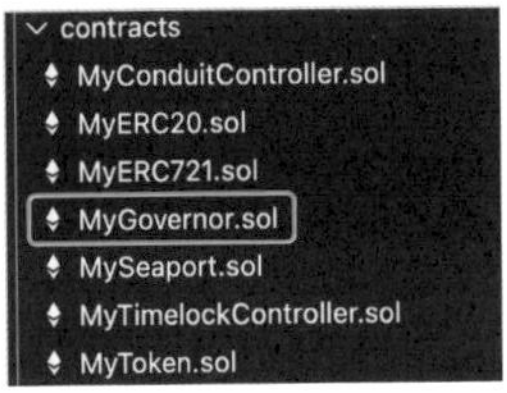

```
contracts
  MyConduitController.sol
  MyERC20.sol
  MyERC721.sol
  MyGovernor.sol
  MySeaport.sol
  MyTimelockController.sol
  MyToken.sol
```

今回実装する投票機能はOpenZeppelinを利用します。「MyGovernor.sol」のコードは以下のようになります(リスト06)。

リスト06 MyGovernor.sol (./contracts/MyGorvernor.sol)

```
// SPDX-License-Identifier: MIT
pragma solidity ^0.8.9;

import "@openzeppelin/contracts/governance/Governor.sol";
import "@openzeppelin/contracts/governance/extensions/GovernorSettings.sol";
import "@openzeppelin/contracts/governance/extensions/GovernorCountingSimple.
sol";
import "@openzeppelin/contracts/governance/extensions/GovernorVotes.sol";
import "@openzeppelin/contracts/governance/extensions/GovernorVotesQuorumFracti
on.sol";
import "@openzeppelin/contracts/governance/extensions/GovernorTimelockControl.
sol";
```

```
/**
 * @dev MyGovernorコントラクトはOpenZeppelinのいくつかのガバナンス拡張を継承している
 * これにより、総合的なガバナンス機能を備えたスマートコントラクトを作成する
 */
contract MyGovernor is
    Governor,
    GovernorSettings,
    GovernorCountingSimple,
    GovernorVotes,
    GovernorVotesQuorumFraction,
    GovernorTimelockControl
{
    /**
     * @dev コンストラクタは各種設定と初期値を定義
     * @param _token 投票に使用されるトークン
     * @param _timelock タイムロックコントローラー
     */
    constructor(
        IVotes _token,
        TimelockController _timelock
    )
        Governor("MyGovernor")
        GovernorSettings(0 /* 遅延なし */, 2 /* 2 block */, 0)
        GovernorVotes(_token)
        GovernorVotesQuorumFraction(4)
        GovernorTimelockControl(_timelock)
    {}

    /**
     * @dev 投票の遅延時間を返す
     * @return 投票の遅延時間（秒）
     */
    function votingDelay()
        public
        view
        override(IGovernor, GovernorSettings)
        returns (uint256)
    {
        return super.votingDelay();
    }

    /**
     * @dev 投票の有効期間を返す
```

```
 * @return 投票の有効期間（秒）
 */
function votingPeriod()
    public
    view
    override(IGovernor, GovernorSettings)
    returns (uint256)
{
    return super.votingPeriod();
}

/**
 * @dev 指定されたブロック番号における必要なクォーラム（最小投票数）を返す
 * クォーラムは提案が有効であるとみなされるために必要な最小投票数を表す
 * @param blockNumber クォーラムを計算するブロックの番号
 * @return 必要なクォーラム数
 */
function quorum(
    uint256 blockNumber
)
    public
    view
    override(IGovernor, GovernorVotesQuorumFraction)
    returns (uint256)
{
    return super.quorum(blockNumber);
}

/**
 * @dev 提案IDの現在の状態を返す
 * @param proposalId 提案ID
 * @return 提案の状態
 */
function state(
    uint256 proposalId
)
    public
    view
    override(Governor, GovernorTimelockControl)
    returns (ProposalState)
{
    return super.state(proposalId);
}
```

```
/**
 * @dev 新しい提案を作成する
 * @param targets 提案の対象となるアドレスの配列
 * @param values 提案の対象となるアドレスに送る値（ETH）の配列
 * @param calldatas 提案の対象となるアドレスに送る関数呼び出しデータの配列
 * @param description 提案の説明
 * @return 提案ID
 */
function propose(
    address[] memory targets,
    uint256[] memory values,
    bytes[] memory calldatas,
    string memory description
) public override(Governor, IGovernor) returns (uint256) {
    return super.propose(targets, values, calldatas, description);
}

/**
 * @dev 提案が通るために必要な投票数を返す
 * @return 提案が通るために必要な投票数
 */
function proposalThreshold()
    public
    view
    override(Governor, GovernorSettings)
    returns (uint256)
{
    return super.proposalThreshold();
}

/**
 * @dev 既存の提案を実行する
 * @param proposalId 実行する提案のID
 * @param targets 提案の対象となるアドレスの配列
 * @param values 提案の対象となるアドレスに送る値（ETH）の配列
 * @param calldatas 提案の対象となるアドレスに送る関数呼び出しデータの配列
 * @param descriptionHash 提案の説明のハッシュ
 */
function _execute(
    uint256 proposalId,
    address[] memory targets,
    uint256[] memory values,
    bytes[] memory calldatas,
    bytes32 descriptionHash
```

```
    ) internal override(Governor, GovernorTimelockControl) {
        super._execute(proposalId, targets, values, calldatas, descriptionHash);
    }

    /**
     * @dev 既存の提案をキャンセルする
     * @param targets 提案の対象となるアドレスの配列
     * @param values 提案の対象となるアドレスに送る値（ETH）の配列
     * @param calldatas 提案の対象となるアドレスに送る関数呼び出しデータの配列
     * @param descriptionHash 提案の説明のハッシュ
     * @return キャンセルされた提案のID
     */
    function _cancel(
        address[] memory targets,
        uint256[] memory values,
        bytes[] memory calldatas,
        bytes32 descriptionHash
    ) internal override(Governor, GovernorTimelockControl) returns (uint256) {
        return super._cancel(targets, values, calldatas, descriptionHash);
    }

    /**
     * @dev 実行者（Executor）を返す。この場合はタイムロックコントローラー
     * @return 実行者のアドレス
     */
    function _executor()
        internal
        view
        override(Governor, GovernorTimelockControl)
        returns (address)
    {
        return super._executor();
    }

    /**
     * @dev コントラクトがサポートするインターフェースを確認
     * @param interfaceId インターフェースのID
     * @return サポートしているかどうか（真偽値）
     */
    function supportsInterface(
        bytes4 interfaceId
    ) public view override(Governor, GovernorTimelockControl) returns (bool) {
        return super.supportsInterface(interfaceId);
    }
}
```

ファイル作成後に、コンパイルして問題がないことを確認します(リスト07)。

リスト07 Compileコマンド

```
% npx hardhat compile⏎
```

ただし、Governorコントラクトはサイズが大きいため、このままではメインネットなどにデプロイできません。おそらく以下のような警告が発生します(リスト08)。

リスト08 Compile警告画面

```
Warning: Contract code size is 31793 bytes and exceeds 24576 bytes (a limit int
roduced in Spurious Dragon). This contract may not be deployable on Mainnet. Co
nsider enabling the optimizer (with a low "runs" value!), turning off revert st
rings, or using libraries.
```

Hardhatの設定でoptimizer設定を追加することで、コントラクトのコードを削減し、最適化することができます。デフォルト設定では無効になっており、有効にすることで、上記の警告は回避できます。この中でのruns設定は、どれだけの頻度でコントラクトが実行されるかにより最適化されるようです。低い値で設定すると、初回デプロイのコストを最適化し、高い値であれば高頻度での実行のためにコストを最適化されます。デフォルト設定は200です。以下のように太字部分を追記します(リスト09)。

リスト09 Hardhat configファイル (./hardhat.config.ts)

```
import { HardhatUserConfig } from "hardhat/config";
import "@nomicfoundation/hardhat-toolbox";

const config: HardhatUserConfig = {
  solidity: {
    compilers: [
      {
        version: "0.8.19",
        settings: {
          optimizer: {
            enabled: true,
            runs: 200,
```

```
          },
        },
      },
      // Seaportコントラクトが0.8.17依存のため下記を追加
      {
        version: "0.8.17",
        settings: {
          viaIR: true,
          optimizer: {
            enabled: true,
            runs: 1000,
          },
        },
      }
    ]
  },
  typechain: {
    outDir: 'frontend/types', // 出力先ディレクトリ
    target: 'ethers-v6', // 出力するライブラリ種類
    alwaysGenerateOverloads: false, // コントラクトにおける関数のオーバーロードがない場合でも、"deposit(uint256)"のような完全なシグネチャを生成するか
    // externalArtifacts: ['externalArtifacts/*.json'], // Typeファイルの生成に追加したい外部のArtifactsがある場合は指定する
  },
};

export default config;
```

これらの設定を追加したうえで、再度コンパイルして問題がないことを確認します（リスト10）。

リスト10 Compileコマンド

```
% npx hardhat compile
```

追加でインポートしたOpenZeppelinのコントラクトを説明します。投票システムのコアとなるガバナンスコントラクトおよびその拡張機能となります（表7.7）。

表7.7　Governorと拡張機能の概要説明

Governor	オンチェーン投票プロトコルのデプロイを可能にし、propose、castVote、executeなどの関数を通じて提案の提出、提案への投票、および成功した提案の実行などの機能を提供する。投票カウントなどの異なるモジュールでカスタマイズできる。ERC標準として定義されていないものの、投票権のためのERC20およびERC721トークンとの統合を可能にしている
GovernorSettings	Governorを通じて更新可能な設定を提供するGovernorコントラクトの拡張。このコントラクトは、投票開始までの遅延、投票期間（デフォルトはブロック数）および提案可能なトークン数などの閾値を設定および更新するための関数を提供する。これらの設定は、setVotingDelay、setVotingPeriodおよびsetProposalThreshold関数を通じて更新可能で、それぞれの設定値は、votingDelay、votingPeriodおよびproposalThreshold関数を通じて取得可能
GovernorCounting Simple	3つの選択肢（賛成、反対、棄権）を持つシンプルな投票カウントを提供するGovernorコントラクトの拡張。このコントラクトは、COUNTING_MODE、hasVoted、proposalVotes、quorumReached、_voteSucceeded、そして_countVote関数を提供し、これらの関数を通じて提案ごとの投票カウントと投票結果の検証を行う。デフォルトでは、賛成や反対が多いかどうかで投票結果の成功と失敗を判断する
GovernorVotes	投票権をERC20VotesトークンまたはERC721Votesトークンから抽出するためのGovernorコントラクトの拡張。おもな関数には、token、clock、CLOCK_MODEおよび_getVotesがある。これらは投票権のソースとなるトークン、クロックの設定および投票権の読み取りを管理する
GovernorVotes QuorumFraction	投票重みをERC20Votesトークンから抽出し、全供給量の一部としてクォーラムを表現するためのGovernorの拡張。おもな関数にはquorumNumerator、quorumDenominator、quorum、updateQuorumNumerator、_updateQuorumNumeratorが含まれ、これらはクォーラムの設定と更新を管理する。クォーラムは、特定の時点での総投票供給量の割合として計算され、その分子と分母はコントラクトを通じて設定および更新できる
GovernorTimelock Control	提案の実行プロセスをTimelockControllerのインスタンスにバインドし、すべての成功した提案に遅延を追加するGovernorの拡張。おもな関数には、state、timelock、proposalNeedsQueuing、_queueOperations、_executeOperations、_cancelなどが含まれている。これらの関数は提案の状態を確認し、タイムロックアドレスを取得し、提案をキューに入れ、提案を実行し、提案をキャンセルする際に利用される

7.3.3 作成したコアガバナンス機能のテストとデプロイ

これまで作成したコードを利用し、投票機能のテストを実施します。./test配下にMyGovernor.tsファイルを以下のように作成します（リスト11）。

リスト11 MyGovernorのテストコード（./test/MyGovernor.ts）

```
import { loadFixture } from "@nomicfoundation/hardhat-network-helpers";
import { expect } from "chai";
import { network, ethers } from "hardhat";

// MyGovernor コントラクトのテストスイートを定義
describe("MyGovernor Contract", function () {

  // テストフィクスチャをデプロイする非同期関数を定義
  async function deployFixture() {

  // Signerのリストを取得
  const [owner, authAccount, nonAuthAccount] = await ethers.getSigners();

  // MyERC20 Contractをデプロイする
  const myERC20 = await ethers.deployContract("MyERC20");
  await myERC20.waitForDeployment();

  // TimelockControllerをデプロイする
  const myTimelockController = await ethers.deployContract("MyTimelockControll
er", [60 * 2 /* 2 minutes */, [authAccount.getAddress()], [authAccount.getAddre
ss()], owner.getAddress()]);
  await myTimelockController.waitForDeployment();

  // MyGovernor Contractをデプロイする
  const myGovernor = await ethers.deployContract("MyGovernor", [myERC20.target,
myTimelockController.target]);
  await myGovernor.waitForDeployment();

  // 各種ロールを定義
  const proposerRole = await myTimelockController.PROPOSER_ROLE();
  const executorRole = await myTimelockController.EXECUTOR_ROLE();
  const adminRole = await myTimelockController.TIMELOCK_ADMIN_ROLE();

  // ロールを付与および削除
  await myTimelockController.grantRole(proposerRole, myGovernor.target);
  await myTimelockController.grantRole(executorRole, "0x0000000000000000000000
```

```
0000000000000000");
  await myTimelockController.revokeRole(adminRole, owner.getAddress());

  // 投票者として利用するアカウントに投票権としてのERC-20トークンを払い出す
  await myERC20.mint(authAccount, 1000000);

  // mint権限をTimelockControllerのアドレスに付与する
  await myERC20.grantMinterRole(myTimelockController.target);

  return { owner, authAccount, nonAuthAccount, myERC20, myTimelockController,
myGovernor};
  }

  describe("MyGovernorの初期化テスト", function () {
  it("ガバナンストークンの初期設定が正しくできているかのテスト", async function
() {
    const { myERC20, myGovernor } = await loadFixture(deployFixture);

  // ガバナンストークンが正しく設定されていること
  expect(await myGovernor.token()).to.equal(myERC20.target);
 });

  it("TimelockControllerの初期設定が正しくできているかのテスト", async function
() {
    const { myTimelockController, myGovernor } = await loadFixture(deployFixtu
re);

    // TimelockControllerが正しく設定されていること
    expect(await myGovernor.timelock()).to.equal(myTimelockController.target);
  });


  it("投票遅延の初期設定が正しくできているかのテスト", async function () {
    const { myGovernor } = await loadFixture(deployFixture);

    // votingDelayが正しく設定されていること
    expect(await myGovernor.votingDelay()).to.equal(0);
    });

    it("投票期間の初期設定が正しくできているかのテスト", async function () {
      const { myGovernor } = await loadFixture(deployFixture);

      // votingPeriodが正しく設定されていること
      expect(await myGovernor.votingPeriod()).to.equal(2);
```

```
    });

    it("投票閾値の初期設定が正しくできているかのテスト", async function () {
      const { myGovernor } = await loadFixture(deployFixture);

      // proposalThresholdが正しく設定されていること
      expect(await myGovernor.proposalThreshold()).to.equal(0);
    });
  });


  describe("提案作成から実行機能のテスト", function () {
    it("権限がある人が正しく提案を作成し、実行まで完了できるかのテスト", async
function () {
      const { authAccount, myGovernor, myERC20 } = await loadFixture(deployFi
xture);

      // 提案実行前に、対象のアカウントは10トークンのみ保持していることを確認
      const myERC20WithAuthorized = myERC20.connect(authAccount);
      expect(await myERC20WithAuthorized.balanceOf(await authAccount.getAddre
ss())).to.equal(1000000);  // 1000000 initial

      // 自身に委任する
      await myERC20WithAuthorized.delegate(await authAccount.getAddress());

      // 委任が成功したことを確認
      expect(await myERC20WithAuthorized.delegates(await authAccount.getAddre
ss())).to.equal(await authAccount.getAddress());

      // 提案の詳細を定義
      const proposal = {
        targets: [myERC20.target],
        values: [0],
        calldatas: [myERC20.interface.encodeFunctionData("mint", [await authA
ccount.getAddress(), 1000000])],
        description: "Mint 10 tokens to authAccount"
      };

      // authAccountを使用してmyGovernorに接続
      const myGovernorWithAuthorized = myGovernor.connect(authAccount);

      // 提案を作成
      await myGovernorWithAuthorized.propose(
        proposal.targets,
```

```
    proposal.values,
    proposal.calldatas,
    proposal.description
  );

  // 提案IDを計算
  const proposalId = await myGovernorWithAuthorized.hashProposal(
    proposal.targets,
    proposal.values,
    proposal.calldatas,
    ethers.keccak256(ethers.toUtf8Bytes(proposal.description))
  );

  // 提案の状態を確認し、Pending状態であることを確認
  expect(await myGovernorWithAuthorized.state(proposalId)).to.equal(0, "pro
posal is not Pending"); // 0 is the enum value for "Pending"

  // ブロックを進め、提案の投票が開始されるようにする
  await network.provider.send("hardhat_mine", ["0x1"]);

  // 提案の状態を確認し、投票中のActive状態であることを確認
  expect(await myGovernorWithAuthorized.state(proposalId)).to.equal(1, "pro
posal is not Active"); // 1 is the enum value for "Active"

  // 賛成票を投票
  await myGovernorWithAuthorized.castVote(proposalId, 1);
  // 1 is the enum value for "For"

  // 投票を実施したかを確認
  const isVoted = await myGovernorWithAuthorized.hasVoted(proposalId, await
authAccount.getAddress());
  expect(isVoted).to.equal(true);

  // 投票の状況を取得
  const proposalVotesResponse = await myGovernorWithAuthorized.proposalVote
s(proposalId);

  // 想定通りの投票の状況になっていることを確認（賛成1000000票、反対0票、棄
  権0票）
  expect(proposalVotesResponse.againstVotes).to.equal(0, "proposal againstV
otes is not 0");
  expect(proposalVotesResponse.forVotes).to.equal(1000000, "proposal forVot
es is not 1000000");
  expect(proposalVotesResponse.abstainVotes).to.equal(0, "proposal abstainV
otes is not 0");
```

```
      // 投票期間が完了するようにブロックを進める
      await network.provider.send("hardhat_mine", ["0x1"]);

      // 提案の状態を確認し、賛成多数で成功Succeeded状態であることを確認
      expect(await myGovernor.state(proposalId)).to.equal(4); // 4 is the enum
value for "Succeeded"

      // Succeeded状態であった提案を実行キューに入れる
      await myGovernorWithAuthorized.queue(
        proposal.targets,
        proposal.values,
        proposal.calldatas,
        ethers.keccak256(ethers.toUtf8Bytes(proposal.description))
      );

      // 提案の状態を確認し、実行キューに入っているQueued状態であることを確認
      expect(await myGovernorWithAuthorized.state(proposalId)).to.equal(5);
      // 5 is the enum value for "Queued"

      // TimelockControllerで設定した遅延時間（120sec）を経過させる
      await network.provider.send("evm_increaseTime", [120]);

      // 提案を実行する
      await myGovernorWithAuthorized.execute(
        proposal.targets,
        proposal.values,
        proposal.calldatas,
        ethers.keccak256(ethers.toUtf8Bytes(proposal.description))
      );

      // 提案の状態を確認し、実行済みExecuted状態であることを確認
      expect(await myGovernorWithAuthorized.state(proposalId)).to.equal(7);
      // 7 is the enum value for "Executed"

      // 提案が実行され、想定通り、対象のアカウントに10トークンが追加付与され、
      20トークンになっていることを確認
      expect(await myERC20WithAuthorized.balanceOf(await authAccount.getAddre
ss())).to.equal(2000000);  // 1000000 initial + 1000000 minted


    });

  });
});
```

テストコードの内容を説明します。

deployFixureは、各テストにおいて利用するERC-20コントラクトやTimelockControllerコントラクト、Governorコントラクトをデプロイし、準備をします。また、提案Proposalを作成する実行権限の割り当てを行い、のちに利用する投票権としてのERC-20トークンを利用者へ付与する処理を行っています。

MyGovernorの初期化テストでは、MyGovernorコントラクトの各初期設定が正しいことをテストしています。これには、ガバナンストークン、TimelockController、投票遅延、投票期間および投票閾値の設定が含まれます。

提案作成から実行機能のテストでは、提案を作成し、最終的に実行されるまでの一連の処理の正常系を一通りテストしています。このテスト処理のフローを1つずつ解説します。大きく分けて、①委任処理、②提案作成、③提案への投票、④提案が成功後にキューイング、⑤キューイングされた提案を実行し、結果を確認するという5ステップとなります。提案の状態はstate関数を呼び出すことで、都度確認しています。

まず、85～93行目の委任処理ですが、自身のトークン数を確認のうえ、myERC20Contractのdelegate関数を利用し、自分自身への委任を実行し、投票権を獲得しています。1トークン1投票権の設計であるため、投票力は1000000となります。

次に、95～123行目の提案作成処理ですが、提案作成の準備として、提案情報の詳細（targets、values、calldatas、description）を作成します。Calldatasは、提案実行時にどのような処理を行うのかを定義することとなり、テストでは、authAccountへ1000000トークンをmintする内容で定義しています。準備ができたらpropose関数を利用し、提案を作成します。提案作成時点では、提案のステータスはPending状態となります。

次に、125～150行目の提案への投票処理を説明します。提案が作成されたのちに、Governorコントラクトのコンストラクト関数で、提案開始までの遅延を設定していますが、サンプルアプリケーションとしてはテストとして動作確認したいため、遅延は0で設定し、次のブロックには提案が開始されます。Hardhatとしては、明示的になにかしらのトランザクションを発生させるか、network.provider.send（"hardhat_mine", ["0x1"]）としてブロックを1つ進めています。提案ステータスがActive状態となり、投票が開始後、castVote関数を利用して投票を実施します。投票期間は、Governorコントラクトのコンストラクタ関数で2ブロックと設定しているので、ブロックを明示的に進めると投票期間が終了し、賛成票を投じているため、賛成多数で提案がSucceeded状態へ遷移します。

次に、152～161行目の提案が成功後にキューイングする処理を説明します。ここでは提案がSucceeded状態であるため、queue関数を利用して、実行キューへキューイングし、Queuedステータスになっていることを確認します。

最後に、163～178行目のキューイングされた提案を実行し、結果を確認する処理を説明します。Queuedステータスになってから即時、execute関数で提案の実行を行えるのではなく、TimelockControllerで設定した（動作確認のため120秒）minDelay分の秒数を待ち、その後、実行することが可能となる点に注意が必要です。execute関数で提案を実行後、Calldataで定義したMint処理が自動実行されていることを確認し、テストコードは終了となります。

以下のコマンドを実行し、14 passingと表示されることを確認することで、すべてのテストが正常に実行されることを確認します（リスト12）。

リスト12 Test実行コマンド

```
% npx hardhat test⏎
```

最後に、開発用ブロックチェーンネットワークに作成したTimelockControllerコントラクト、Governorコントラクトをデプロイするコードを追記します。deploy-local.tsファイルの28行目以下に太字部分を追記してください（リスト13）。

リスト13 デプロイスクリプト（./scripts/deploy-local.ts）

```
import { ethers } from "hardhat";

async function main() {
```

```
  const myERC20 = await ethers.deployContract("MyERC20");
  await myERC20.waitForDeployment();

  console.log(`MyERC20 deployed to: ${myERC20.target}`);

  // NFT Contractをデプロイする
  const myERC721 = await ethers.deployContract("MyERC721", ['MyERC721', 'MYE
RC721']);
  await myERC721.waitForDeployment();

  console.log(`myERC721 deployed to: ${myERC721.target}`);

  // ConduitControllerコントラクトをデプロイする
  // SeaportコントラクトのデプロイにConduitControllerのアドレスが必要なため先
  にデプロイする
  const conduitController = await ethers.deployContract("ConduitController");
  await conduitController.waitForDeployment();
  const conduitControllerAddress = await conduitController.getAddress()
  // Seaportコントラクトをデプロイする
  const seaport = await ethers.deployContract("Seaport", [conduitControllerAddr
ess]);
  await seaport.waitForDeployment();

  console.log(`Seaport deployed to: ${seaport.target}`);

  const [owner] = await ethers.getSigners();

  // TimelockControllerをデプロイする
  const myTimelockController = await ethers.deployContract("MyTimelockControll
er", [60 * 2 /* 2 minutes */, [owner.getAddress()], [owner.getAddress()], own
er.getAddress()]);
  await myTimelockController.waitForDeployment();

  console.log(`TimelockController deployed to: ${myTimelockController.targ
et}`);

  // MyGovernor Contractをデプロイする
  const myGovernor = await ethers.deployContract("MyGovernor", [myERC20.target,
myTimelockController.target]);
  await myGovernor.waitForDeployment();

  console.log(`MyGovernor deployed to: ${myGovernor.target}`);

  // 実行Roleの割り当て、proposerRoleがないとQUEUE実行できない、executorRoleが
  ないとExecute実行できない
```

```
    const proposerRole = await myTimelockController.PROPOSER_ROLE();
    const executorRole = await myTimelockController.EXECUTOR_ROLE();
    const adminRole = await myTimelockController.TIMELOCK_ADMIN_ROLE();

    await myTimelockController.grantRole(proposerRole, myGovernor.target);
    await myTimelockController.grantRole(executorRole, myGovernor.target);

    console.log(`MyGovernor granted to PROPOSER_ROLE and EXECUTER_ROLE`);

    await myERC20.grantMinterRole(myTimelockController.target);

    console.log(`MyTimelockController granted to MINTER_ROLE`);
}

// We recommend this pattern to be able to use async/await everywhere
// and properly handle errors.
main().catch((error) => {
  console.error(error);
  process.exitCode = 1;
});
```

Hardhatの開発用ブロックチェーンネットワークが起動していなければ、以下のコマンドを実行して起動しましょう（リスト14）。このコマンドを過去に実行しているかと思いますが、それを停止し、再度実行した場合、今後のトランザクション実行時にエラーが発生する場合があります。第3章の最後にある「コラム：Hardhatのトラブルシューティング」も参考にトラブルシューティングされることをおすすめします。

リスト14 **Hardhatテストノード起動コマンド**

```
% npx hardhat node ↵
```

リスト14のコマンドを実行したままで、別のターミナルを開き、NFTコントラクトを開発用ブロックチェーンネットワークにデプロイします（リスト15）。

リスト15 **デプロイスクリプトを実行**

```
% npx hardhat run --network localhost scripts/deploy-local.ts ↵
```

正常に完了すると、リスト16の太字のように、ブロックチェーンネットワーク側のTimelockControllerコントラクト、MyGovernorコントラクトのデプロイや、権限の割り当てが完了したメッセージが追加表示されます。

リスト16 デプロイ実行結果

```
MyToken deployed to: 0x5FbDB2315678afecb367f032d93F642f64180aa3
MyERC20 deployed to: 0xe7f1725E7734CE288F8367e1Bb143E90bb3F0512
myERC721 deployed to: 0x9fE46736679d2D9a65F0992F2272dE9f3c7fa6e0
Seaport deployed to: 0xDc64a140Aa3E981100a9becA4E685f962f0cF6C9
TimelockController deployed to: 0x5FC8d32690cc91D4c39d9d3abcBD16989F875707
MyGovernor deployed to: 0x0165878A594ca255338adfa4d48449f69242Eb8F
MyGovernor granted to PROPOSER_ROLE and EXECUTER_ROLE
MyTimelockController granted to MINTER_ROLE
```

7.3.4 Webアプリケーションの実装

これから、前項で追加したTimelockControllerコントラクトやGovernorコントラクト、およびガバナンストークンとしてERC-20トークンコントラクトを操作し、提案を作成する機能、および自分が保有するNFTを確認する機能をフロントエンドアプリケーションに追加しましょう。

7.3.4.1 初期立ち上げ

Governor機能を実装するページをサンプルアプリケーションに追加します。

まずは、blockchainApp/frontend/appディレクトリ配下に「mygovernor」というディレクトリを追加してみましょう。

次に、「mygovernor」ディレクトリの直下に「page.tsx」という空ファイルを作成します（図7.8）。

図7.8　VSCode上でのmygovernorフォルダ

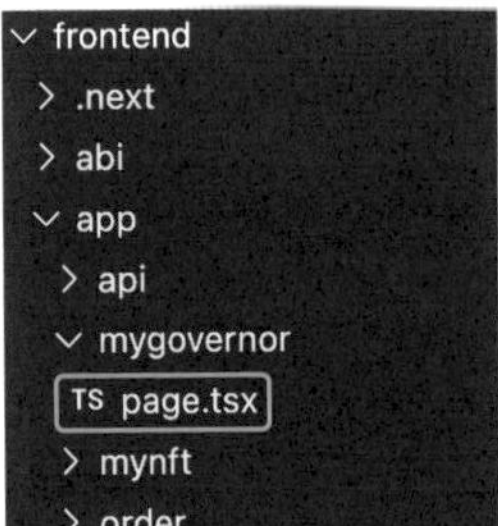

page.tsxファイルをリスト17のコードの通りに作成してください。

リスト17　**page.tsxの作成（./frontend/app/mygovernor/page.tsx）**

```
"use client";
import {
  Title
} from "@mantine/core";

export default function MyGovernor() {

  return (
  <div>
    <Title order={1} style={{ paddingBottom: 12 }}>My Governor Management
    </Title>
  </div>
  );
}
```

また、作成したページへのリンクをナビゲーションメニューに追加するために、NavbarLinks.tsxファイルを修正します。8行目と33行目以降に、以下の太字部分を追記してください（リスト18）。

リスト18　**リンクの追加（./frontend/components/common/NavbarLinks.tsx）**

```
import {
  NavLink
} from "@mantine/core";
import {
  IconHome2,
  IconCards,
  IconShoppingCartBolt,
```

```
    IconBulb
} from "@tabler/icons-react";
import Link from "next/link";
import { useState } from 'react';
export const NavbarLinks = () => {
  // ナビゲーションメニューに表示するリンク
  const links = [
  {
    icon: <IconHome2 size={20} />,
    color: "green",
    label: 'Home',
    path: "/"
  },
  {
    icon: <IconCards size={20} />,
    color: "green",
    label: 'My NFT',
    path: "/mynft"
  },
  {
    icon: <IconShoppingCartBolt size={20} />,
    color: "green",
    label: 'Buy NFT',
    path: "/order"
  },
  {
    icon: <IconBulb size={20} />,
    color: "green",
    label: 'My Governor',
    path: "/mygovernor"
  }
  ];
(...以下略...)
```

この状態でアプリケーションを起動してみましょう（リスト19）。

リスト19 アプリケーションの実行

```
% npm run dev↵
```

http://loaclhost:3000にWebブラウザで接続すると、図7.9のような画面が表示されるようになっています。

図7.9　MyGovernor画面

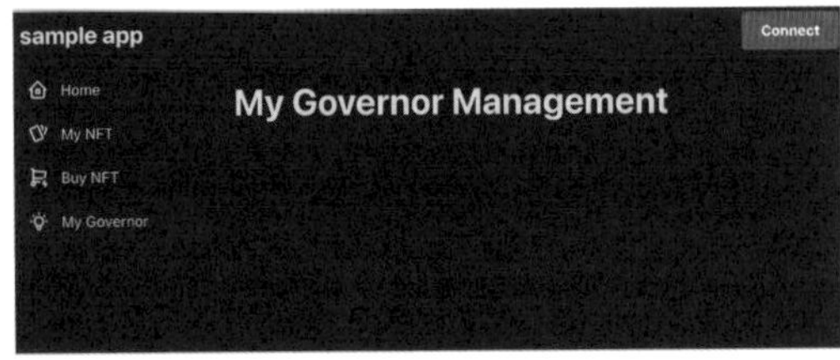

7.3.4.2　委任機能の作成

　まず、提案機能の前に、委任機能を実装します。委任機能は、投票権を委任する機能であることと、投票を実施する際の投票権としてガバナンストークンを紐づける重要な機能です。先ほど作成したpage.tsxに対して、太字部分を追記してください（リスト20）。

リスト20　委任機能の追加（./frontend/app/mygovernor/page.tsx）

```
"use client";
import { useContext, useEffect, useState } from 'react';
import { Web3SignerContext } from "@/context/web3.context";
import {
  Title, Button
} from "@mantine/core";
import { MyGovernor, MyGovernor__factory, MyERC20, MyERC20__factory } from "@/
types";

// デプロイしたMyGovernor Contractと、MyERC20 Contractのアドレスを入力
const governorContractAddress = "0x0165878A594ca255338adfa4d48449f69242Eb8F";
// NOTICE：各自アドレスが異なるので、確認・変更してください【リスト16参照】
const erc20ContractAddress = "0xe7f1725E7734CE288F8367e1Bb143E90bb3F0512";
// NOTICE：各自アドレスが異なるので、確認・変更してください【リスト16参照】

export default function MyGovernor() {

  // アプリケーション全体のステータスとしてWeb3 providerを取得、設定
  const { signer } = useContext(Web3SignerContext);

  // MyGovernor,MyERC20のコントラクトのインスタンスを保持するState
  const [myGovernorContract, setMyGovernorContract] = useState<MyGovernor | nul
l>(null);
  const [myERC20Contract, setMyERC20Contract] = useState<MyERC20 | null>(null);
```

```
  // 自身のアドレスが委任済みかどうかの状態を保持するState
  const [isDelegated, setIsDelegated] = useState(false);

  // MyGovernorとMyERC20のコントラクトのインスタンスをethers.jsを利用して生成
  useEffect(() => {
    if (signer) {
      const governorContract = MyGovernor__factory.connect(governorContractAddress, signer);
      setMyGovernorContract(governorContract);
      const erc20Contract = MyERC20__factory.connect(erc20ContractAddress, signer);
      setMyERC20Contract(erc20Contract);
    }
  }, [signer]);

  // 自身のアドレスが委任済みかどうかを判定
  useEffect(() => {
    const checkDelegation = async () => {
      if (myERC20Contract && signer) {
        const delegateAddress = await myERC20Contract.delegates(await signer.getAddress());
        setIsDelegated(delegateAddress === await signer.getAddress());
      }
    };
    checkDelegation();
  }, [myERC20Contract, signer]);

  // 自身のアドレスを委任する処理
  const handleDelegate = async () => {
    if (myERC20Contract && signer) {
      await myERC20Contract.delegate(await signer.getAddress());
      setIsDelegated(true);
    }
  };
  return (
    <div>
      <Title order={1} style={{ paddingBottom: 12 }}>My Governor Management
      </Title>
      {/* 自身のアドレスが委任されていなければDelegateボタンを表示 */}
      {!isDelegated && (
        <Button onClick={handleDelegate}>Delegate</Button>
      )}
    </div>
  );}
```

コードについて説明します。今回作成するサンプルアプリケーションの設計としては、ガバナンストークンとしてERC-20を利用する設計としています。そこで、自身の投票権を有効にするために、ERC-20コントラクトに対して、委任（delegate）を行う必要があります。その投票力に相当するものは、ERC-20トークンの保持している量になります。

ERC-20コントラクトに対して、ERC20Votes機能により拡張されたdelegates（address）関数を利用して、自身のアカウントが誰に委任しているかを確認することができます（図7.10）。本アプリケーションでは、自身が自身に委任しているかを判定し、そうでない場合はdelegates（address）関数を利用し、自身に委任するという処理を行っています。これにより、自身が保持しているERC-20トークンの量に応じて投票権を得ることができます。

図7.10　Delegateボタンを押下し、Delegateトランザクションを発行中の画面

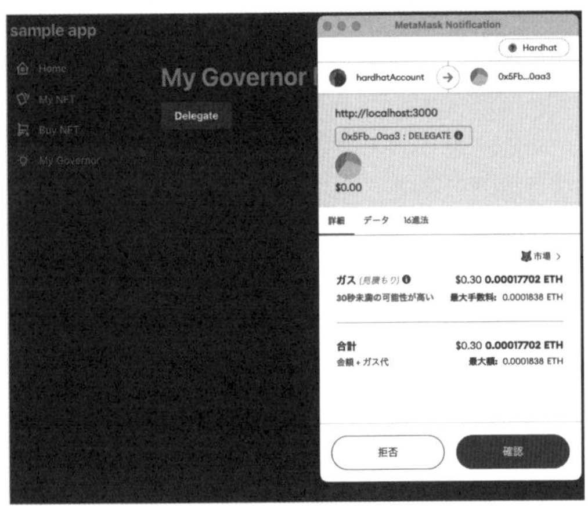

また、自身への委任が成功すると、図7.11のようにDelegateボタンは非表示になります。

図7.11　委任成功した状態の画面

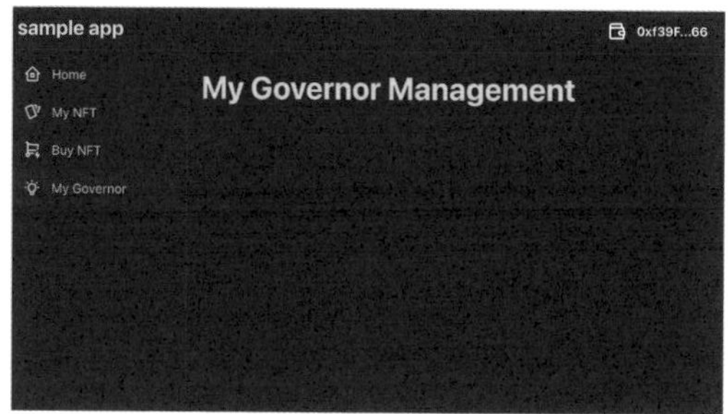

7.3.4.3　提案機能の作成

次に、提案（Proposal）機能を実装します。引き続き、page.tsxファイルを更新します。以下の太字部分を追加、修正してください（リスト21）。

リスト21　提案の作成機能の追加（./frontend/app/mygovernor/page.tsx）

```
"use client";
import { ethers } from "ethers";
import { useContext, useEffect, useState } from 'react';
import { Web3SignerContext } from "@/context/web3.context";
import {
  Alert, Avatar, Button, Card, Container, Group, SimpleGrid, Stack, Text, TextI
nput, Title, Badge
} from "@mantine/core";
import { IconPlus } from "@tabler/icons-react";
import { MyGovernor, MyGovernor__factory, MyERC20, MyERC20__factory } from "@/
types";

// デプロイしたMyGovernor Contractと、MyERC20 Contractのアドレスを入力
const governorContractAddress = "0x5FC8d32690cc91D4c39d9d3abcBD16989F875707";
// NOTICE：各自アドレスが異なるので、確認・変更してください【リスト16参照】
const erc20ContractAddress = "0x5FbDB2315678afecb367f032d93F642f64180aa3";
// NOTICE：各自アドレスが異なるので、確認・変更してください【リスト16参照】

// ProposalのステータスをEnum形式で宣言
enum ProposalStatus {
  Pending = 0,
  Active,
  Canceled,
  Defeated,
```

第7章　DAOシステム開発

```
  Succeeded,
  Queued,
  Expired,
  Executed,
  Unknown,
}

// Proposalの情報を定義
type Proposal = {
  topic: string;
  status: number;
  proposalId: string;
  description: string;
  targets: string[];
  values: bigint[];
  calldatas: string[];
};

const getStatusString = (status: number) => ProposalStatus[status] || 'Unknown';

export default function MyGovernor() {

  // アプリケーション全体のステータスとしてWeb3 providerを取得、設定
  const { signer } = useContext(Web3SignerContext);

  // MyGovernor,MyERC20のコントラクトのインスタンスを保持するState
  const [myGovernorContract, setMyGovernorContract] = useState<MyGovernor | null>(null);
  const [myERC20Contract, setMyERC20Contract] = useState<MyERC20 | null>(null);

  // 自身のアドレスが委任済みかどうかの状態を保持するState
  const [isDelegated, setIsDelegated] = useState(false);

  // Alert、Loading State
  const [showAlert, setShowAlert] = useState(false); // Alertの表示管理
  const [alertMessage, setAlertMessage] = useState(''); // Alert message
  const [loading, setLoading] = useState(false);

  // 提案一覧を管理するState（リロードすると表示から消えてしまうため、サンプルアプリケーションとしてのみ利用可能）
  const [myProposals, setMyProposals] = useState<Proposal[]>([]);
  const [proposalTopic, setProposalTopic] = useState('');
```

```
  // MyGovernorとMyERC20のコントラクトのインスタンスをethers.jsを利用して生成
  useEffect(() => {
    if (signer) {
      const governorContract = MyGovernor__factory.connect(governorContractAddr
ess, signer);
      setMyGovernorContract(governorContract);
      const erc20Contract = MyERC20__factory.connect(erc20ContractAddress, sign
er);
      setMyERC20Contract(erc20Contract);
    }
  }, [signer]);
  // 自身のアドレスが委任済みかどうかを判定
  useEffect(() => {
    const checkDelegation = async () => {
      if (myERC20Contract && signer) {
      const delegateAddress = await myERC20Contract.delegates(await signer.getA
ddress());
      setIsDelegated(delegateAddress === await signer.getAddress());
      }
    };
    checkDelegation();
  }, [myERC20Contract, signer]);

  // 自身のアドレスを委任する処理
  const handleDelegate = async () => {
    if (myERC20Contract && signer) {
      await myERC20Contract.delegate(await signer.getAddress());
      setIsDelegated(true);
    }
  };

const createProposal = async () => {
  setLoading(true);

  try {
    const myERC20Interface = MyERC20__factory.createInterface()
    const calldata = myERC20Interface.encodeFunctionData("mint", ["0xf39Fd6e51a
ad88F6F4ce6aB8827279cffFb92266", BigInt("1000000")]);
    const target = erc20ContractAddress;
    const value = BigInt("0");

    if (myGovernorContract){
    const tx = await myGovernorContract.propose(
      [target], [value], [calldata], proposalTopic
```

```
    );

    if (tx) {
      const receipt = await tx.wait();
      if (receipt && receipt.logs && receipt.logs.length > 0) {

        // transaction logから、ProposalCreatedのイベント名を抽出して、Proposal
        Idを取得する
        const log = receipt.logs.find(log => log.fragment.name === 'ProposalCre
ated');
        const { proposalId } = log.args;
        console.log(proposalId);

        // proposalIdを取得できたらProposals一覧に追加する
        if (proposalId) {
          setMyProposals(prevProposals => [
            ...prevProposals,
            {
              topic: proposalTopic,
              status: ProposalStatus.Pending,
              proposalId: proposalId,
              description: proposalTopic,
              targets: [target],
              values: [value],
              calldatas: [calldata]
            }
          ]);
          setShowAlert(true);
          setAlertMessage('Proposal Created Successfully!');
        }
      }
    }
    }

  } finally {
    setLoading(false);
  }
};
  return (
  <div>
    <Title order={1} style={{ paddingBottom: 12 }}>My Governor Management</Tit
le>
    {/* 自身のアドレスが委任されていなければDelegateボタンを表示 */}
    {!isDelegated && (
```

```
    <Button onClick={handleDelegate}>Delegate</Button>
    )}
  {showAlert && (
    <Container py={8}>
      <Alert
      variant="light"
      color="teal"
      title="Proposal Created Successfully!"
      withCloseButton
      onClose={() => setShowAlert(false)}
      icon={<IconPlus />}>
      {alertMessage}
      </Alert>
    </Container>
    )}
    <SimpleGrid cols={{ base: 1, sm: 3, lg: 5 }}>
    <CreateProposalForm proposalTopic={proposalTopic} onProposalTopicChange={se
tProposalTopic} onCreateProposal={createProposal} loading={loading} />
    {myProposals.map((proposal, index) => <ProposalCard key={index} proposal={p
roposal} myGovernorContract={myGovernorContract} />)}
    </SimpleGrid>
  </div>
  );
}

function CreateProposalForm({ proposalTopic, onProposalTopicChange, onCreatePro
posal, loading }) {
  return (
    <Card key={-1} shadow="sm" padding="lg" radius="md" withBorder>
    <Card.Section>
      <Container py={12}>
      <Group justify="center">
        <Avatar color="blue" radius="xl">
        <IconPlus size="1.5rem" />
        </Avatar>
        <Text fw={700}>Create Your Proposal!</Text>
      </Group>
      </Container>
    </Card.Section>
    <Stack>
      <TextInput
      label="Proposal Topic"
      placeholder="Enter proposal topic..."
      value={proposalTopic}
```

```
        onChange={(e) => onProposalTopicChange(e.target.value)} />
        <Button loading={loading} onClick={onCreateProposal}>Create Proposal
        </Button>
      </Stack>
      </Card>
  );
}


function CreateProposalForm({ proposalTopic, onProposalTopicChange, onCreatePro
posal, loading }) {
  return (
  <Card key={-1} shadow="sm" padding="lg" radius="md" withBorder>
    <Card.Section>
    <Container py={12}>
      <Group justify="center">
      <Avatar color="blue" radius="xl">
        <IconPlus size="1.5rem" />
      </Avatar>
      <Text fw={700}>Create Your Proposal!</Text>
      </Group>
    </Container>
    </Card.Section>
    <Stack>
    <TextInput
      label="Proposal Topic"
      placeholder="Enter proposal topic..."
      value={proposalTopic}
      onChange={(e) => onProposalTopicChange(e.target.value)} />
    <Button loading={loading} onClick={onCreateProposal}>Create Proposal
    </Button>
    </Stack>
  </Card>
  );
}

function ProposalCard({ proposal, myGovernorContract }) {
  const [proposalStatus, setProposalStatus] = useState(proposal.status);
  const [votesStatus, setVotesStatus] = useState(proposal.votes);
  const [alertMessage, setAlertMessage] = useState('');

  return (
  <Card shadow="sm" padding="lg" radius="md" withBorder>
  <Card.Section>
```

```
      <Container py={12}>
        <Text fw={700} style={{ textAlign: 'center' }}>
        {proposal.topic}
        </Text>
      </Container>
      </Card.Section>
      <Group justify="space-between" mt="md" mb="xs">
      <Text fw={500}>{getStatusString(proposalStatus)}</Text>

      <Badge color="blue" variant="light">
        proposalId: {proposal.proposalId.toString()}
      </Badge>
      </Group>
      <Text size="sm" c="dimmed">
      {proposal.description}
      </Text>



      {alertMessage && (
      <Container py={8}>
        <Alert
        variant="light"
        color={alertMessage.includes("失敗") ? "red" : "teal"}
        title={alertMessage}
        withCloseButton
        onClose={() => setAlertMessage('')}
        >
        {alertMessage}
        </Alert>
      </Container>
      )}

    </Card>
  );
}
```

コードについて説明します。Governorコントラクトとpropose関数を利用して、提案を作成します。propose関数に必要な情報として重要なものにcalldataがあります。これは、どのターゲットコントラクトに対してどういった処理を行うのかを定義します。具体的には、今回のサンプルアプリケーションでは、特定のアカウントに対して、ERC-20トークンを1000000個作成する処理を定義しています（リスト22）。

リスト22 トークンを付与（mint）実行のためのCalldata作成

```
const calldata = myERC20Interface.encodeFunctionData("mint", ["0xf39Fd6e51aad88
F6F4ce6aB8827279cffFb92266", BigInt("1000000")]);
```

提案の発行自体は、具体的には、propose関数を利用して以下のように実行しています（リスト23）。

リスト23 提案実行

```
const tx = await myGovernorContract.propose(
 [target], [value], [calldata], proposalTopic
);
```

また、proposalIdが提案情報のステータスなどを取得するための重要なキーとなります。本サンプルアプリケーションでは、propose関数実行後に発行されるイベントログからProposalIdを取得しています（リスト24）。

リスト24 提案作成のイベント取得

```
const receipt = await tx.wait();
if (receipt && receipt.logs && receipt.logs.length > 0) {

  // transaction logから、ProposalCreatedのイベント名を抽出して、ProposalIdを取
  得する
  const log = receipt.logs.find(log => log.fragment.name === 'ProposalCreated');
  const { proposalId } = log.args;
  console.log(proposalId);
```

他のProposalIdの取得方法としては、以下のhashProposal関数を利用して取得することも可能です（リスト25）。

リスト25 他の提案IDの取得方法

```
hashProposal(targets, values, calldatas, descriptionHash);
```

無事に提案（Proposal）を作成できたら、MyProposalsのStateに保持させて表示しています。ProposalCard functionでProposal情報を表示しています（図7.12、図7.13）。

図7.12　Proposalの発行を実行した画面

図7.13　Proposalの発行が成功した画面

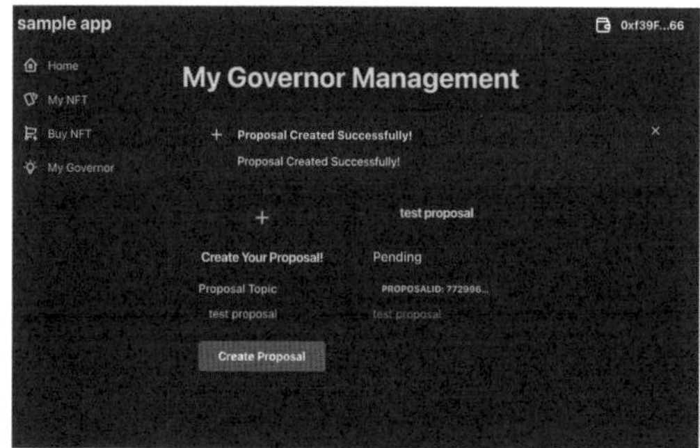

7.3.4.4　投票機能の作成

次に、投票機能を実装します。引き続き、page.tsxファイルを更新します。8行目のimport部分と、ProposalCard function内の197行目以降に追記します。以下の太字部分を追記してください（リスト26）。

リスト26　投票機能の追加（./frontend/app/mygovernor/page.tsx）

```
"use client";
import { ethers } from "ethers";
import { useContext, useEffect, useState } from 'react';
import { Web3SignerContext } from "@/context/web3.context";
import {
  Alert, Avatar, Button, Card, Container, Group, SimpleGrid, Stack, Text, TextI
nput, Title, Badge
```

```
} from "@mantine/core";
import { IconPlus, IconRefresh } from "@tabler/icons-react";
(...省略...)
function ProposalCard({ proposal, myGovernorContract }) {
  const [proposalStatus, setProposalStatus] = useState(proposal.status);
  const [votesStatus, setVotesStatus] = useState(proposal.votes);
  const [alertMessage, setAlertMessage] = useState('');

  // Proposalの状態と、投票結果を更新する
  const updateProposalStatusAndVotesStatus = async () => {
    if (myGovernorContract) {
      const newState = await myGovernorContract.state(proposal.proposalId);
      console.log(newState);
      setProposalStatus(newState);

      // 投票データを取得
      const votes = await myGovernorContract.proposalVotes(proposal.proposalId);
      setVotesStatus({
      againstVotes: votes[0],
      forVotes: votes[1],
      abstainVotes: votes[2]
    });
  }
};

  // 投票を実行
  const castVote = async (support: number) => {
    try {
      if (myGovernorContract) {
      await myGovernorContract.castVote(BigInt(proposal.proposalId), support);
      updateProposalStatusAndVotesStatus(); // もし状態が更新されるなら、状態も更新
      }
    } catch (error) {
      setAlertMessage('Cast Vote Uncsuccessfully!');
    }
  };
  return (
  <Card shadow="sm" padding="lg" radius="md" withBorder>
    <Card.Section>
    <Container py={12}>
      <Text fw={700} style={{ textAlign: 'center' }}>
      {proposal.topic}
      </Text>
    </Container>
```

```
</Card.Section>
<Group justify="space-between" mt="md" mb="xs">
<Text fw={500}>{getStatusString(proposalStatus)}</Text>

{/* ProposalStatusとVoteStatusを更新 */}
<IconRefresh size="1.5rem" onClick={updateProposalStatusAndVotesStatus} />

{/* ProposalStatusがPendingのとき以外、投票結果を表示する */}
{votesStatus && proposalStatus != ProposalStatus.Pending && (
  <Stack spacing="xs" direction="column">
  <Text size="sm">Against Votes: {votesStatus.againstVotes.toString()}
  </Text>
  <Text size="sm">For Votes: {votesStatus.forVotes.toString()}</Text>
  <Text size="sm">Abstain Votes: {votesStatus.abstainVotes.toString()}
  </Text>
  </Stack>
)}

<Badge color="blue" variant="light">
  proposalId: {proposal.proposalId.toString()}
</Badge>
</Group>
<Text size="sm" c="dimmed">
{proposal.description}
</Text>

{/* ProposalStatusがActiveのときだけ、投票ボタンを表示 */}
{proposalStatus == ProposalStatus.Active && (
  <Stack >
    <Button onClick={() => castVote(0)}>Vote Against</Button>
    <Button onClick={() => castVote(1)}>Vote For</Button>
    <Button onClick={() => castVote(2)}>Abstain</Button>
  </Stack>
)}

{alertMessage && (
<Container py={8}>
  <Alert
  variant="light"
  color={alertMessage.includes("失敗") ? "red" : "teal"}
  title={alertMessage}
  withCloseButton
  onClose={() => setAlertMessage('')}
  >
```

```
        {alertMessage}
        </Alert>
      </Container>
      )}

    </Card>
  );
}
```

コードについて説明します。

提案が作成されたタイミングではProposalStatusがPending状態ですが、ブロックが進むと投票開始のActive状態に変わります（その際の開始までの遅延時間は、GovernorコントラクトのSettingにより変更可能です）（図7.14）。また、投票開始後に参加者は投票を実行しますが、その投票状況についても可視化できるように、updateProposalStatusAndVotesStatusにおいてはProposal Statusの最新情報をmyGovernorContract.state（proposalId）関数で、投票状況をmyGovernorContract.proposalVotes（proposalId）関数で取得するようにしています。投票状況はPending状態以外で表示させます。

投票はcastVoteにて実行しています。myGovernorContract.castVote（BigInt（proposalId), support）関数で、賛成（support=1）、反対（support=0）、棄権（support=2）として実行されます。投票は、Proposal StatusがActive状態の際にのみ投票ボタンを表示するようにしています。

サンプルアプリケーションではHardhatを利用しているため、明示的にブロックを進める必要があります。1つ目のProposalをActive状態にするためには、2つ目のProposal（図中ではtest proposal 2）を作成することで、ブロックを進める処理を行っています。実際のテストネットワークや本番環境のネットワークにおいては時間経過とともにブロックが進むため、本サンプルアプリケーションにおいてのみ、このような処理を行っています。

図7.14　投票開始状態での画面

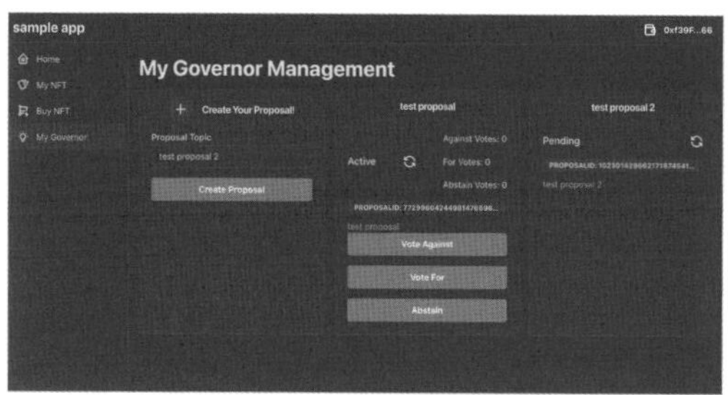

図7.15　test proposalの提案に対して賛成票（for）を投票し、自身が保持する1000000トークン分の投票がなされた画面

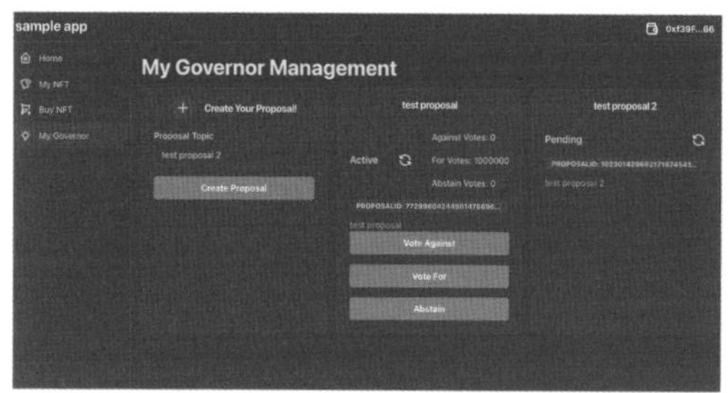

7.3.4.5　キューイング機能の作成

次に、投票締め切り後のキューイング機能を実装します。引き続き、page.tsxファイルを更新します。226行以降に、リスト27のコードの太字部分を追記してください。ProposalCard functionを更新します。その後、288行以降に、リスト28のコードの太字部分を追記してください。

リスト27　ProposalCardへのキューイング機能追加（./frontend/app/mygovernor/page.tsx）【226行目～】

```
(...前略...)
  // 投票を実行
  const castVote = async (support: number) => {
    try {
      if (myGovernorContract) {
        await myGovernorContract.castVote(BigInt(proposal.proposalId), support);
        updateProposalStatusAndVotesStatus(); // もし状態が更新されるなら、状態
        も更新
      }
    } catch (error) {
```

```
      setAlertMessage('Cast Vote Uncsuccessfully!');
    }
  };

  // 実行キューに入れる
  const handleQueue = async () => {
    try {
      if (myGovernorContract) {
        const descriptionHash = ethers.keccak256(ethers.toUtf8Bytes(proposal.de
scription));
        await myGovernorContract.queue(
          proposal.targets,
          proposal.values,
          proposal.calldatas,
          descriptionHash
        );
        setAlertMessage('Queued Successfully!');
      }
    } catch (error) {
      console.error("Error queuing the proposal:", error);
      setAlertMessage('Failed to Queue!');
    }
  };
(...以下略...)
```

リスト28 ProposalCardのreturn文への追加
(./frontend/app/mygovernor/page.tsx)【288行目～】

```
(...前略...)
    {/* ProposalStatusがActiveのときだけ、投票ボタンを表示 */}
    {proposalStatus == ProposalStatus.Active && (
    <Stack >
      <Button onClick={() => castVote(0)}>Vote Against</Button>
      <Button onClick={() => castVote(1)}>Vote For</Button>
      <Button onClick={() => castVote(2)}>Abstain</Button>
    </Stack>
    )}

    {/* ProposalStatusがSucceededのときだけ、Queueボタンを表示 */}
    {proposalStatus == ProposalStatus.Succeeded && (
      <Button onClick={handleQueue}>Queue</Button>
    )}
(...以下略...)
```

コードについて説明します。

Governorコントラクト作成時に設定した投票期間終了後に、賛成多数であった場合はProposalStatusがActive状態からSucceeded状態に変わります。Succeeded状態であるときに、その提案を実行するキューに入れる処理を行うことが可能です。キューに入れる処理は、myGovernorContract.queue (targets, values, calldatas, descriptionHash) 関数を利用して実行します。その際、descriptionHashは、ethers.keccak256(ethers.toUtf8Bytes(description))関数により生成させて実行します。Descriptionそのものではなく、ハッシュ化した値を引数にすることは注意です。

投票開始後、2ブロック後に投票締め切りになるように設定されていますので、新規で別の提案を作成するなどしてブロックを1つ進めると、図7.16のような画面に遷移します。1つ目の提案がSucceedステータスになったら、Queueボタンが表示されるようになります。Queueボタンを押下することで、図7.17のような画面に遷移し、提案がQueuedステータスになったことを確認することができます。

図7.16　test ProposalがSucceededステータスになりQueueボタンが表示されている画面

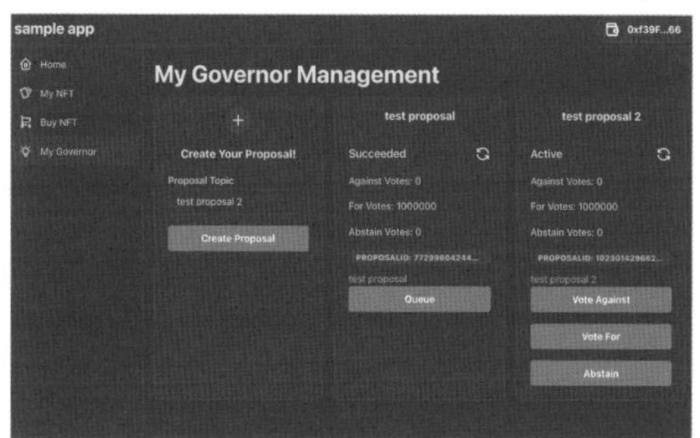

図7.17　Queue実行し、Queuedステータスになっている画面

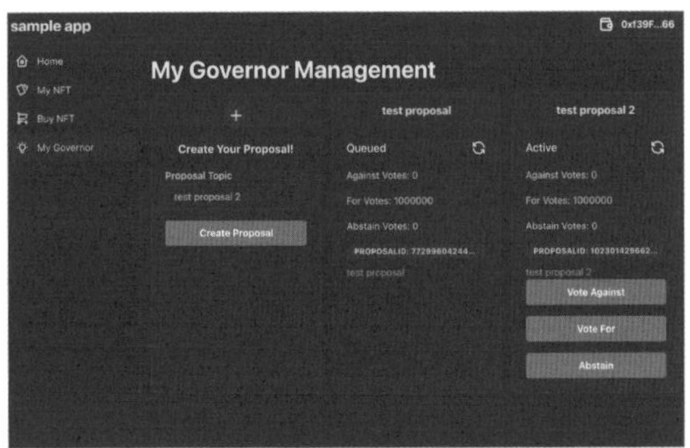

7.3.4.6　提案実行機能の作成

次に、提案実行機能を実装します。引き続き、page.tsxファイルを更新します。ProposalCard functionを更新します。245行以降に、リスト29の太字部分を追記してください。また、312行以降に、リスト30の太字部分を追記してください。

リスト29　ProposalCardへの提案実行機能追加（./frontend/app/mygovernor/page.tsx）【245行目～】

```
(...前略...)
  // 実行キューに入れる
  const handleQueue = async () => {
    try {
      if (myGovernorContract) {
        const descriptionHash = ethers.keccak256(ethers.toUtf8Bytes(proposal.de
scription));
        await myGovernorContract.queue(
          proposal.targets,
          proposal.values,
          proposal.calldatas,
          descriptionHash
        );
        setAlertMessage('Queued Successfully!');
      }
    } catch (error) {
      console.error("Error queuing the proposal:", error);
      setAlertMessage('Failed to Queue!');
    }
```

```
  };

  // 提案を実行(Execute)する
  const handleExecute = async () => {
    try {
      if (myGovernorContract) {
        const descriptionHash = ethers.keccak256(ethers.toUtf8Bytes(proposal.de
scription));
        await myGovernorContract.execute(
          proposal.targets,
          proposal.values,
          proposal.calldatas,
          descriptionHash
       );
        setAlertMessage('Executed Successfully!');
        updateProposalStatusAndVotesStatus();
      }
    } catch (error) {
      console.error("Error executing the proposal:", error);
      setAlertMessage('Failed to Execute!');
    }
  };
(...以下略...)
```

リスト30 ProposalCardのreturn文への追加（./frontend/app/mygovernor/page.tsx）【312行目～】

```
(...前略...)
    {/* ProposalStatusがSucceededのときだけ、Queueボタンを表示 */}
    {proposalStatus == ProposalStatus.Succeeded && (
    <Button onClick={handleQueue}>Queue</Button>
    )}

    {/* ProposalStatusがQueuedのときだけ、Executeボタンを表示 */}
    {proposalStatus == ProposalStatus.Queued && (
      <Button onClick={handleExecute}>Execute</Button>
    )}
(...以下略...)
```

コードについて説明します。

前述の工程までにQueueが成功している場合、TimelockControllerコントラクト作成時に設定した遅延時間経過後に提案を実行（Execute）することが可能です。本コードでは2分で設定しているため、2分後に実行することが可能です。また、Queued状態であるときに、その提案を実行する処理を行うことが可能です。実行処理は、myGovernorContract.execute (targets, values, calldatas, descriptionHash) 関数を利用して実行します。

ここまでコードを修正することで、図7.18のようにQueueステータスであった提案のCardにExecuteボタンが追加されるようになります。Executeボタンを押下することで、提案が実行されます (図7.19)。

図7.18　Queued状態でExecute実行可能状態の画面

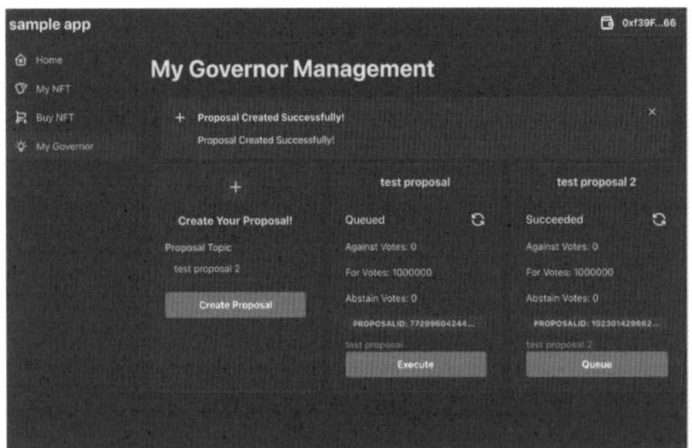

図7.19　Executeを実行したあとの画面

7.3.4.7　トークンの付与確認

最後に、ホーム画面で自身がもともと1000000トークン保持していたのに対し、今回の提案が正しく実行されていれば、2000000トークンに増えていることを確認します。

ホーム画面でボタンを押下すると、自身のアカウントの保持しているトークン数が2000000となっていることが確認できます（図7.20）。

図7.20　提案実行後のトークン画面

ここまでで、DAOのコアとなる機能としての投票システムをブロックチェーン上で実装することができ、提案の作成から、投票実行、キューイングさせ、一定期間待ち提案を実行することができました。そして、提案の内容に定義した通り、トークンがアカウントに対して払い出されたことが確認できました。

提案時に実行するCalldataをさまざまな形に変更することが可能ですので、多様な用途で提案を作成することができます。このサンプルアプリケーションはほんの一例でしかありませんが、簡単な動作確認を通じて、自由にDAOの設計と実装ができるための一助になればと思います。

7.4　DAO Operation Toolの紹介

ここまでは自身でDAOのコアとなる投票システムを設計および開発しましたが、DAO Operation Toolとして、DAOの作成を容易に行うことができるサービスも存在します。ここではAragon DAOの紹介をします。

7.4.1 DAOの種類

Aragon DAOの紹介をする前に、DAOの類型を紹介します。DAOの目的に応じ、他にもさまざまなDAOが生まれ続けています(表7.8)。

表7.8 DAOの類型

分類	内容	実例
DAO Operation Tool	DAOの作成や投票機能、トレジャリーの管理などを提供する	Aragon
Grants DAO	社会的利益を追求し、コミュニティは資金を寄付し、DAOを使用して、その資金がガバナンス提案の形でさまざまな貢献者にどのように割り当てられるかについて投票する	Moloch DAO
Protocol DAO	仮想通貨の発行や投資サービスを効率的に運営するために作られた	Maker DAO
Collector DAO	NFTのアート作品などを共同で購入・投資することが目的	Flamingo DAO
Investiment DAO	ブロックチェーンプロジェクトなどに投資することを目的に設立した	The LAO

7.4.2 Aragon概要

AragonはDAO Operation Toolに分類されます。個人や組織が独自のDAOを作成できるプラットフォームです。Aragonはオープンソースであり、イーサリアムベースのプロジェクトで、スマートコントラクトのような事前設定されたツールを使用してDAOを作成するのに役立ちます。

機能としては表7.9のようなものがあり、DAOを作成、運用する際に直面する課題を解決し、DAOの運営を簡素化、効率化することが可能です。

表7.9 Aragonの機能

機能	内容
DAOの作成と管理	コードを書くことなくDAOを作成し、運営するプラットフォームを提供する。ユーザーはトークンを発行・配布し、投票のためのウォレットを承認し、ガバナンスパラメータを設定することができる

簡易ガバナンス設定	ガバナンスフローをガイドし、提案を作成し、投票を簡単に行えるようにする。これにより、メンバーは容易に参加できる
一元化されたダッシュボード	提案のアイデアから投票の実行まで、ガバナンスプロセス全体を一元化された場所から実行できる。これにより、メンバーはDAOに迅速にオンボードでき、必要なすべてのものをDAOダッシュボードで見つけることができる
カスタムDAOの構築	プラグインをビルド、インストール、アップグレードおよびアンインストールすることでガバナンスをカスタマイズして、カスタムのDAOを構築することができる
Aragon SDK	Aragon SDKを使用して、わずか数行のコードでDAOを作成できる

7.5 DAOシステム開発のポイントと注意事項

7.5.1 DAOの法律上での不確かさ

DAOのシステム開発の観点とは別に、法律上の注意事項を説明します。DAOは非中央集権型の組織運営での、組織の新しい形を目指しています。ただし、現在の法的な枠組みの中では中央集権的な組織構造にもとづいて構築されており、DAOのような新しい形式の組織には対応できていないのが実情です。

例として、以下のような課題があります。

- **法的枠組みの欠如**
  DAOが法的人格を持たないため、契約関係、責任および所有権に関する問題が生じます。
- **法的代表者の不在**
  法的に認められた代表者がいないため、訴訟や法的責任の問題が生じる可能性があります。

- **知的財産権の所有**
  DAOに関連する知的財産権の所有者を特定することが困難です。

そんな中で、DAO法が制定されている地域があります。ワイオミング州は、2021年7月1日にDAOを法人として正式に承認した最初の米国の州となり、American CryptoFed DAOが最初に承認された事業体となりました。ワイオミング州では、有限責任会社の一種として定義されています。日本においては、DAOという組織形態に法人格を付与する制度は存在しておらず、合同会社としての形態が目指されている側面もありますが、他国や先行事例を参考にし、DAOの法人化の議論が進展することが期待されます。

参考資料：

The Legal Standing of DAOs and the Lack of Regulation
https://waceo.medium.com/the-legal-standing-of-daos-and-the-lack-of-regulation-aaec6101fcc6

Are DAOs Legal? Exploring DAO Legal Issues and Regulatory Challenges
https://www.midao.org/blog-posts/are-daos-legal-exploring-dao-legal-issues-and-regulatory-challenges

ワイオミング州DAO法の概要
https://www.noandt.com/wp-content/uploads/2022/05/technology_no19_1.pdf

Web3.0 研究会報告書　～Web3.0 の健全な発展に向けて～
https://www.digital.go.jp/assets/contents/node/basic_page/field_ref_resources/a31d04f1-d74a-45cf-8a4d-5f76e0f1b6eb/a53d5e03/20221227_meeting_web3_report_00.pdf

おわりに

1　Web3アプリケーションを開発するために

本書ではWeb3アプリケーションの開発方法として、ブロックチェーンの仕組みだけではなく、システム全体としてどのように構築したらよいかを中心に構成しました。

Web3サービスの開発において、ブロックチェーンやスマートコントラクトは確かに知識の中心として必要ですが、実は、それ以外の要素、フロントエンドやバックエンド、ノードプロバイダーとの連携など、総合的な知識が求められます。また、ウォレットや秘密鍵管理など、ユーザーに負担を強いる部分も存在するため、強固なセキュリティを維持しつつ、いかにわかりやすいユーザー・インターフェースにするかも重要な課題になります。

そこをどううまく構築するかによってブロックチェーンを有効に活用できるか、単にデータベースをブロックチェーンに置き換えただけのWeb3の皮を被ったWeb2.0サービスになってしまうかが決まると思います。

2　Web3の可能性と未来の展望

ブロックチェーンは、いまだ発展途上であり、現在のアーキテクチャやパターンが最適解ではなく、今後もどんどん変化していく領域です。それを面倒くさいと見るか、変化に富んで面白いと見るかは読者の皆さん次第ですが、個人的にはブロックチェーンがこのままトップランナーとして時代を駆け抜けていき、Webの新しい形式を作っていくことを切に望んでいます。

ブロックチェーンが難しいとよく言われる理由としては、技術の領域にとどまらず、さまざまな領域におよんでいるからです。技術的に見れば、暗号学や分散ネットワークなどの知識に加え、既存のWeb2.0時代の技術も基礎知識として必要です。ビジネス的には、トークンエコノミーや貨幣理論などの経済にかかわる知識や法律に関する知識まで、考えることが盛りだくさんです。

ただ、逆に言えば、時代を変えるようなパラダイム的な仕組みは影響範囲が幅広いからこそ、考える内容が多岐にわたり、技術・ビジネス・法律まですべて巻き込んで変わっていくのだと思います。インターネットはまさにそのようなパラダイムであり、次世代インターネットと言われるブロックチェーンもまた、パラダイムになっていくのだと思います。ただし、その時間はとてもゆっくりなのかもしれません。

私はインターネット黎明期である1996年に社会に入りましたが、そのときのインターネットはまさにいまのような状態であったのを覚えています。世界が変わる、ビジネスが変わると言われつつ、実際にインターネットが日々の生活や仕事に浸透したことを実感したのは、それから10年くらい経ってからでした。ECサイトで普通に日常品を買い物し、オンプレミスの環境からAWSなどのパブリッククラウドに移り、ガラケーからスマートフォンに買い替えたあたりでしょうか。

2022年は「Web3元年」と言われましたが、2023年はまさしく「AI元年」とも言える状況でした。2022年に登場したChatGPTやDALL-E、Stable Diffusionのような生成系AIが実用化され、一般の人が気軽に使えるサービスがいくつも生み出されています。しかし一方で、大量の学習データを使用することで、知らないうちに著作権侵害してしまったり、精度の高いフェイク画像がいとも簡単に作れてしまう状況は、Web2.0において大企業が個人から収集したデータを不正に利用する問題をさらに大きく広げていく危険性をはらんでいます。そのため、各国ではAIを規制する方向で動いていますが、それで現在の流れを止められるのでしょうか？

ブロックチェーンが持つデータの透明性や追跡性などの特徴は、今後AIの普及が進む中で、これらの問題を解決するための試金石になる可能性もあります。AIモデルや学習データとなるデータ群の著作権や追跡にブロックチェーンが活用されるかもしれません。また、ブロックチェーンに記録された大量の取引データをAIで分析することで、いままで考えもしなかったパターンや法則性が見つかるかもしれません。AIとブロックチェーンが融合すれば、データの信頼性を保証しつつ、より使いやすく進化したインターネットを提供するための土台となるでしょう。そのための第一歩として本書が役立ってくれれば幸いです。

愛敬 真生

Appendix

本章では本編で紹介しきれなかったブロックチェーンネットワークの構築方法や、テストネットへの接続方法を紹介します。

A1 ブロックチェーンネットワークの構築・テスト

イーサリアムの環境でスマートコントラクトを動かす方法としては大きく3つあります。

① ローカル環境にイーサリアムネットワークを構築する
② 自分で構築したノード経由でテストネット（またはメインネット）に接続する
③ ノードプロバイダーを経由してテストネット（またはメインネット）に接続する

本書では、特に①および③について解説していきます（②は①の派生型であるため）。

第3章で作成したアプリケーションを動作確認に使うため、先に第3章を終わらせておくことをおすすめします。

A1.1 ローカル環境にイーサリアムネットワークを構築する

イーサリアムは実行クライアント（Execution Client）を使用して、ローカル環境に独自ネットワークを構築することができます。クライアントは複数存在[※79]しており、C#で開発されたNethermindや、パーミッションド・ブロックチェーンを構築可能なBesuなどがありますが、ここでは最も普及しているGo-ethereum（Geth）を使用します。

なお、The Merge後はPoSに移行しているため、本来であればコンセンサスクライアント（Consensus Client）を立ててビーコンチェーンを構築するべきではありますが、ページ数の都合上、ローカル環境で使い勝手のよいProof of Authority（PoA）[※80]によるコンセンサスアルゴリズムで構築します。PoAは、指定したノード間で投票によって合意形成を行う最も単純なアルゴ

※79 https://ethereum.org/ja/developers/docs/nodes-and-clients/
※80 https://eips.ethereum.org/EIPS/eip-225

リズムです。

ここではDockerコンテナ版を利用することにしましょう。コンテナイメージをダウンロードして実行するだけなので非常に簡単です。そのため、まずはDockerをインストールする必要があります。

A1.1.1　Dockerのインストール

MacOSの場合：

Mac版のDockerは以下のサイトからダウンロードできます（図A1.1）。

https://docs.docker.com/desktop/install/mac-install/

図A1.1　Docker Desktop on Mac

ご自身のMacのCPUによって「Docker Desktop for Mac with Apple silicon」か「Docker Desktop for Mac with Intel chip」のいずれかのボタンを押下します。ダウンロードしたインストーラ（Docker.dmg）をダブルクリックし、Dockerアイコンをアプリケーションフォルダにドラッグすればインストールできます。

Windowsの場合：

Windows版のDockerは以下のサイトからダウンロードできます（図A1.2）。

https://docs.docker.com/desktop/install/windows-install/

図A1.2　Docker Desktop on Windows

「Docker Desktop for Windows」ボタンを押下し、ダウンロードしたインストーラ（Docker Desktop Installer.exe）をダブルクリックすればインストールできます。

インストールが完了したら、バージョンコマンドを入力して実行可能か確認します（リスト01）。

リスト01　dockerのバージョン確認

```
% docker version↵
Client:
 Cloud integration: v1.0.35+desktop.5
 Version:           24.0.6
(...以下略...)
```

複数のコンテナを起動する場合にはdocker-composeを使います。こちらも同じインストーラに含まれていますので、動作確認しましょう（リスト02）。

リスト02　docker-composeのバージョン確認

```
% docker compose version↵
Docker Compose version v2.22.0-desktop.2
(...以下略...)
```

なお、WindowsでDockerを起動するにはさまざまな条件があります。Windows11リリース以降に発売されたPCであれば問題ありませんが、それ以前の場合にはダウンロードサイトを見ながらトラブルシュートしてください。

https://docs.docker.com/desktop/install/windows-install/

A1.1.2 gethのコンテナイメージのダウンロード

Dockerがインストールできたら、Go-Ethereumの実行クライアント（geth）のコンテナイメージ（client-go）をダウンロードします。

https://hub.docker.com/r/ethereum/client-go

dockerコマンドからダウンロードできますので、次のコマンドを実行してください（リスト03）。

リスト03 gethコンテナイメージの取得

```
% docker pull ethereum/client-go:v1.13.3↵
```

正常にダウンロードできたか確認してみましょう。PC内のイメージ一覧を表示します（リスト04）。

リスト04 Dockerイメージの一覧表示

```
% docker images↵
```

リスト05のように表示されていれば正常にダウンロードできています。

リスト05 gethイメージ

```
REPOSITORY  TAG  IMAGE ID  CREATED  SIZE
ethereum/client-go v1.13.3 907743e801bf 35 hours ago 68.3MB
```

※gethは頻繁にバージョンアップするため、ここではバージョンを指定してダウンロードしていますが、通常使用する場合にはlatestを使用することをおすすめします。

A1.1.3 PoAネットワークの構築

PoAを用いたイーサリアムのローカルネットワークを作っていきます。全体の構成を図A1.3に示します。1つのネットワーク上に存在する2つのノード間で合意形成を取る構成です。

ブラウザとの接続は、Node1のみポート番号8545で通信するようにします。

図A1.3　全体構成

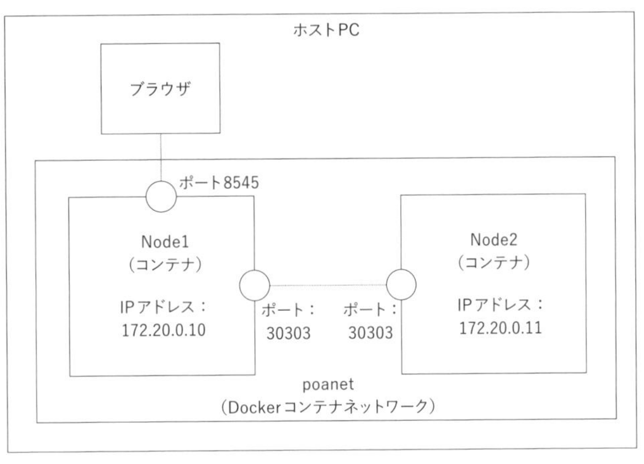

それでは作っていきましょう。

まず、ホストPC上にフォルダを作成します。名前はpoanetとします。作成したら、そのフォルダの下に移動します（リスト06）。

リスト06　フォルダの作成と移動

```
% mkdir poanet ↵
% cd poanet ↵
```

その配下にdocker-compose.yamlを作ります（リスト07）。

そのまま起動してしまうとメインネットにつながってしまうので、entrypointとttyを設定して、最初にgethが起動しないようにします。また、データを永続化させたり、設定ファイルを作成するため、ホストPCのフォルダ（node1、node2）をroot直下にマウントします。外部（ホスト）からJSON-RPCでアクセスするため、8545ポートを開いておきます。

また、IPアドレスをそれぞれ172.20.0.10、172.20.0.11に固定しています。

リスト07　./poanet/docker-compose.yaml

```
version: "3.8"
services:
  # ノード1の設定
  node1:
```

```
      image: ethereum/client-go:v1.13.3
      entrypoint: "/bin/sh"
      tty: true
      volumes:
        - ./node1:/root
      working_dir: /root
      ports:
        - 8545:8545
      networks:
        poanetwork:
          ipv4_address: 172.20.0.10
    # ノード2の設定
    node2:
      image: ethereum/client-go:v1.13.3
      entrypoint: "/bin/sh"
      tty: true
      volumes:
        - ./node2:/root
      working_dir: /root
      networks:
        poanetwork:
          ipv4_address: 172.20.0.11
# ネットワークの設定
networks:
  poanetwork:
    ipam:
      config:
        - subnet: 172.20.0.0/16
```

コンテナを起動します。以下のコマンドで2つのノードが立ち上がります。

リスト08 コンテナの起動

```
% docker compose up -d
```

では確認してみましょう。node1（poanet-node1-1）およびnode2（poanet-node2-1）の2つが立ち上がっていたら成功です（リスト09）。

リスト09 起動の確認

```
% docker ps

CONTAINER ID   IMAGE   COMMAND   CREATED   STATUS   PORTS   NAMES
```

```
418eef2a8118   ethereum/client-go   "/bin/sh"   1 minutes ago   Up 1 minutes
8546/tcp, 30303/tcp, 30303/udp, 0.0.0.0:8545->8545/tcp   poanet-node1-1
7765b71e360f   ethereum/client-go   "/bin/sh"   1 minutes ago   Up 1 minutes
8545-8546/tcp, 30303/tcp, 30303/udp   poanet-node2-1
```

ノードのコンテナに入って作業を続けます。作業の手順としては、以下になります。

- ✓ node1とnode2でそれぞれアカウントを作成する
- ✓ 作成したアカウントを元にgenesis.jsonを作成する
- ✓ node1とnode2でgenesis.jsonを使ってgethを初期化する
- ✓ node1とnode2用のstatic-nodes.jsonを作成する
- ✓ node1とnode2のgethを起動する

A1.1.4 node1とnode2でそれぞれアカウントを作成する

各ノードには、ブロックを作成するためのアカウントを必ず1つ作成する必要があります（これをetherbaseと言います）。最初にそれぞれのコンテナに入ります。ログイン後のカレントディレクトリは/rootになっているので、ここで以降の作業をしていきます。rootにはdocker-compose.yamlに設定したnode1とnode2がマウントされています（ホストPC側のpoanetフォルダ以下にnode1、node2が作られているのが確認できます）（リスト10）。

リスト10 コンテナへのアクセス

```
% docker exec -it poanet-node1-1 /bin/sh↵
```

アカウントを作成します。パスワードを設定する必要がありますので、適当な文字列を入力してください（リスト11）。

リスト11 アカウントの作成（コンテナ内）

```
/ # geth --datadir eth_data account new↵

Your new account is locked with a password. Please give a password. Do not forg
et this password.
Password:
Repeat password:
```

```
Your new key was generated
Public address of the key:   0xF25d3D5f3e33ca248177be1134ec5748457ed6D8※81
```

リスト11の下線部分のアドレスを書きとめておきます。

同様にnode2にもアクセスしてアカウントを作成して、アドレスを書きとめます。

A1.1.5　作成したアカウントを基にgenesis.jsonを作成する

いったんホストPCに戻って、poanetフォルダ配下にgenesis.jsonを作成します。

ここで、先ほど作成したアカウントを使います。"alloc"に設定しているのは、初期状態でトークンを所有させるアカウントとその量（無論、他では使えません）を定義しています。3つのアドレスを指定していますが、1、2はnode1、node2にログインして作成したアドレス、3つ目は第3章3.15でMetamaskにインポートしたアドレスを入れます。このあとにスマートコントラクトと接続する際に必要になります（トランザクションの手数料用）。

リスト12 ./poanet/genesis.json

```
{
  "config": {
    "chainId": 12345,
    "homesteadBlock": 0,
    "eip150Block": 0,
    "eip155Block": 0,
    "eip158Block": 0,
    "byzantiumBlock": 0,
    "constantinopleBlock": 0,
    "petersburgBlock": 0,
    "istanbulBlock": 0,
    "berlinBlock": 0,
    "clique": {
      "period": 5,
      "epoch": 30000
    }
  },
  "difficulty": "1",
```

※81　A1.1.5で使うアドレスです。

```
  "gasLimit": "8000000",
  "extradata": "0x0000000000000000000000000000000000000000000000000000000000000
000所定の場所1所定の場所20000000000000000000000000000000000000000000000000000000
000000000000000000000000000000000000000000000000000000000000000000000000000",
  "alloc": {
    "所定の場所3": { "balance": "3000000000000000000" },
    "所定の場所4": { "balance": "4000000000000000000" },
    "f39Fd6e51aad88F6F4ce6aB8827279cffFb92266": { "balance":
"4000000000000000000" }
  }
}
```

リスト11で書きとめたnode1とnode2のアドレスをgenesis.jsonの「所定の場所1所定の場所2」に入力します。

extradataには、以下のようにnode1とnode2を連結したものを設定します。改行やスペースをはさまず1列で作成してください（図A1.4）。

図A1.4　extradataの構造（PoAの設定）

genesis.jsonをnode1およびnode2フォルダ直下にコピーします。

ここまでのホストPCのpaonetは、図A1.5の構成になっています。

図A1.5　poanetのフォルダ構成

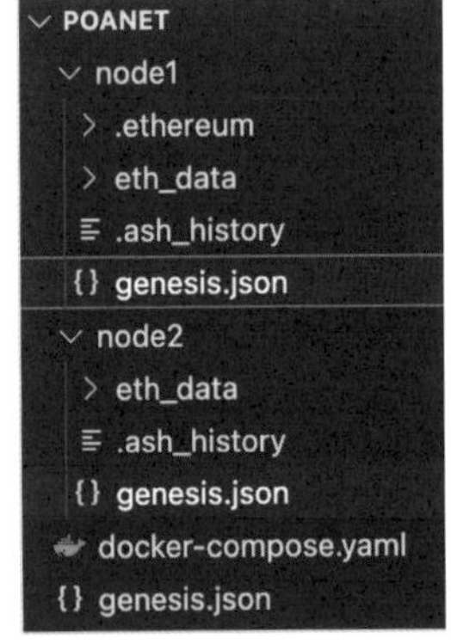

A1.1.6　node1とnode2でgenesis.jsonを使ってgethを初期化する

リスト10のコマンドを使って、node1、node2それぞれにログインし、以下のコマンドを実行します（リスト13）。

リスト13 gethの初期化（コンテナ内）

```
/ # geth init --datadir eth_data genesis.json↵

INFO [11-03|15:07:44.556] Maximum peer count                       ETH=50 LES=0
total=50
(...省略...)
INFO [11-03|15:07:44.614] Successfully wrote genesis state         database=lig
htchaindata                     hash=6b6951..4139b8
```

A1.1.7　node1-1とnode2-1を接続するconfig.tomlを作成する

初期化後、node1、node2を相互接続する情報を取得するためにgethを起動します（リスト14）。

リスト14 gethとコンソールの起動（コンテナ内）

```
/ # geth --networkid 12345 --datadir eth_data --nodiscover console↵
```

gethのコマンドプロンプトが表示されるので、以下のコマンドを実行してenodeを取得します。この情報としてnode1、node2の双方を書きとめておきます。その後、exitコマンドを使っていったんgethを終了させます。

リスト15 enodeの取得（gethコマンド）

```
> admin.nodeInfo.enode↵

"enode://2df04cfbaa27d2aa71c59205d0b24ad568c7513603f267b29babd4d117109523cbf0c0
84a897efcf8a84ba5358dff1b9fc5f037651c9188d0214ddc3412b3abe@127.0.0.1:30303"

> exit↵
/ #
```

ここまでの操作で、ホストPCのpoanetのnode1、node2にはeth_dataが作成されているはずです。次のコマンドを実行すると、ホストPCのnode1、node2直下にconfig.tomlが作成されます（リスト16）。

node1、node2それぞれで作っておきます。

リスト16 config.tomlの作成（コンテナ内）

```
/ # geth --networkid 12345 --datadir eth_data dumpconfig > config.toml ↵
```

それぞれ別に設定する必要がありますので、以下の点に注意してください。

- ✓ 各config.tomlの［Node.P2P］セクションのStaticNodesに相手先のenode記載する
- ✓ enodeの後方（@以下）のIPアドレスはnode1のconfig.tomlであれば172.20.0.11、node2であれば172.20.0.10（お互いのIPアドレス）に入れ替える。ポートは30303で固定

リスト17 ./poanet/node1/config.toml

```
[Node.P2P]
MaxPeers = 50
NoDiscovery = false
DiscoveryV4 = true
BootstrapNodes = ["enode://d860a..."]
BootstrapNodesV5 = ["enr:- ..."]
StaticNodes = ["enode://2df04cfbaa27d2aa71c592...8d0214ddc3412b3abe@172.20.0.11
:30303"]
TrustedNodes = []
ListenAddr = ":30303"
DiscAddr = ""
EnableMsgEvents = false
```

リスト18 ./poanet/node2/config.toml

```
[Node.P2P]
MaxPeers = 50
NoDiscovery = false
DiscoveryV4 = true
BootstrapNodes = ["enode://d860a..."]
BootstrapNodesV5 = ["enr:- ..."]
StaticNodes = ["enode://24ac6729bb60e3fd403fc44...d1983707235414dd328@172.20.0.
10:30303"]
TrustedNodes = []
ListenAddr = ":30303"
DiscAddr = ""
EnableMsgEvents = false
```

ここまでで、図A1.6のような配置になります。

図A1.6　config.tomlの配置

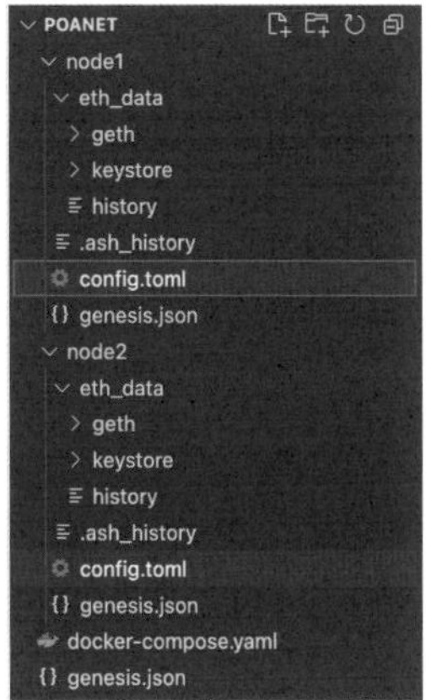

これで設定は完了です。

A1.1.8　node1とnode2のgethを再起動する

再度、リスト10のコマンドを使ってnode1、node2それぞれにログインし、node1とnode2のgethを再起動します。このあとは、ノードを立ち上げたままでスマートコントラクトのデプロイや実行もしていくため、node1、node2それぞれ別のターミナルを立ち上げて、以下のコマンドを実行してください。今回はパスワードを聞かれますので、先ほどアカウントを作成する際に設定したパスワードを使います（リスト19）。

リスト19　node1とnode2のgethの再起動（コンテナ内）

```
/ # geth --networkid 12345 --datadir eth_data --nodiscover --config config.toml --miner.etherbase A1.1.4で作成したアドレス –bootnodes A1.1.7のリスト15で取得したenode --http --http.addr 0.0.0.0 --allow-insecure-unlock --unlock A1.1.4で作成したアドレス console⏎
```

✓　--networkid：ネットワークを識別する番号です。メインネット（networkid=1）やテストネット（Sepolia：networkid= 11155111など）があります。ネットワーク上でかぶらなければ任意の値が付けられます。

- ✓ --datadir：ブロックチェーンデータを格納する場所です。
- ✓ --nodiscover：ネットワーク探索を無効化します。これを設定しないとネットワークを自動で探索して接続してしまうので、ローカルネットワークでは無効がいいでしょう。
- ✓ --config：各種設定を定義するファイルを指定します。
- ✓ --miner.etherbase：報酬の振り込み先のアドレスを指定します。この設定がないとブロック作成が動きません。
- ✓ --bootnodes：接続先のenode（StaticNodesに設定した値）
- ✓ --http：外部から接続できるHTTPでのJSON-RPCを使えるようにします。
- ✓ --http.addr：HTTP-RPCサービスを公開するIPアドレスを指定します。0.0.0.0を設定すると、すべてのアドレスからリクエストを受け付けます。
- ✓ --allow-insecure-unlock：httpオプションを有効化した状態でアンロックが必要な場合には指定する必要があります。
- ✓ --unlock：トランザクションを実行するために、アンロックするアカウントを指定します。

それでは、ノード間で接続できているか確認します。それぞれのgethのコンソールから、以下のコマンドを入力して1が返ってきたら正常に接続できています（リスト20）。

リスト20 接続確認（gethコマンド）

```
> net.peerCount ↵
1
```

A1.1.9 マイニングの開始

接続確認ができたら、実際にブロックを作成してみましょう。

マイニングを開始するにはリスト21のコマンドを入力します。今回は2つのノード間で合意形成を行ってブロックを作成するため、node1、node2双方で次のコマンドを入力する必要があります（リスト21）。

リスト21 マイニングの開始（gethコマンド）

```
> miner.start()⏎
```

A1.1.10　送金の実行

正常にブロックが作成できるか、実際に送金のトランザクションを送ってみましょう。

今回、genesis.jsonにnode1のアカウントに3［ETH］、node2のアカウントに4［ETH］を配布しています。表示はwei（1［ETH］=10の18乗［wei］）になっています（リスト22）。

リスト22 node1のアドレスの残高確認（gethコマンド）

```
> eth.getBalance(eth.accounts[0])⏎
3000000000000000000
```

それでは、node1のアカウントからnode2のアカウントに送金してみましょう。node2のアカウントアドレスはgenesis.jsonを送付する際に書きとめていると思いますが、コマンドで調べてみましょう。node2で以下のコマンドを入力してください。node2で管理している1番目のアドレスが表示されます（リスト23）。

リスト23 node2のアカウントアドレスの確認（gethコマンド）

```
> eth.accounts[0]⏎
"0xa004cbed8fa4c265d96e6bb3d5ab4c0a400e35d4"　※アドレスは環境によって変わります。
```

それでは、node1から送金トランザクションを発行してみます（リスト24）。

リスト24 送金トランザクションの実行（gethコマンド）

```
> eth.sendTransaction({from:eth.accounts[0], to:"0xa004cbed8fa4c265d96e6bb3d5ab
4c0a400e35d4",value:1000⏎
})
```

無事送金できたか確認してみましょう。node1では1000減っていて、node2では1000増えているはずです（リスト25）。

リスト25 残高の確認（gethコマンド）

```
> eth.getBalance(eth.accounts[0])↵
300000000000001000
```

これで、PoAによるEthereumネットワークが構築できました。

試しにホスト側から接続してみましょう。Curlコマンドを使ってブロック数を取得してみます。ホストからはdockerの設定で、8545ポートからnode1のHTTP-RPCサービスに接続できるようになっています（リスト26）。

リスト26 ホストからの接続確認

```
% curl -X POST -H "Content-Type: application/json" --data '{"jsonrpc":"2.0","method":"eth_blockNumber","params":[],"id":1}' http://localhost:8545/↵

{"jsonrpc":"2.0","id":1,"result":"0x16f"}
```

このように、エラーにならずresultで値が返ってくれば成功です。

A1.1.11 第3章で作成したWeb3アプリケーションからの接続

ここからは、第3章で作成したアプリケーションを今回構築したPoAネットワークにつなげてみましょう。順序としては以下の通りです。

- ✓ Hardhatのデプロイ先を変更する
- ✓ スマートコントラクトをデプロイする
- ✓ デプロイしたコントラクトのアドレスでプログラムを書き換える
- ✓ ウォレット（Metamask）の接続先ネットワークを変える
- ✓ 動作確認

最初に、Hardhatのデプロイ先を変更します。blockchainApp直下にあるhardhat.config.tsを編集します。その前に注意点ですが、スマートコントラクトのデプロイには、デプロイ先のHTTPエンドポイントのURLと署名するための秘密鍵（Private Key）が必要です。Hardhatネットワークでは備え付けの設定があったため不要でしたが、他の環境では接続先ごとに設定を追加する必要があります。

ただし、秘密鍵をソースコードに直接埋め込むのはセキュリティ的に非常に問題です。そのため、URLと秘密鍵だけ別ファイルで管理する方法も解説します。

最初にblockchainApp直下に移動し、以下のライブラリをインストールします（リスト27）。

dotenvはアプリケーションで使用する環境変数を.envファイルからプロセスの環境に読み込むことができるライブラリです。

リスト27 dotenvのインストール

```
% npm install dotenv@16.3.1↵
```

次に、blockchainApp直下に“.env”というファイルを作ります（先頭の“.”を忘れないように）。そのファイルにリスト28を記述します。なお、gethで作成したアカウントの秘密鍵は暗号化されており、通常は取り出すことはできません[※82]。よって、ここでは第3章（リスト19）でインポートしたHardhatの秘密鍵を使いましょう。Metamaskで独自に作成したアカウントの秘密鍵で代用も可能ですが、A1.1.5で作成したgenesis.jsonにこのアカウントにあらかじめトークンを割り当てているので、こちらのほうが使いやすいと思います。

リスト28 blockchainApp/.envファイル

```
POANET_URL=http://localhost:8545/
POANET_PRIVATE_KEY=ここに秘密鍵を貼り付けます
```

1行目はPoAネットワークのHTTPエンドポイントです。Dockerでホスト側のポート8545にマッピングさせていますので、この設定でnode1のコンテナのエンドポイントに接続可能です。2行目が秘密鍵になります。こちらの取得方法は、第3章（リスト19）でnpx hardhat nodeを実行したときに表示された秘密鍵がメモしてあればそれを使います。

それが残っていない場合には、Metamaskから取得します。キツネアイコンをクリックして右上の[ケバブボタン（点が縦に3つ並んだアイコン）]-[ア

※82 サードパーティー製のツールで取り出せるものがありますが、秘密鍵を出所不明のツールに任せるのは絶対にやめましょう。

カウントの詳細］を選択します（図A1.7）。

次に、［秘密鍵を表示］をクリックします（図A1.8）。

図A1.7　Metamaskから秘密鍵を取得

図A1.8　秘密鍵を表示

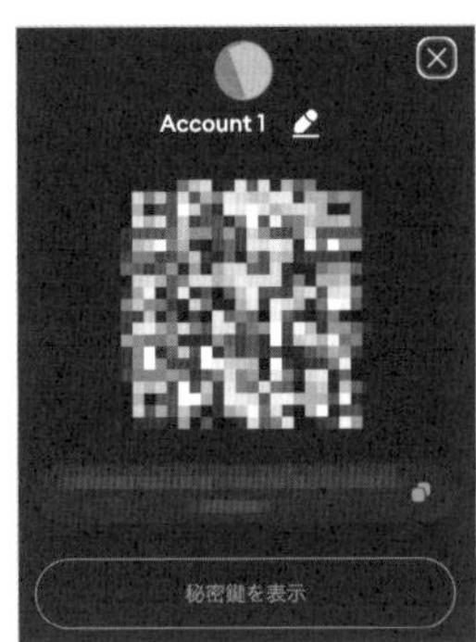

パスワードを入力して、［確認］をクリックします（図A1.9）。次に、［長押しして秘密鍵を表示します］を長押しします（図A1.10）。

図A1.9　パスワードの入力

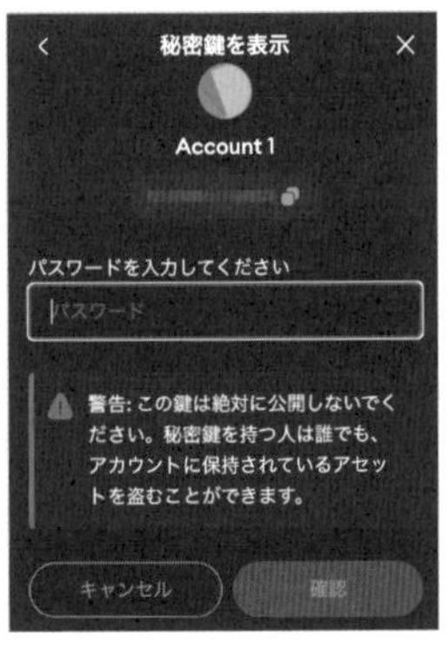

図A1.10　秘密鍵の表示（長押し）

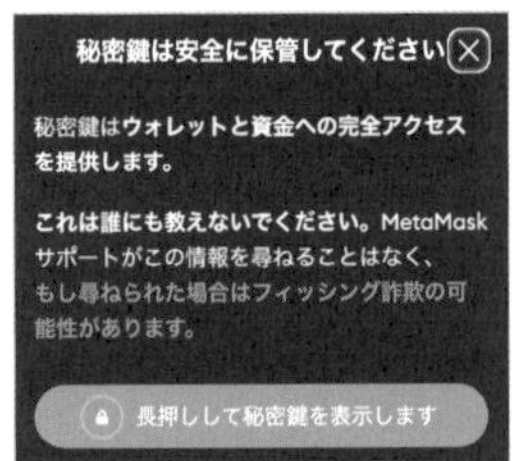

これで、秘密鍵が表示されました（図A1.11）。途中何度も警告が出てきたように、秘密鍵は他に絶対渡してはならない情報です。特に暗号資産を所有しているアカウントの秘密鍵の扱いには細心の注意を払うようにしてください。

図A1.11　秘密鍵の表示

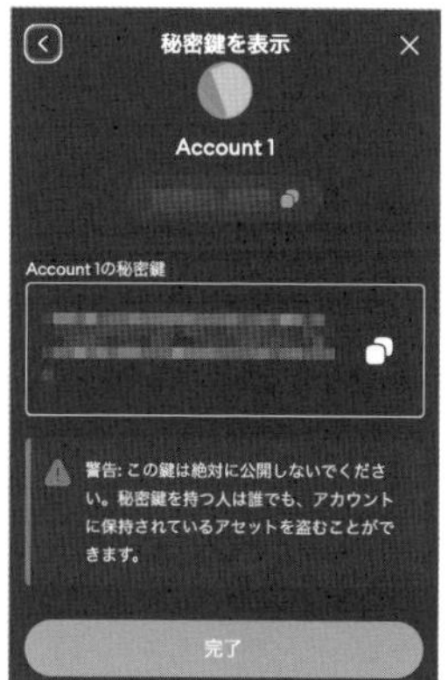

秘密鍵が取得できたら.envファイルの2行目の"="以降に貼り付けます。

長くなりましたが、hardhat.config.tsを以下のように修正して完了です。1行目と7～12行目を追加しています。このように、.envだけを別管理にすることでセキュリティを保つことができます（リスト29）。

リスト29　hardhat.config.tsへの追加

```
import 'dotenv/config'
import { HardhatUserConfig } from "hardhat/config";
import "@nomicfoundation/hardhat-toolbox";

const config: HardhatUserConfig = {
  solidity: "0.8.19",
  networks: {
    poanet: {
      url: `${process.env.POANET_URL}`,
      accounts: [`0x${process.env.POANET_PRIVATE_KEY}`],
    },
  },
};

export default config;
```

それでは、デプロイ用のスクリプトを実行してみましょう。第3章では--networkにlocalhostを設定していましたが、hardhat.config.tsで追加したpoanetを指定します。今回は結構時間がかかります（リスト30）。

リスト30 poanetへのスマートコントラクトのデプロイ

```
% npx hardhat run --network poanet scripts/deploy-local.ts⏎

MyToken deployed to: 0x5FC8d32690cc91D4c39d9d3abcBD16989F875707
MyERC20 deployed to: 0x0165878A594ca255338adfa4d48449f69242Eb8F
```

最後にWebアプリケーションを修正します。page.tsを開き、4行目のabiをMyERC20に直していない場合には修正してください（artifactフォルダ以下に作成したabiをfrontend/abiにコピーするのも忘れないでください）。また、7行目のコントラクトアドレスも、リスト30にある"MyERC20 deployed to:"以降の文字列に置き換えてください（リスト31）。

リスト31 page.tsxの修正

```
"use client"
import { ethers } from "ethers";
import { useEffect, useState } from 'react';
import artifact from "../abi/MyERC20.sol/MyERC20.json";

// デプロイしたMyTokenのアドレス
const contractAddress = "0x0165878A594ca255338adfa4d48449f69242Eb8F";

export default function Home() {...
```

これで準備が整いました。ウォレットの設定は第3章のまま使用できますので、Webアプリケーションを起動してみましょう（リスト32）。

リスト32 Webアプリケーションの起動

```
% npm run dev⏎

> frontend@0.1.0 dev
> next dev

- ready started server on 0.0.0.0:3000, url: http://localhost:3000
```

ブラウザを立ち上げてhttp://localhost:3000に接続すると、第3章と同じ画面が表示されると思います。ただし、この段階でウォレットはPoAネットワークには接続できていません。そのため、表A1.1の設定でネットワークを追加します。

表A1.1　PoAネットワークの設定値

項目	値
ネットワーク名	PoA Network（任意変更可）
新しいRPC URL	http://localhost:8545/
チェーンID	12345
通貨記号	GO
ブロックチェーンエクスプローラー	（なし）

このネットワークに切り替え、第3章で追加したアカウントを開くと、genesis.jsonに設定した残高になっているのがわかります（図A1.12）。

なお、「Hardhat networkで使用されています」と表示される場合には、Hardhatのネットワークが起動したままになっているため、終了させてから設定してください。

図A1.12　PoAネットワークに切り替えたアカウントの残高

この状態で、Webページの［Tokens owned］ボタンを押してみてください。第3章と同じ結果が返ってくれば成功です。

ここでは、第3章のアプリのみ解説しましたが、第5章、第7章で作成したアプリも同様の手順で動作確認が可能です。

A1.2　ノードプロバイダーを経由してテストネット（またはメインネット）に接続する

次に、ノードプロバイダーを経由して接続する方法を解説します。

A1.2.1　ノードプロバイダーの登録

最初にノードプロバイダーに登録します。ノードプロバイダーにはさまざまなものがありますが、ここではAlchemyを使ってみましょう。

https://www.alchemy.com/

上記のURLにアクセスし、右上の［Sign up］からアカウント登録を行います（図A1.13）。

図A1.13　AlchemyのTOPページ

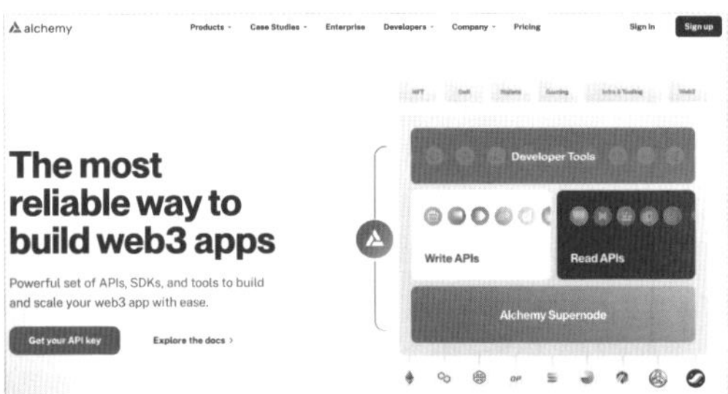

いくつかの質問に回答していきます。途中の「What chain do you want to use?」で、Ethereumを選んでください（図A1.14）。プランはFreeで本章は問題ありません。Freeを選択しても、途中にクレジットカードを入力する画面がありますが、未入力でも大丈夫です（2023年11月現在）。

図A1.14　使用するブロックチェーンの選択

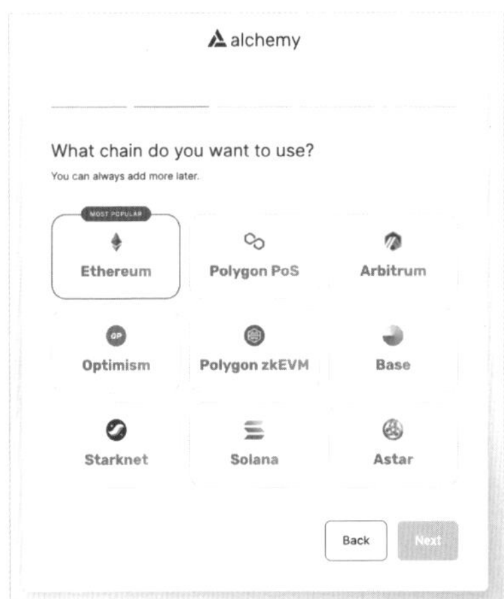

アカウント登録が完了すると、図A1.15の画面が表示されます。メインネットに接続するための情報ですが、本書では使いませんので、スルーします。なお、ここに表示されているAPI Keyは接続する際に必要なアカウント固有の値ですので、他に見せてはいけません（HTTPSの値にもAPI Keyが含まれています）。

図A1.15　API Keyの表示

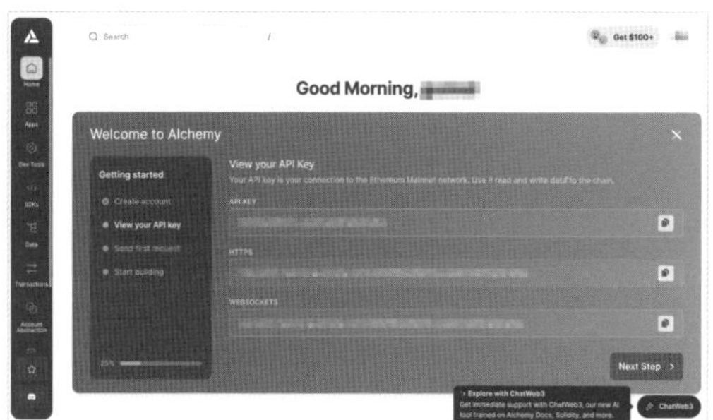

［Next Step］を押すと、図A1.16の画面になります。接続確認用のコマンドが表示されますので、ターミナルから実行してみましょう（リスト33）。

図A1.16　接続確認コマンド

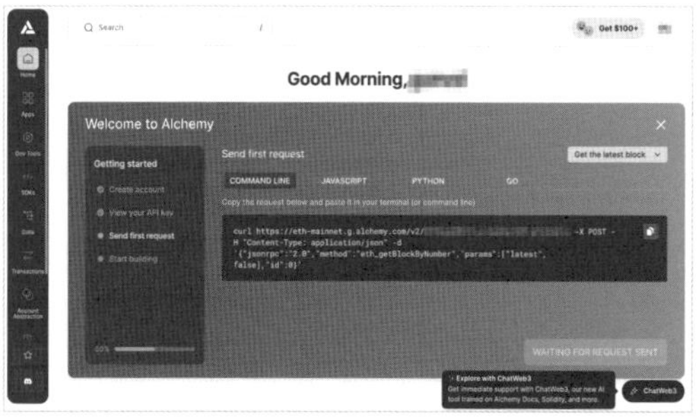

Curlがインストールされていれば、ホストPCでも実行可能です。

これはURLを見ればわかりますが、メインネットに接続して、最新のブロック情報を取得しています。

リスト33　Macの場合の接続確認（API_KEYは自身の値で置き換えてください）

```
% curl https://eth-mainnet.g.alchemy.com/v2/{API_KEY} -X POST -H "Content-Type:
application/json" -d '{"jsonrpc":"2.0","method":"eth_getBlockByNumber","params"
:["latest", false],"id":0}' ⏎
```

なお、Windowsのコマンドプロンプトだと、リスト33のコマンドはエラーになります。コマンドプロンプトでは、文字列の囲いはダブルコーテーション (") しか認められていないためです。この場合、文字列内のダブルコーテーション (") をエスケープして実行します (リスト34)。

リスト34 Windowsの場合の接続確認

```
% curl https://eth-sepolia.g.alchemy.com/v2/-ZLcVNEjp1_5cpjDuvxdQX4S8jsz8zoG -X
POST -H "Content-Type: application/json" -d "{\"jsonrpc\":\"2.0\",\"method\":\"
eth_getBlockByNumber\",\"params\":[\"latest\", false],\"id\":0}"↵
```

結果としてブロックの情報が返ってくれば、正常に接続できています (リスト35)。

リスト35 接続確認結果

```
{"jsonrpc":"2.0","id":0,"result":{"baseFeePerGas":"0x36547681e","difficulty":"0
x0","extraData":"0x6265617665726275696c642e6f7267","gasLimit":"0x1c9c380","gasU
sed":"0xee64e3","hash":"0x50b7 (...以下略...)
```

A1.2.2 テストネットワークの追加

メインネットでは実費用がかかってしまいますので、テストネット用のアプリを作成します。左メニューの [Apps] を選択して、右上の [+ Create new app] ボタンを押します (図A1.17)。

図A1.17 Apps画面

Create new app画面でNetworkとしてイーサリアムのテストネットである「Ethereum Sepolia」を選択します (図A1.18)。

NameとDescriptionは任意の値で大丈夫です (ここではNameをblockchainAppとしています)。

図A1.18　Create new app画面

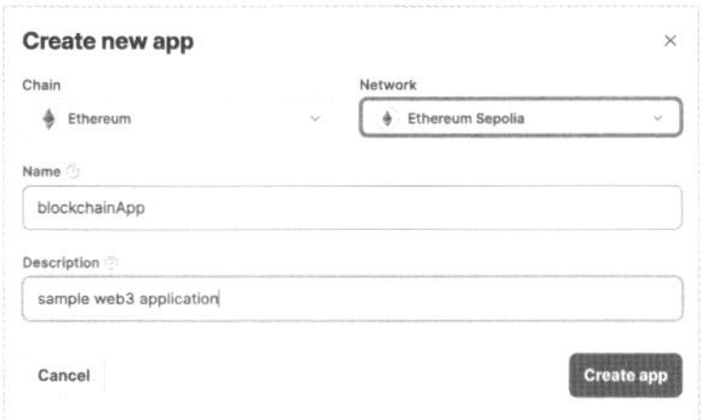

これでAppを作成できました。図A1.19のような画面に切り替わりますので、[API Key] ボタンを押します。

図A1.19　作成したApps画面

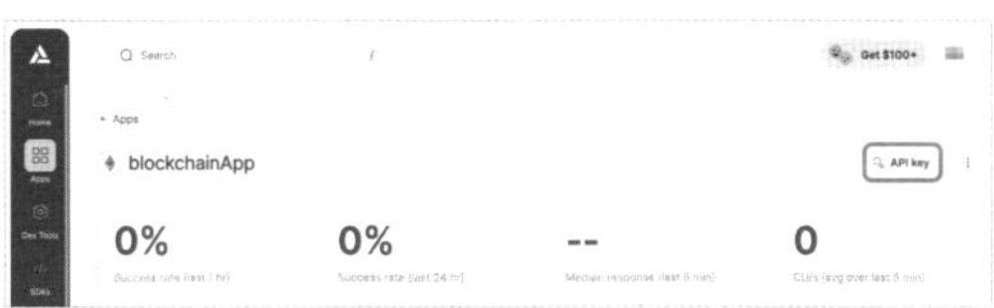

この画面にあるHTTPSの値を使いますので、メモしておいてください(図A1.20)。

図A1.20　API KeyとURL

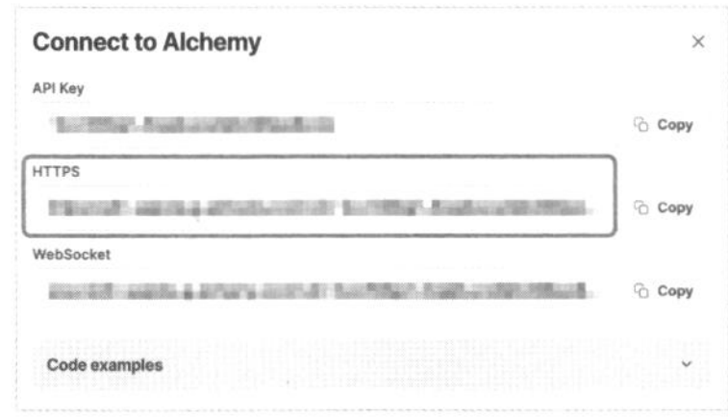

次に.envを修正します。A1.1.11の手順を実行していない場合には、そちらを先に実施してください。.envファイルにALCHEMY_SEPOLIA_URLを追加し、先ほどのHTTPSの値を貼り付けます(リスト36)。

リスト36　blockchainApp/.envファイル(HTTPSの貼り付け先)

```
POANET_URL=http://localhost:8545/
POANET_PRIVATE_KEY=0xac0974bec39a17e36ba4a6b4d238ff944bacb478cbed5efcae784d7bf4
f2ff80
ALCHEMY_SEPOLIA_URL=図A1.20のHTTPSの値を貼り付ける
```

次に秘密鍵を登録しましょう。

秘密鍵はA1.1.11の手順で取得することができます。ただし、注意点なのですが、第3章でインポートしたHardhatのアカウントはここでは使わないようにしてください。Hardhatでは共通のアカウントが使いまわされているため、ここでは新規にアカウントを作成して、そちらを利用するようにしてください。

Metamaskをインストールした際に、最初に作成されているアカウントが残っていればそれを利用することができます。残っていない場合には、図A1.21の画面から{+ Add account or hardware wallet}からアカウントを追加してください。

図A1.21　Metamaskのアカウント

秘密鍵が取得できたら、.envファイルに"SEPOLIA_PRIVATE_KEY"を追加し、秘密鍵を貼り付けてください（リスト37）。

リスト37　blockchainApp/.env（秘密鍵の貼り付け先）

```
POANET_URL=http://localhost:8545/
POANET_PRIVATE_KEY=0xac0974bec39a17e36ba4a6b4d238ff944bacb478cbed5efcae784d7bf4
f2ff80
ALCHEMY_SEPOLIA_URL=https://eth-sepolia.g.alchemy.com/v2/...
SEPOLIA_PRIVATE_KEY=秘密鍵を貼り付ける
```

A1.2.3　テストネット用のトークンの取得方法

いままではローカル環境で作っていましたので不要でしたが、このテストネットにスマートコントラクトをデプロイするには手数料が必要です。Sepoliaであれば、[SepoliaETH]を調達する必要があります。

これはFaucetというサイトで入手できます。複数の会社が運営していますが、Alchemyでもアカウントがあればトークンを手に入れることが可能です。以下のサイトにアクセスしてください（図A1.22）。

https://sepoliafaucet.com/

図A1.22 SepoliaETHを取得できるFaucetサイト

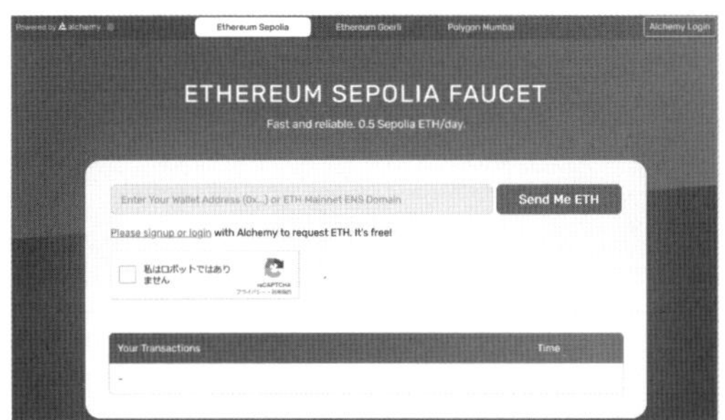

このサイトは毎日0.5［SepoliaETH］ずつトークンを取得することができます。

リスト37で追加した秘密鍵のアカウントを入力して［Send Me ETH］をクリックすることで、トークンを手に入れることができます。

A1.2.4 Hardhatの設定追加

.envファイルの編集が終わりましたので、Hardhatの設定ファイルのテストネットの接続先を更新します（リスト38）。

リスト38 blockchainApp/hardhat.config.ts

```
import 'dotenv/config'
import { HardhatUserConfig } from "hardhat/config";
import "@nomicfoundation/hardhat-toolbox";

const config: HardhatUserConfig = {
  solidity: "0.8.19",
  networks: {
    poanet: {
      url: `${process.env.POANET_URL}`,
      accounts: [`0x${process.env.POANET_PRIVATE_KEY}`],
    },
```

```
    sepolia: {
      url: `${process.env.ALCHEMY_SEPOLIA_URL}`,
      accounts: [`0x${process.env.SEPOLIA_PRIVATE_KEY}`],
    }
  },
};

export default config;
```

それでは、デプロイしてみましょう（リスト39）。

リスト39 Alchemyへのスマートコントラクトのデプロイ

```
% npx hardhat run --network sepolia scripts/deploy-local.ts

MyToken deployed to: 0xae68361CE67d7CAb92D0785FB9269b02b850e0df
MyERC20 deployed to: 0x3fa2502513386065E1faACCd0cbE5163e6982C0C※83
```

最後に、Webアプリケーションを修正します。page.tsを開き、4行目のabiをMyERC20に直していない場合には修正してください（artifactフォルダ以下に作成したabiをfrontend/abiにコピーするのも忘れないでください）。また、7行目のコントラクトアドレスも、リスト39にある“MyERC20 deployed to:”以降の文字列に置き換えてください（リスト40）。

リスト40 page.tsxの修正

```
"use client"
import { ethers } from "ethers";
import { useEffect, useState } from 'react';
import artifact from "../abi/MyERC20.sol/MyERC20.json";

// デプロイしたMyERC20のアドレス
const contractAddress = "0x3fa2502513386065E1faACCd0cbE5163e6982C0C";

export default function Home() {...
```

これで準備が整いました。ウォレットの設定は第3章のまま使用できますので、Webアプリケーションを起動してみましょう（リスト41）。

※83　リスト40に入れるアドレスです。

リスト41 Webアプリケーションの起動

```
% npm run dev⏎

> frontend@0.1.0 dev
> next dev

- ready started server on 0.0.0.0:3000, url: http://localhost:3000
```

ブラウザを立ち上げてhttp://localhost:3000に接続すると、第3章の図3.53と同じ画面が表示されます（図A1.23）。Metamaskのネットワーク先をSepoliaに切り替えてください。

「Tokens owned」ボタンを押してトークン量が表示されれば成功です。

図A1.23　図3.53 サンプルアプリケーションの画面（再掲）

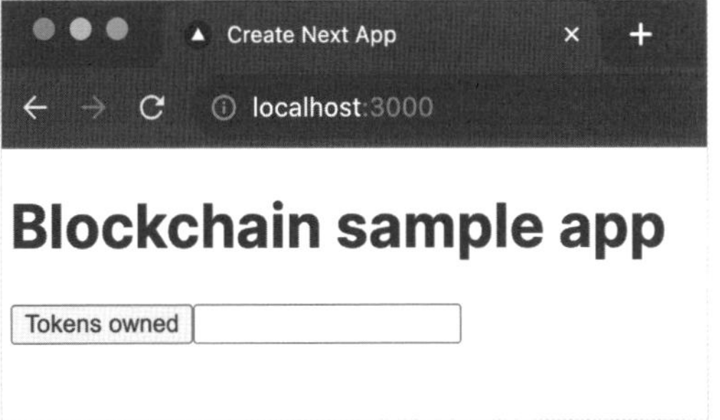

なお、このアプリではスマートコントラクト上のトークン量を参照するだけなのでトークンを消費しません。コントラクト上の値を変更する場合には、手数料が必要になります。

Appendix

INDEX

著者プロフィール

■愛敬 真生（あいけい まなぶ）

デロイト トーマツ コンサルティング合同会社／デロイト トーマツ ノード合同会社
シニア・スペシャリスト・リード
建築系・金融系のシステム開発を経て2015年からブロックチェーン開発に従事。
ブロックチェーンを活用した貿易業務システムのPoC・開発やNFTマーケットプレイスの開発などを担当。著作に『ブロックチェーン仕組みと理論』（リックテレコム刊）、『個人投資家のためのFinTechプログラミング』（日経BP刊）（いずれも共著）がある。
本書の第1～3章、Appendixの執筆を担当。

■小泉 信也（こいずみ しんや）

デロイト トーマツ コンサルティング合同会社／デロイト トーマツ ノード合同会社
スタジオ・シニア・リード
ネットワーク基盤、クラウド基盤開発業務を経て、Webアプリケーション開発、生成AIアプリケーション開発、ブロックチェーン開発に従事。ブロックチェーンアプリケーションのプロトタイプ開発や、NFTマーケットプレイスの開発、新人向けブロックチェーン講座講師など担当。
本書の第6～7章の執筆を担当。

■染谷 直希（そめや なおき）

デロイト トーマツ コンサルティング合同会社／デロイト トーマツ ノード合同会社
スタジオ・シニア・リード
データベースやDBaaSなどの開発を経て、Blockchain as a Serviceの開発に従事。
保険業務におけるブロックチェーン適用のPoCなどを実施。現在はNFTマーケットプレイスの開発などを担当。
本書の第4～5章の執筆を担当。

執筆協力（あいうえお順）

青木 太一／飯島 健／石瀬 千明／北原 麦郎／權 榮宰／尚 文／水上 礼／宮本 敬三／山本 大記

◉主要参考文献

- 『ビットコインとブロックチェーン 暗号通貨を支える技術』（Andreas M.Antonopoulos著、今井崇也・鳩貝淳一郎訳／NTT出版、2016年）
- 『マスタリング・イーサリアム スマートコントラクトとDApp』（Andreas M.Antonopoulos・Gavin Wood著、宇野雅晴・鳩貝淳一郎監訳／オライリー・ジャパン、2019年）
- 『詳解ビットコイン ゼロから設計する過程で学ぶデジタル通貨システム』（Kalle Rosenbaum著、斉藤賢爾監訳、長尾高弘訳／オライリー・ジャパン、2020年）
- 『SolidityとEthereumによる実践スマートコントラクト開発 Truffle Suiteを用いた開発の基礎からデプロイまで』（Kevin Solorio・Randall Kanna・David H.Hoover著、中城元臣監訳、株式会社クイープ訳／オライリー・ジャパン、2021年）
- 『イーサリアム 若き天才が示す暗号資産の真実と未来』（Vitalik Buterin著、高橋聡訳／日経BP、2023年）

装丁／本文デザイン　GAD,Inc. 大橋義一
DTP　株式会社ツークンフト・ワークス
編集　株式会社ツークンフト・ワークス／コンピューターテクノロジー編集部
校閲　東京出版サービスセンター

■商品に関する問い合わせ先

このたびは弊社商品をご購入いただきありがとうございます。本書の内容などに関するお問い合わせは、下記のURLまたは二次元バーコードにある問い合わせフォームからお送りください。

https://book.impress.co.jp/info/

上記フォームがご利用いただけない場合のメールでの問い合わせ先
info@impress.co.jp

※お問い合わせの際は、書名、ISBN、お名前、お電話番号、メールアドレス に加えて、「該当するページ」と「具体的なご質問内容」「お使いの動作環境」を必ずご明記ください。なお、本書の範囲を超えるご質問にはお答えできないのでご了承ください。

- 電話やFAX でのご質問には対応しておりません。また、封書でのお問い合わせは回答までに日数をいただく場合があります。あらかじめご了承ください。
- インプレスブックスの本書情報ページ https://book.impress.co.jp/books/1123101022 では、本書のサポート情報や正誤表・訂正情報などを提供しています。あわせてご確認ください。
- 本書の奥付に記載されている初版発行日から3 年が経過した場合、もしくは本書で紹介している製品やサービスについて提供会社によるサポートが終了した場合はご質問にお答えできない場合があります。

■落丁・乱丁本などの問い合わせ先

FAX　03-6837-5023
service@impress.co.jp
※古書店で購入された商品はお取り替えできません。

エンジニアのためのWeb3（ウェブスリー）開発入門

イーサリアム・NFT（エヌエフティ）・DAO（ダオ）によるブロックチェーンWeb（ウェブ）アプリ開発

2024年3月1日　初版発行

著　者　愛敬 真生（あいけい まなぶ）
小泉 信也（こいずみ しんや）
染谷 直希（そめや なおき）

発行人　高橋隆志
発行所　株式会社インプレス
〒101-0051　東京都千代田区神田神保町一丁目105番地
ホームページ　https://book.impress.co.jp/

印刷所　株式会社暁印刷

ISBN978-4-295-01863-6 C3055

Printed in Japan